孝文化在东亚的传承和发展

隽雪艳 黑田彰 主编

上海远东出版社

图书在版编目(CIP)数据

孝文化在东亚的传承和发展 / 隽雪艳,(日)黑田彰
主编. —上海:上海远东出版社,2021
ISBN 978-7-5476-1701-4

Ⅰ.①孝… Ⅱ.①隽… ②黑… Ⅲ.①孝—文化研究
—中国、日本、韩国 Ⅳ.①B823.1

中国版本图书馆 CIP 数据核字(2021)第 064970 号

责任编辑 李 敏 王智丽
封面设计 陈奥林

孝文化在东亚的传承和发展

隽雪艳 黑田彰 主编

出 版	上海远东出版社	
	(201101 上海市闵行区号景路 159 弄 C 座)	
发 行	上海人民出版社发行中心	
印 刷	江苏凤凰数码印务有限公司	
开 本	635×965	1/16
印 张	21	
字 数	283,000	
版 次	2021 年 12 月第 1 版	
印 次	2021 年 12 月第 1 次印刷	
ISBN 978-7-5476-1701-4/B · 20		
定 价	98.00 元	

序　言

黑田彰

　　隽雪艳教授让我为本书作序，我感到十分荣幸。然而，我不曾为任何一本书写过序言，不知该写些什么，十分困惑。那么，我就叙述一下与隽雪艳教授相识的经过，谨以为序。

　　2009 年 10 月，王晓平教授在天津举办了以"东亚诗学与文化互读"为主题的学会(10 月 24—25 日于天津师范大学文学院)，我有幸受到邀请，并以"顾恺之前后——列女传图的谱系"为题在学会上发言(正式论文刊登于《国际汉学研究通讯》4[日文版·2011 年 12 月])。在欢迎宴会上，我第一次见到了隽雪艳教授。宴会盛大、热闹，灯光略微有点昏暗，我既不食肉也不饮酒，坐在那里不知如何是好。这时有位优雅的女士走过来跟我打招呼，她就是隽雪艳教授。她讲着一口流利的日语，我心想她肯定是日本人，但是后来才知道隽教授其实是中国人，这给我留下了很深的印象。隽教授说，得知我来参加这个学会，非常希望与我结识(她也在该学会上作了关于和歌研究的发言)，我十分高兴，并向她郑重地表示感谢。之后一段时间我就忘记了这件事。

　　三年后，经中国社会科学院的赵超教授介绍，我有幸受邀访问北京大学，在北京度过了一年的时光。这期间，我需要在国际汉学家研修基地举办两场讲座，讲座以"孝子传图和列女传图概论"为题，分别定于 3 月 15 日、22 日举行。这时，我们遇到一个困难，那就是请谁来做现场的翻译。讲座的主办方刘玉才教授问我，有没有可以推荐的人选，可是我完全没有预想到会遇到这个问题，一筹莫展。当晚，在中关村的住处，我与妻子商量时，想起了几年前在天津见过面的清华大学隽雪艳教授,于是,我们就马上和隽教授联系。给我的讲座做现场翻译是一件很有难度的事情,可是隽教授很爽快地答应下来。后来,这两次讲座的内容分别以"列女传图概论""孝子传、列女传的图像与文献"为题,由隽教授与他人合作笔译刊登于《中国典籍与文化》第 86 期、第 92 期(2013年 7 月、2015 年 1 月)。记得中关村有一家安静的咖啡店,叫"拾年咖啡",我跟隽教授坐在那里聊得很尽兴。她的日语讲得很好,而且性格温和,让人感到亲切。首次旅居异国,与隽教授的交流让我内心十分温暖,现在回想起来依然令人怀念。谈话间,隽雪艳教授提出了在清华大学举办关于孝文化的学术会议的提议,因而,奠定本书基础的"孝文化在东亚的传承和发展"国际研讨会即于次年(2013 年)的 11 月 2 日、3日在清华大学正式举办。

日本自 1990 年以来,很重视"国际化""信息化",于我而言,自从事幼学、特别是孝子传和孝子传图研究以来,"国际化""信息化"则变得与我密切相关。上文已提到的中国社会科学院的赵超教授就对我的研究工作的发展和不断深入起到了决定性的作用。隽雪艳教授担任现场翻译的我在北京大学的第二次讲座的主持人就是赵超教授(第一次的主持人是刘玉才教授)。而且,受惠于赵超教授,我的《和林格尔汉墓壁画孝子传图辑录》得以于 2009 年在文物出版社出版(续作《和林格尔汉墓壁画孝子传图模写图辑录》也于 2015 年由文物出版社出版)。

当我受邀来到北京大学,初次与刘玉才教授见面时,他给予我的全面的信任让我十分感动。记得刘教授问我:"有什么事情需要我们帮忙吗?"当时,我有点惊讶。实际上,前些年我们幼学会(成员包括我、後藤昭雄、東野治之、三木雅博、山崎诚)出版了《孝子传注解》(汲古书院,2003 年)。这本书收录了在中国早已散佚、仅在日本留传下来的两种完本孝子传即阳明本和船桥本的影印本,以及据此过录的全文排印版,并加以注解,还附上了图像资料(当时所能得到的存于美国、中国的孝子传图资料)。无论是幼学会还是我个人,都非常希望该书能在中国出版。因为中国是两孝子传的母国,未能传世的原文在中国出版是真正的国际交流。(赵超教授曾于《中国典籍与文化》49[2004 年第 2 期]刊登了《日本流传的两种古代〈孝子传〉》、于《考古与文物》143［2004 年第 3 期］刊登了《关于伯奇的古代孝子图画》等介绍两孝子传的文章，前者收录于他的《雪泥鸿爪——中国古代文化漫谈》［三晋出版社，2015 年］一书中，后者收录于他的《我思古人——古代铭刻与历史考古研究》［社会科学文献出版社，2018 年］。）因此，我向刘教授表达了希望《孝子传注解》在中国出版的想法，而再次让我出乎意料的是，刘教授立刻回复说可以在北京大学出版社出版，并且还马上请来编辑部的负责人和我面谈。那么，接下来的问题就是要找谁来翻译这本书，而最终决定了由当时也在场的隽雪艳教授担任翻译。幼学会和我多年以来的愿望终于得以实现，这使我的这次北京游学变得意义深远。隽氏翻译的《孝子传注解》现在已基本完成校对工作，近期即可付梓。我今年 3 月已经从佛教大学退休，刘教授说希望将这本书作为我的退休纪念，而等待该书的面世则是我当下的乐趣之一。

上述的所有收获，均赖于赵超教授的恩情。

我最近深感"相遇"的不可思议，与隽教授的相遇也是其中一例。即佛教中所谓的"缘"，它超越人类认知，有着深不可测的能量。不仅仅是在研究方面，人生中的"相遇"对于其后人生道路的方向也会给予很大的影响，这一点是我们在日常生活中常常感受到的。与优秀人物的相遇，甚至可能会决定一个人的命运，而我与赵超教授的相遇，正是如此。我最初见到赵超教授，是在 1999 年 8 月 25 日，已经过去了 20 多年。我们见面的契机是我的恩师佐野公治在那一年的年初给了我一篇复印的论文，正是赵超教授所著《山西壶关南村宋题砖雕墓题材试析》（《文物》1998 年第 5 期，该文亦收录于上文提到的《我思古人——古代铭刻与历史考古研究》）。在 20 世纪 90 年代，频见于文学作品中的"孝"的问题引起了我的注意，我开始调查作为其源头的孝子传和二十四孝。关于孝子传，正如西野贞治氏所指出，"自古家族制度极度发达的中国，为了维持该制度而彻底实施关于孝行的教化，讲述孝行实例的孝子传、孝子图等书籍与《孝经》一起成为童蒙的必读书，到六朝末年已经出现了十余种。此类书籍的盛行可以从种种资料中得知……但是，大多或已遗失于南宋的战火中"(《阳明本孝子传的性格及其与清家本的关系》,《人文研究》7·6,1956 年 7 月)。西野氏对于幼学书之一(二十四孝亦同)的《孝子传》以及在中国早就失传、而在日本尚存的两种完本孝子传(阳明本和船桥本)极高的学术意义也给予了肯定和评价。当时,我已经开始了前述关于《孝子传注解》的工作,并且尚未见到对散见于中国乃至世界的孝子传图所进行的系统性研究,深深感到制作一份现存孝子传图文献清单的必要性(参照拙作《孝子传研究》[佛教大学鹰陵文化丛书 5,思文阁,2001 年]Ⅱ之一)。

从研究史角度来看,继消亡的《孝子传》之后问世的《二十四孝》情况可以说也几乎完全相同。关于二十四孝的文本可大致分为以下三个系统:

1. 全相二十四孝诗选系
2. 日记故事系
3. 孝行录系

但是,这些文本在中国同样大部分均已散佚,当时仅有极为珍贵的元刻本藏于北京图书馆(之后通过赵超教授我得到了该刻本的缩印胶片),而现在在中国流传的好像多是上面的系统 2 的文献。问题在于关于二十四孝图像方面的研究,我听说中国陆续出土了一些二十四孝图,如果想将其清单化,应该如何开展工作? 我只有继续摸索着前行,而上文提到的赵超教授论文的表一"宋墓壁画石刻二十四孝出土情况"(第 42 页)则正是我一直想做的孝子传图清单(参照上述拙作Ⅱ之三)。另外,关于我当时正专心研究的难得一见的朱熹《二十四孝原编》以及赵子固《二十四孝书画合璧》,赵超教授论文后半部分的二十四孝文本概论竟然对其也有涉及,这一点让我感到非常意外和震惊(参考上述拙作Ⅲ之四。《说林》48[2000 年 3 月]收录了这两部书的影印本以及据此过录的全文)。赵超教授所做的二十四孝图清单与上文中提到的"3. 孝行录系"关联颇深。"3. 孝行录系"的成书为元朝至正六年(1346),内容包括高丽人权准画的二十四孝图以及著名的李齐贤为其书写的赞文

（四言十二句，前赞），还包括权准之父权溥追加的 38 条（也有赞文，四言八句，后赞），即前赞章 24、后赞章 38 共 62 条幅作品。值得注意的是，前赞章依据的二十四孝有以下内容在 1、2 系统里看不到：

> 伯瑜、刘殷、王武子、曹娥、刘明达、元觉（即孝子传中的原谷）、鲁义姑、鲍山

这八个孝子人物不大为人所知，但他们全都出现在了赵超教授清单化的二十四孝图中。据此，我们可以认为，宋代以后的二十四孝图所依据的文本就是孝行录二十四孝（前赞章）所依据的、现已失传而当时尚存的二十四孝文本。孝行录也属于难得一见的文本（拙著末尾附南葵文库本"狩谷棭斋旧藏本"），不过，赵超教授的论文没有说明具体书名，对此我一直牵挂在心，因而，很希望能与赵超教授见面，感谢他的学恩，并且就孝行录的问题与之交流意见。当时我所指导的名古屋大学的中国留学生梁音了解了我的这一希望之后就直接打电话联系赵超教授，从而促成了我们在北京的相见。回想此事，我总是深深感慨自己是何其幸运！

后来，我偶然提到很想去看看武梁祠，没想到赵超教授竟陪我一同前往。在当地，作为武梁祠研究世界第一人的蒋英炬先生（著有《汉代武氏墓群石刻研究》[山东美术出版社，1995 年]）前来迎接我们，我们一边听着关于武梁祠的讲解一边进行参观的一幕幕场景，我至今仍记忆犹新。这件事也让我深深感受到赵超教授的人格魅力。赵超教授总是给我以细致的关怀和最好的接待，而我常常在事后才察觉到，有时让我感动得几乎要落下眼泪。在当今的日本已很难见到像赵超教授这样的人。赵超教授堪称世界上古代石刻（文字）研究的第一人，他精通中国古代文化，学问之深厚是我所无法窥知的，我想中国自古以来对于理想的知识人的名称——"文人"二字与之最为相配。随着与赵超教授交流机会的增多，我十分后悔大学时期没有好好学习中文。如今我已年过古稀，回首往事，发现正是与这些优秀人物的相遇造就了如今的我。如果没有他们，大概我不会拥有今日的幸福。我再次深深感到才疏学

浅的自身竟是如此不可思议地幸运。

话题回到 2012 年,3 月份北京游学时让我感到意外的不止是与隽雪艳教授的再会。2012 年 3 月 8 日,受赵超教授邀请,我前往深圳拜访北朝石刻的收藏家吴华强先生。让我十分震惊的是,在深圳我看到了新出土的世界上第四例董黯图,而前三例都在美国。而且,此行结识的知己吴华强先生使我 2012 年以后的孝子传图研究发生了巨大的改变(具体可见拙稿《董黯赘语 续貂》,载于《日本文学》70·6,2021 年 6 月)。关于第四件董黯图的研究可见拙稿《关于深圳博物馆展陈北魏石床的孝子传图——阳明本孝子传的引用》(黄盼盼译,收录于《永远的北朝》,文物出版社,2016 年。该文日文版刊登在《京都语文》24,2016 年 11 月)。关于吴华强先生收藏的其他北魏石床,隽雪艳教授也曾发表了一篇题为"吴氏藏北魏昆仑石床围屏的鉴戒图——以"临深履薄"图像为中心"(载于《京都语文》25,2017 年 11 月)的论文,指出该组图像是首次发现的将《诗经·小雅·小旻》的诗句"不敢暴虎,不敢冯河""战战兢兢,如临深渊,如履薄冰"全部图像化的文物。可以说隽氏的这篇论文在鉴戒图的研究方面向前迈进了一大步。

作为本论文集结集基础的前述清华大学的学术研讨会结束那天,隽教授带领参会人员参观了北京梅兰芳纪念馆,并在那里享用了晚餐。回程中我拿着山楂正在悠闲地散步时,隽雪艳教授的同事孙彬副教授走过来亲切地跟我打招呼,孙彬氏性格活泼开朗,给我留下了很深的印象。那时我就有一种令人愉快的预感,觉得将来可能会与隽氏和孙彬氏一起进行深层次的合作,而后来的事实也证明了我当时预感的准确。

2014 年 3 月 15 日、16 日两天,"东亚汉籍研究——以日本古钞本及五山版汉籍为中心"国际学术研讨会在北京大学举行,我在会上作了以"关于祇园图经"为题的学术报告,隽雪艳教授为我担任了现场的翻译。其后,北京大学出版社于 2015 年出版了该学会的成果《日本古钞本与五山版汉籍研究论丛》,该书所收拙稿《昆仑与狮子—〈祇洹寺图经〉札记》实际是我的祇园图经三部曲中刚完成的第二部(日文版收录于《京都语文》26[2014 年 11 月],终篇第三部拟于今年 11 月在学会上

宣读,将于明年正式刊出)。该论文的中文翻译难度极高,隽雪艳教授
向我推荐、介绍了中国人民大学李铭敬教授执笔翻译此文。今年(2021
年)4 月 3 日,北京大学举办了"东亚汉籍传播研究"研讨会,本来计划
在去年 4 月于北京举办的这次会议受全球新冠疫情的影响而延期,不
得已而改为线上进行。在这个会上,我以"韩朋溯源——关于吴氏藏韩
朋画像石"为题作了汇报,这次担任翻译的是孙彬副教授。由于该学术
会议延期一年举办,我的日文版论文的刊登与会议发言顺序颠倒,拙稿
《韩朋溯源——关于吴氏藏韩朋画象石》(《京都语文》28,2020 年 11
月)以及《韩朋溯源(二)——关于吴氏藏韩朋画象石》(《佛教大学文学
部论集》105,2021 年 3 月)先于学术会议在日本正式刊出,我在 4 月学
术会议上汇报的则是两篇论文中的后者。吴华强先生拜托孙彬氏将这
两篇论文翻译成中文,于是,孙彬氏几乎花了一年的时间,使出浑身解
数,终于完成了中文翻译。不仅如此,孙彬氏在我执笔的过程中还为我
查阅了许多资料,使我获益匪浅,也加深了我们的合作。对我而言,这
是未尝有过的体验,使我对孙彬氏充满感激之情。另外,我还十分感谢
刘玉才教授告知我该学会的成果将刊登于《国际汉学研究通讯》的下一
期,以及收录了孙彬氏翻译的上述两篇拙稿,不日即将出版。

　　包括隽雪艳教授主持的本书出版在内的上述种种经历皆因我
2012 年于北京游学而发生。以上,即以与隽雪艳教授的相遇为主线,
用随笔的叙述方式略作回顾。文辞拙浅,容代为序。

2021 年,正值退休半载之日

(史冰容　译)

序

隽雪艳

"孝"的思想和文化在中国以及东亚的文明史上占有重要的一席,曾经是这一地域的人们最为重要的价值观和行为准则。同时,东亚各国因其历史、文化的不同,所传承的"孝"相互也存在着差异。因而,"孝文化在东亚的传承与发展"无疑是一种跨文化的研究。另外,当我们回顾孝文化发生、发展的轨迹,思考与"孝"相关联的历史表象及其意义时,也必然涉及社会史、思想史、文学史、艺术史等多个领域,因而,孝文化研究又常常是跨学科的研究。"孝"是历史的真实存在,无论近代以来的知识人以现代的思想和价值观对"孝"相关的文化遗产有过怎样的褒与贬,我们都必须正视这个历史。"孝"也仍然是现实,无论 21 世纪的科学技术怎样高歌猛进,即使人类可上九天揽月,而亲子之间的情依旧是我们最宝贵、最温暖、最值得守护的,是生命的重要意义。当高龄社会以及超高龄社会一天天向我们逼近的当下,我们有必要重新审视历史与现实中的"孝",客观评价作为文化遗产"孝"在历史长河中曾有过的客观的作用抑或负面的影响,也有必要思考如何建设性地发扬这一文化传统,取其精华,赋予其积极的现代意义和崭新的未来。

作为本书的编者,我们十分幸运地邀请到了中国、日本、韩国、澳大利亚等多国学者从文献学、宗教学、文学以及社会史、思想史等不同角度在此对东亚的孝文化展开了深入的跨学科、跨文化的研究和讨论。编者将本书分为以下三部分:

第一部分主要是关于《孝经》、孝子传、孝子图本身的研究。包括对考古文物、书籍、敦煌文献等史料的研究。其中,赵超先生的文章以考古文物资料为依据指出"'孝'的概念在西周已经牢固确立",并重点叙述了孝子故事画的传统,认为"延续近二千年的孝子画传统可以说随着中国古代社会中儒家思想的兴盛与儒家教育的普及始终存在""这应该是中国古代最成功的意识形态教育,也是对中国古代社会延续作用最大的思想教育"。黑田彰先生的《舜故事新考》将文献研究、文学分析和美术史研究结合起来,并掌握了近几年新发现的出土文物资料,在此基础上对舜故事的演变和源流进行了全新的考察和分析,体现了该领域最先端的研究。北京大学顾永新先生对传贺知章草书《孝经》与唐宋时代《孝经》文本的演变进行了十分扎实的考证和分析,展现了古文献学方面的高水准研究。研究生刘新萍的文章重点对文献记载以及图像遗存中的原谷故事进行了考察,认为"可以将中国的原谷故事和印度佛经里的980A型半条毯子御严冬故事看作是平行产生的故事"。

第二部分集中探讨了孝与佛教之间的复杂关系,展示了一批比较文化研究视角的重要研究成果。已故东京大学名誉教授三角洋一先生的《报恩与孝养》指出:"在奈良时代至室町时代末期的日本,人们在生活中贯彻着儒佛二教一致的思想""因此,在思考日本的孝文化问题时,应从儒教和佛教两方面进行考察"。三角先生还具体将佛教的"五戒"与儒教的"五常"相对比讨论其相同之处,以及,以《徒然草》为例,分析其儒佛融合背景下的孝思想。小峯和明先生的《"佛传文学"与孝养》以弁晓的说草、《今昔物语集》等史料为依据,论述了"佛传文学"对"孝"的理解。所举之例人物栩栩如生,所论之要旨"与现世相比,来世的救济,才是真正的孝养"令人信服。河野贵美子先生的论文详细考察了空海的《三教指归》以及成安的《三教指归注集》对于孔安国注《古文孝经》的引用情况,重点从文献资料的角度论述了"平安时期日本僧人的知识、教养世界中《孝经》和'孝'的思想产生了重大影响"。陆晚霞先生的论文介绍了江户时期的元政上人所编纂的《扶桑隐逸传》中的孝养思想,并分析了元政上人基于儒佛二教的思想融合形成的孝养理解。金英顺先生的论文考察了善友太子谭在韩国的接受与流变,为我们讲述了一个佛教传记向儒教的孝子故事转变的一个典型案例,并指出"这一转变的背后则是佛教传记在普及过程中,本生谭通过佛教教义的讲解传播与儒教的逐步融合"。在这一部分中,"'孝养'这一词语在日本已经完全佛教化了"(三角洋一)、"'孝养',是为布教之方便,吸收儒家的孝文化而形成的佛教用语"(小峯和明)以及"儒佛融合"等关键句子频繁出现,这些研究充分阐释了东亚文化背景下的孝思想的多元性。像"我亦闻之佛,孝顺为至道"(元政上人《忆母》)这样的诗句也一定会给中国读者留下深刻的印象。

本书第三部分所收论文主要是从文学、历史的角度对"孝"思想在东亚的传播与发展所进行的考察。高松寿夫先生《〈日本书纪〉中的"孝"——有关"孝"的历史叙述》细致分析了《日本书纪》里出现的包含"孝"字的用例,指出十二个例子中前面的九例都是与天皇的资质、信条相关的,而其中的前三例是本来存在于日本的"孝"的理念,其余六例特别是"仁孝"是与儒教思想融合之后的理念,最后三例则意味着"孝"的理念已经涉及天皇以外的阶层。该文还认为,《日本书纪》所反映的"孝"与其最终成书时代的"孝"的理念存在着差异,是处于前一历史阶段的"孝"。三木雅博先生的论文细致地分析了日本对汉语词汇"人子"的接受以及和语词汇"人之子"在"人子"的影响下其涵义的变化,旨在以具体事例讲述古代日本人是如何通过语言来吸收"孝"这个外国文化的。其实,作为中国读者,我们不仅从中看到了汉语词汇"人子"和语化的过程,反过来也了解了日本原有的和语词汇"ひとのこ"("别人的孩子"或"他人保护下的女性")渐渐被中文词汇"人子"渗透、浸染、变化的过程。我们在阅读日本古典时太容易被其中的汉字误导,即使标注了日文训读,我们也容易想当然地将其理解为与中文一样的意思,忽视日语汉字训读词汇原本的涵义,缺乏对这些词语渐渐与中国词汇的涵义相混合的具体情况的分析。可以说,三木雅博先生的关于"人子"一词的研究对于我们中国的读者具有更深刻的意义。在这个单元里还有一篇具有宏观的视野、俯瞰整个平安时代的力作,即後藤昭雄先生的《日本平安朝对孝经的接受》。该文从目录学、注释学、宫廷教育等多个角度介绍了日本平安朝对《孝经》的接受情况,是我们研究平安时代乃至其后日本思想史、文学史所不可或缺的重要基石。本单元还收录了金德均先生的研究成果《传统孝行成为负担的理由——〈世宗实录〉中出现的孝行特点和问题》,该文从社会史的角度依据翔实的史料深度剖析了韩国历史上与孝行相关的一些社会问题。中国历史上也有过类似的阶段和社会现象,金德均先生的研究为东亚关于"孝"文化的比较研究提供了很有价值的材料和观点。

第三部分有五篇关于日本文学和戏曲与孝思想关系的论文,其中项青先生的论文考察了早期浦岛子传与中国人神恋爱故事的关联,推测在奈良时代"遣唐使是有机会接触到《董永变文》的"。Watson 先生的《谣曲中的"孝"》对大约 246 部现行谣曲进行调查,统计出其中使用"孝"的词语,并重点分析了复仇性能剧和女儿对父母孝心的剧目,论述了在日本的剧作中"忠"与"孝"的矛盾、选择的痛苦以及"孝"常常让位于"忠"等特征。该论文还介绍了孝文化中复仇的命题在日本文学艺术中的继承和展开。第三部分所收录的赵秀全先生的《山上忆良与"孝"》、拙作《句题和歌中的〈孝经〉》和杨昆鹏先生的《和汉联句中有关"孝"的素材》以不同时代的案例讨论了日本诗歌与孝思想的具体关联情况,三篇论文研究对象在时间上的跨度恰好表达了作为和语文学的代表——和歌对来源于汉语的中国"孝"思想接受、融合的不同阶段的特征。在万叶时代,山上忆良能够在和歌的"汉文序中表达出浓郁的儒教伦理'孝',但是,在其后的和歌中几乎捕捉不到'孝'";而作为句题和歌体裁的《孝经和歌》继承了《大江千里集》以来的传统,积极地以和歌的形式表达作为句题的汉诗或汉文的涵义。这种创作方式既是对汉诗汉文思想内容的取舍、消化和吸收,也是对和歌本身的革新,不断赋予其新的内涵和表现形式;到了和汉联句的阶段,作为外来文化的"孝"的思想已经与日本的传统文化一样成为诗人联想的素材,能够被诗人自由地融合于和歌或汉诗之中。秦岚先生的《〈二十四孝〉在日本的流传》以图文并茂的形式叙述了代替汉代以来的《孝子传》而更为广泛流传的《二十四孝》在日本的接受、在日本文化土壤下孝子故事的变形以及因《二十四孝》的启发而产生的多彩多姿的日本本土的文学艺术作品。

黑田彰先生曾对我讲过，"孝"思想对日本文学有深远的影响，完全可以编一部"孝"的日本文学史。我们期待本书的出版能引起更多的读者和同行对这一领域的关注，也希望能对今后从更宽阔的视野探讨孝文化的传承与创新这一课题有所裨益。

作为本书的编者，其实我涉足于孝文化研究领域时间并不长，缘起于本书黑田彰先生的序文所谈到的 2012 年黑田彰先生在北京大学的讲演。此后，我有机会多次跟随黑田彰先生和幼学会的诸位先生赴深圳金石艺术博物馆以及龙门石窟、宝鸡乃至日本等地进行实地考察，特别是开始《孝子传注解》（幼学会编，汲古书院，2002 年）的翻译工作以后，我的眼前展开了一个以"孝"为纽带的、历史与现实交错的色彩缤纷的世界。在以黑田彰先生为代表的国内外学者大力支持下，清华大学外文系于 2013 年主办了与本书同题的国际学术研讨会，本书的大多数论文即来源于该次会议。由于种种原因本书拖延至今日才终于出版，正是因为各位执笔者长久以来对我的支持、信任和宽厚的谅解，本书才能最终编成，得以面世。在此，谨向所有执笔者致以由衷的谢意！另外，本书得到了清华大学外文系、深圳市金石艺术博物馆"中日北朝文化研究事业"课题的支持，在此谨致真诚的感谢！

我的恩师——已故东京大学名誉教授三角洋一先生在 2013 年清华大学的国际研讨会上作了题为"报恩与孝养"的主题讲演，该文亦收入本书。先生之恩，永志不忘。

2021 年 11 月 29 日　于学清苑

目　录

三

从中国考古文物资料看
孝子故事画的传统

赵 超

长期以来,世界就被居住在这个星球上的各民族、各国家人民划分为东方与西方两大文化群体。在历史悠久的中华古代文明中,保存了大量独特的具有东方色彩的文化思想,孝义思想就是具有突出代表性的一种。中国古代长期讲求"孝",是与中国古代长期独特的农业社会结构分不开的。追溯起来,代表西方文化的古代地中海文明基本上属于商业社会,其政治、法律、宗教等意识形态与古代中国社会明显不同。农与商,这两种不同的经济方式造就了东西古文明不同的面貌,也是西方没有明显的"孝"这一观念的根本原因。

中国古代的农业社会以血缘家族为基础。因此宗法制度在古代政治中占有非常重要的地位。美国哈佛大学的张光直教授曾经对比了中国古代文明与西方古代文明演进过程之间的重要差异,特别指出"中国古代的宗法制度在国家形成以后不但没有消失,反而加强了。即亲族、氏族、宗族制度与国家政治之间有统一的关系"。中国古代的宗法制度,就是"孝"这种思想长期存在的社会基础。由于农业生产需要家庭合作,聚落定居,在共同劳动与分配产品的过程中都需要比较密切的家族与家庭关系。因此,中国古代社会走的是一条发展血缘宗法家族结构的道路。中国古代传说西周的"周公制礼"。他制定的就是一套在宗法家族制度基础上形成的礼仪制度。这种制度强调长老在家族中的地位,并且将家族成员按照血缘远近分成等级,形成"长幼有序,尊卑有别"的等级制度。"孝"就是维系这种制度的思想基础。

就现在所能见到的文物资料,在西周青铜器上的金文中已经有了"孝"字,例如著名的"颂鼎""散盘"等。我们知道,西周时期的青铜器是国王与上层贵族才能拥有的重器,上面的铭文都是当时政治大事的记载。说明"孝"的概念在西周已经牢固确立。从历史文献角度看,在春秋时期产生的《诗经》《左传》等古代典籍中,也有了很多对"孝"的描写。例如《左传》郑伯克段于鄢一节中"孝子不匮,永锡尔类"的说法。清晰地说明以"孝"为最高道德标准,尊重"孝子"的思想在那时已经形成了。后来儒家经典中就出现了一种主要讲"孝道"的《孝经》。《孝经》传说是由孔子的学生曾参所作,里面主要记录孔子对于"孝"这种伦理道德的讲解,论述"孝"的社会作用。现在的学者认为,《孝经》这部书可能产生于战国时期,而我们现在所看到的《孝经》应该是经过了汉代儒家学者的加工。以后,又有郑玄、陆德明等学者给它作注释。到了唐代,唐玄宗特别推崇《孝经》,并且自己亲自书写,刻写成巨形碑石,树立在当时的太学中。这件石刻现在还完好地保存在陕西西安的碑林博物馆里。说明一千多年来,在中国封建社会中,《孝经》一直是人们从小就要学习的一种重要经典。历代研究、校勘、解释《孝经》的著作数量惊人。如明朱鸿《孝经总类》中《古文羽翼孝经姓氏》一文中就列举了从汉代至明代之间有关《孝经》的著作家近百人。

至少在汉代,帝王们已经大力提倡孝道,尊崇老人,鼓励奖赏孝子。在这方面我们有考古发现的实例。1959 年,在甘肃省武威县城南磨嘴子清理了一座汉代单室土洞墓,出土了缠在鸠杖上的 10 枚木简。在这些木简上抄写了西汉宣帝、成帝时关于优待老人的诏书,给老人授予王杖的文书,还有几个犯不敬罪的罪犯案例。处罚这些罪犯是由于他们不尊敬持有王杖的老人。1982 年 9 月在甘肃省武威县还有类似的发现。通过这些实物材料,我们可以了解到汉代有关尊老、养老的法律制度。王杖是一枝顶端刻成鸠鸟的手杖,又叫作鸠杖。被授予这种鸠杖的老人,可以享受相当于六百石官员的待遇。在近年来发掘的汉代墓葬中,多次发现这种鸠杖或者鸠鸟形状的杖首。在四川省出土的东汉画像砖《敬老图》里面也有手持鸠杖的老人形象。说明给老人授予王杖是当时普遍实行的一种法律制度。

现在归纳一下,古代帝王向全社会提倡孝道的方法主要有以下几种:一是以皇帝自身做榜样号召全民行孝,如汉代皇帝在自己的尊号中都要加一个孝字。二是把尊老敬老与孝悌行为确定为国家法律,用法律惩罚不孝的人,如上述的磨嘴子出土木简有关案例,在汉唐律法中也专门有惩治不孝子孙的律条,可见《唐律疏议》。三是选拔官员时注重孝行,并让孝子在地方上占有较高的社会地位,如汉代选拔孝廉。四是大力宣扬一些著名的孝子事迹,让人们仿照他们的榜样学习,在《后汉书》这样的正史中已经给一些著名的孝子列传,如毛义、赵孝等人。在这种社会风气中,当时就产生了专门记录孝子故事的《孝子传》。在现在流传着的一些古代类书中,如《太平御览》《古今图书集成》《全芳备祖》等,保存了数十种汉代、六朝以来的古代孝子传佚文。从《晋书》开始,在官修的史书中出现了专门的孝子传部分。像后来人们极其熟悉的王祥、黄香、丁兰、郭巨等孝子故事都是那时的产物。可想而知,这些孝子故事由于官方的提倡,当时在民间传播得非常普遍。

从中国的考古发现中得知,中国古代建筑宫殿时,有在室内墙壁上绘制人物壁画的习惯。在近年发掘的陕西咸阳秦代宫殿遗址与长安汉代宫殿遗址中,都出土过一些彩色壁画的残片。而古代的宫殿壁画中最主要的内容就是鉴戒性的故事画。《孔子家语》中记载:"孔子观乎明堂,睹四门墉有尧舜之容,桀纣之像,各有善恶之状,兴废之诫焉。"值得注意的是,根据文献记载,古代宫殿的壁画中历代忠臣孝子的故事画占有很大比重。《文选》卷一一载汉代王逸《鲁灵光殿赋》称:"图画天地,品类群生。……忠臣孝子,烈士贞女,贤愚成败,靡不载述。恶以诫世,善以示后。"同卷收录曹魏时何晏的《景福殿赋》上也有类似的记载。这些记载告诉我们,在古代宫室壁画中,孝子故事画是经常出现的。随着这些图画样本被当时的画工应用到各种实用装饰中去,普遍使用,我们就在越来越多的古代文物中看到了孝子故事图画。

　　汉代画像石多来自仿效地上宫室住宅的墓葬建筑。显然，在建设地下墓室、墓阙、祠堂等丧葬建筑时，人们仿效实际的宫室建筑，在里面绘制壁画，就是我们今天见到的各种画像石。由于古代壁画中首要的宣传目的就是进行鉴戒。《后汉书》卷十下《顺烈梁皇后传》："(顺烈梁皇后)少善女红，好史书，九岁能诵《论语》，治《韩诗》，大义略举。常以列女图画置于左右，以自监戒。"皇后幼年的儒家启蒙教育，图史并用，可谓尽善尽美。这种风气和观念在民间也很普遍。孝子故事就是汉代社会中官方与民间宣传的重点，所以在画像石中出现了大量的孝子故事图画，分布也十分广泛，如四川乐山柿子湾1区1号东汉墓、山东泰安大汶口东汉画像石墓、河南开封白沙东汉画像石墓、朝鲜的东汉乐浪郡壁画墓(彩箧冢)等。孝子故事画最为集中的表现是山东嘉祥的东汉武氏石室画像。这里的画像石上专门刻绘了成排的孝子图画，并且有文字题榜予以确定，上面出现了曾子、闵子骞、老莱子、丁兰、董永、章孝母、邢渠、忠孝李善等孝义人物像。主要是春秋时期至汉代的著名孝子。此外，在汉代的人物画铜镜上也出现了曾参等人的孝子故事画。有的考古学者认为，汉代人修建的石祠堂、画像石墓等，在建成后会供外人观看。这样，孝子画的宣传作用也就会充分体现出来。汉代的孝子画可能是中国古代孝子画的源头，它所创造的各种表现形式，如选取最具特色的动作场面、典型的道具、附加题榜予以说明，采用连环画形式表达复杂的故事等，大多被以后历代的孝子画沿袭下来。

　　南北朝时期的孝子图画材料更加丰富多样，在近代的中国古墓葬发掘中有过大量精彩的发现，如宁夏固原北魏墓中出土的孝子漆棺、山西大同北魏司马金龙墓中的漆画列女屏风、河南洛阳出土的北魏孝子石棺、孝子图石棺床、河南邓县出土的南朝画像砖等。图像生动，刻绘精细，具有极高的艺术价值与学术意义。其中一些精美的石刻图画保存在日本、美国等地的博物馆中，如北魏孝子石棺、孝子石屏风等。这些孝子画所描写的孝子除一些汉代画像石中常见的人物外，较多见的是郭巨、蔡顺、丁兰等晋代以来流行开的孝子故事。选择人物的不同，表现了晋代及南北朝时期对于孝子的新标准，似乎是更希望通过行孝得到上天的降福,不再注重孝子在世间得到的赞誉。值得注意的是,虽然有些北朝早期孝子画中的人物穿着鲜卑服装,但其文化内核完全是延承汉文化的传统。这类孝子画文物主要流行在北魏中晚期,我们知道,这是北魏孝文帝改行汉族衣冠,在政治文化上全面接受汉族传统的时期。它正是北魏鲜卑统治者逐渐汉化,大力推行汉儒家文化的反映,也是当时北方汉族居民已经具有根深蒂固的孝悌思想的反映。郑岩曾认为:"在葬具上刻画孝子图,则又一次将孝的主题与墓葬结合在一起。这些葬具上的孝子图并不直接描绘新孝子的形象,而是继续表现那些古代的样板。只有那些经受了岁月考验的古代孝子,才可以镌刻在坚硬石头上,彰显其恒久的价值。在这里,这些形象起到一种媒介的作用。"

唐代的文物中,有在陕西咸阳的唐代契必明墓葬中发现的三彩罐,上面塑有孝子像并且书写了孝子故事铭文。我曾研究出在太原地区唐墓中多次发现的"树下老人"壁画中存在着孝子故事。我们知道唐代帝王也十分推崇《孝经》,特别是在唐代末年,已经出现了二十四孝这种说法,而且这种说法还是由僧人编纂出来的,在敦煌藏经洞发现的唐五代文书中,有三件基本相同的抄本,现在分别收藏在英国大英图书馆与法国图书馆,编号是 s7,s3728 与 b3361,叫作《故圆鉴大师二十四孝押座文》,里面收录了舜、王祥、郭巨、老莱子等孝子,说明孝子故事在当时是非常流行的。特别有趣的是在上述押座文中把释迦牟尼也列为二十四孝之一,表明在佛教盛行的唐代,僧徒们也需要利用孝子思想来宣传佛教。

宋代考古资料中有相当数量的孝子故事图画,主要出现在北宋晚期以来的北方墓葬中,包括墓葬内的壁画与砖雕,都是当时民间工匠的创作。这可能与北宋晚期极力提倡儒家治国思想,提倡文教有关。也说明孝悌思想已经在民间高度普及,成为汉族传统思想的核心部分。这时的孝子画已经形成了二十四孝的系统。如河南林县城关宋墓的墓室砖雕壁画二十四孝,河南洛阳北宋张君墓画像石棺线刻二十四孝等。这些孝子图画的内容和构图都比较相似,说明当时在民间画工中已经流行着一些孝子图画的范本了。这正是孝子图画日益普及开来的确证。把这些图画安置在墓葬中，可能主要是想表示墓主人的子孙们非常孝顺，符合当时社会注重孝义思想的风气。也有的学者认为，由于人们看重孝，把这些孝子故事神化。所以表现孝思想的图画与著作在墓葬中都能起到驱逐邪恶，赶走鬼怪的作用。带有古代方术的实用意义。可见孝子故事画是随着它的普及而被人们同时日益神化了。这种风俗，或者说民间教育广泛流行在辽、金、元时期的北方中国，即今天的河南、山西、河北、辽宁、内蒙古、甘肃等地。这里都曾经在考古工作中发现过这一类具有孝子图画的砖室墓。

特别是山西长子县石哲金代砖墓壁画二十四孝图，其内容与常见的北宋墓中壁画二十四孝完全一致，并且有题榜，将人物姓名与事迹说明清楚，具有较大的参考价值。1998年底，在山西沁县西林东庄村清理了一座金代八角形砖雕墓，墓中出土了彩绘的"二十四孝"人物故事的完整组合，也有墨书题记。

在内蒙古还出土过雕刻精美的辽代孝子图银壶，上面有王祥、郭巨等多幅孝子故事画。它表明在当时孝子画除应用于墓葬建筑之外，还广泛地用来装饰日用器物，即孝子故事得到了空前的普及。

以后直至清代末年，孝子故事画还在中国民间流行，以二十四孝图为主要的代表。近年来在陕西省大荔县发掘的一批清代墓葬中，还出土了大量雕刻精美的二十四孝石浮雕，就是生动的例证。

这样延续近二千年的孝子画传统，可以说随着中国古代社会中儒家思想的兴盛与儒家教育的普及始终存在。虽然最流行的孝子故事由于时代变化和宣传者的不同选择而有所变化。但是梳理一些从最早沿袭至近代的孝子画，可以看到它们的表现手法与人物形象都没有太大的改变。正像古代统治者要利用"孝"达到社会秩序稳定不变的目的一样，孝子故事与孝子画的稳定性也是罕见的古代文化现象。这应该是中国古代最成功的意识形态教育，也是对中国古代社会延续作用最大的思想教育。

舜 故 事 新 考

——从《孝子传》到《二十四孝》

黑田彰

序 言

舜,是中国古代五帝中的第五位圣贤天子,名为有虞氏(虞,是舜居住地的地名,也是王朝的名称,被称为虞舜。有,是词头)。姓为姚,也作妫,字重华。在中国古代的儒教中,孝的思想不断兴盛发展,舜帝承担了重要的社会作用。孝思想以亲子关系为中心的家族间关系为始,并延伸到君臣间关系的规范中,是世界上独一无二的一种思想体系,对于包括日本在内的东亚文化的构建产生了深刻的影响。虽然,对孝思想的评价还未有定论,但是,在迎来全球化时代的二十一世纪已成为世界史研究的重要课题之一。在孝思想中,舜拥有重要地位。例如,在孝子传和二十四孝的文本中,舜帝的故事被放置在第一篇,舜的图像也是汉代孝子传图的第一幅图(和林格尔后汉壁画墓)。

本文将具体考察文学、美术领域中以舜为主题的作品,并试图对其进行追本溯源。虽然笔者已经以舜为主题撰写了题为《重华外传——〈注好选〉和〈孝子传〉》①《重华赘语——〈孝子传图〉和〈孝子传〉》②的两

---

① 黑田彰《孝子传研究》Ⅲ二,佛教大学鹰陵文化丛书 5,思文阁出版,2001 年(初次发表于1998 年 3 月)。
② 黑田彰《孝子传图研究》Ⅱ二 1,汲古书院,2007 年(初次发表于 2004 年)。

篇论文,但是,这两篇文章都是以《注好选》《太平记》这种说话文学、军记物语为立脚点的。与之不同的是,本文将改变视角,以中、日舜故事本身为焦点,概观其文学史、美术史的流传过程并探索其源头。

一、三种舜故事——草子,军记,说话集

舜故事在日本古典文学中名气很高,舜的名字,在各种体裁的作品中频频出现。本文首先介绍御伽草子、军记物语、说话集这三种文学体裁中保存下来的舜故事。以下展示的 a 是御伽草子《二十四孝》的第一篇,b 是《太平记》卷三十二"天竺震旦故事集"中舜的故事,c 是《注好选》上卷四十六"舜父盲明"的文本①。

a 御伽草子《二十四孝》

大 舜

队队耕春象,纷纷耘草禽。

嗣尧登宝位,孝感动天心。

大舜是个非常孝顺的人。传闻其父名为瞽叟,顽愚不化,其母也居心不正。弟弟为人骄奢,无所事事。尽管如此,大舜还是一心一意非常孝顺。后来他在一个叫历山的地方耕作,因为感受到大舜的孝行,大象前来替他耕地,又有飞鸟来田里帮他除草。当时天下的君主名为尧王,他有两位公主,姐姐名为娥皇,妹妹名为女英。尧王听闻舜的孝行后非常感动,把两个女儿嫁给他,最终把天下禅让给他。这就是因为孝行深入人心之故。

b 《太平记》卷三十二"天竺震旦物语殊"

帝尧思考将天下授予谁,四处询问,寻觅贤人,听闻冀州有一个庶民名为虞舜,其父瞽瘦(＊)眼盲顽固,母嚚,弟名为象,贪得无厌,欺人惹祸。虞舜为赡养父母,去历山耕作,历山之人让其畔,下

---

① 御伽草子《二十四孝》原文出自《御伽草子》下,岩波书店,1986 年;《太平记》的原文出自西源院本;《注好选》原文出自新日本古典文学大系 31,岩波书店,1997 年。

雷泽打渔，雷泽之人让其居，去川滨作陶器，器皆不苦窳，虞舜所行之处，二年成村，三年成都，万人皆仰慕其德，自四方汇集之故也。虞舜年廿，孝行天下皆闻，帝尧有心想将天下让与虞舜，欲观察其内外品行，将名为娥皇、女英的两个公主嫁与虞舜作妻子，尧帝又让太子九人作为舜的臣子听从其命令，尧的两个女儿不以己地位之高而让夫君骄纵自己，侍奉虞舜之母不违逆，又九人之皇子作虞舜之臣，虞舜以礼相敬不乱，帝尧更加喜悦，又赐予虞舜仓廪、牛羊、绨衣及琴一张，如是舜更加忠君，也对父母孝顺，其母深思哀其弟象立世之道，瞽瘦（＊）、其母与弟象三人密谋杀舜之事。舜知其事，不恨其父，不怨其母和弟象，更加谨慎地行孝悌之事，只是父母之心已不同以往，不禁仰天悲叹，某日舜登仓廪之上修茸房屋，其母在下放火烧杀虞舜，虞舜张开两把唐伞，握伞柄飞下，未死，瞽瘦（＊）又思，与象谋又叫舜来掘井，当井变深即将完成时，从上面将土倾泻而下欲杀舜，<u>大概是坚牢地神也感伤虞舜孝行之志，在掘井挖出的土中混有半金</u>，父瞽叟（＊）和弟象忘记了欲行之恶事，每次扬土时便为此而争吵，这期间虞舜向旁边挖掘匿穴，当井深已成时，瞽瘦（＊）与象一同往下洒土，落石埋虞舜，虞舜偷偷从匿穴逃出，回到自己的家中，舜逃生之事父母及象皆不知，他们瓜分虞舜的财产，商议牛羊与仓廪与父母，帝尧的两个女儿和琴一张归象。象则弹琴为向二女示爱，舜回到家，竟然不死，二女调瑟，舜奏琴，优然处之，象愕然大惊，称本以为舜已死，心中忧郁，实呈忸怩之色，舜放下琴，听闻其弟之言，而心中悲伤，静坐流泪，之后，虞舜对侍奉父母之事更加不懈，爱弟之心也无浅薄，忠孝之德尽显，帝尧终将天下禅让于舜。虞舜践天子之位、治理国家符合天意，五日之风树枝不鸣，十日之雨毫无破坏，国家安宁民众丰收，四海感怀其恩称万岁之德。孔子之释，称寻忠臣必于孝子之门，对父亲不孝之人，对君主岂有忠心哉。寻觅天竺震旦古迹，对双亲无道，忠亦获罪，这是狮子国之例；对父亲孝顺，卑贱亦能获赏，是虞舜之德也。

c 《注好选》上卷四十六

史记云：昔，虞舜父，因后妻言，使舜堕入井中欲杀之，以大石埋井。舜兼得其意，从东家井中潜出，去于历山耕。即父埋井故两目清盲。母后病哑。经十年，舜从山出来居市物货。于此舜后母易钱。舜返其钱令得直物。即三度。时母怪而报父，曰："若吾子舜哉。汝将吾可向市。"妻遂将行。舜见父年老泣。揽子泣。即舜以手拭父泪，两目明。后母能言语也。

二、三种舜故事的源流

上面所记三种舜故事的源流并非出自一处，这一点非常值得关注。也就是说舜的故事，在中国已经呈现出多种多样的流传形式，三个舜故事正是很好地反映了这一点。使我们能够窥探其多种多样的流传形式的正是相当于三种舜故事源流的文献资料。以下 a、b、c 是三种舜故事的源流所在，分别为(a)《全相二十四孝诗选》"大舜"[①]、(b1)《史记·五帝本纪》、(b2)《列女传·母仪传》"有虞二妃"[②]、(c)阳明本、船桥本两《孝子传》"舜"[③]。

a 《全相二十四孝诗选》

大　舜

队队耕春象，纷纷耘草禽。

嗣尧登宝位，孝感动天心。

大舜至孝，父顽母嚚，弟象傲，舜耕于历山，有象为之耕，鸟为之耘，其孝感如此，尧闻之妻二女，让以天下。

---

① 《全相二十四孝诗选》原文出自秃氏佑祥《全相二十四孝诗选解说》,《二十四孝诗选》,全国书房,1946 年。

② 《列女传》原文出自山崎纯一《列女传》上,新编汉文选思想、历史系列,明治书院,1996 年。

③ 两《孝子传》原文出自幼学会《孝子传注解》,汲古书院,2003 年。

b1 《史记》

众皆言于尧曰,有矜在民间曰虞舜。尧曰,然。朕闻之。其何如。岳曰,盲者子,父顽母嚚弟傲,能和以孝,烝烝治不至奸。尧曰,吾其试哉。于是尧妻之二女,观其德于二女。舜饬下二女于妫汭,如妇礼。尧善之。乃使舜慎和五典。五典能从。乃遍入百官。百官时序。宾于四门。四门穆穆。诸侯远方宾客皆敬。尧使舜入山林川泽。暴风雷雨,舜行不迷。尧以为圣,召舜曰,女谋事至,而言可绩三年矣。女登帝位……尧立七十年得舜……是为帝舜。虞舜者,名曰重华。重华父曰瞽叟……舜父瞽叟盲。而舜母死。瞽叟更娶妻而生象。象傲。瞽叟爱后妻子,常欲杀舜。舜避逃。及有小过则受罪。顺事父及后母与弟,日以笃谨,匪有解。舜冀州之人也。舜耕历山,渔雷泽,陶河滨,作什器于寿丘,就时于负夏。舜父瞽叟顽,母嚚,弟象傲。皆欲杀舜。舜顺适不失子道。兄弟孝慈。欲杀不可得。即求尝在侧。舜年二十以孝闻。三十而帝尧问可用者。四岳咸荐虞舜曰,可。于是尧乃以二女妻舜,以观其内,使九男与处以观其外。舜居妫汭,内行弥谨。尧二女不敢以贵骄,事舜亲戚,甚有妇道。尧九男皆益笃。舜耕历山。历山之人皆让畔。渔雷泽,雷泽上人皆让居。陶河滨。河滨器皆不苦窳。一年而所居成聚,二年成邑,三年成都。尧乃赐舜絺衣与琴,为筑仓廪予牛羊。瞽叟尚复欲杀之,使舜上涂廪。瞽叟从下纵火焚廪。舜乃以两笠自捍而下去,得不死。后瞽叟又使舜穿井。舜穿井,为匿空旁出。舜既入深。瞽叟与象共下土实井。舜从匿空出去。瞽叟象喜,以舜为已死。象曰,本谋者象。象与其父母分。于是曰,舜妻尧二女与琴,象取之。牛羊仓廪,予父母。象乃止舜宫居,鼓其琴。舜往见之。象鄂不怿。曰,我思舜正郁陶。舜曰,然。而其庶矣。舜复事瞽叟爱弟弥谨。于是尧乃试舜五典百官。皆治……以揆百事,莫不时序……舜宾于四门……于是四门辟,言毋凶人也。舜入于大麓。烈风雷雨不迷。尧乃知舜之足授天下……舜年二十以孝闻。

年三十尧举之。年五十摄行天子事。年五十八尧崩。年六十一代尧践帝位。

B2 《列女传》

有虞二妃者,帝尧之二女也。长娥皇,次女英。舜父顽,母嚚,父号瞽叟。弟曰象,敖游于嫚。舜能谐柔之。承事瞽叟以孝。母憎舜而爱象,舜犹内治,靡有奸意。四岳荐之于尧。尧乃妻以二女,以观厥内。二女承事舜于畎亩之中,不以天子之女故而骄盈怠嫚。犹谦让恭俭,思尽妇道。瞽叟与象谋杀舜,使涂廪。舜归告二女曰,父母使我涂廪,我其往。二女曰,往哉。时唯其戕汝。时唯其焚汝。鹳如汝裳衣,鸟工往。舜既治廪。乃戕旋阶,瞽叟焚廪。舜往飞出。象复与父母谋,使舜浚井。舜乃告二女。二女曰,俞。往哉。时亦唯其戕汝。时唯其掩汝。去汝裳衣,龙工往。舜往浚井。格其出入,从掩。舜潜出其旁。时既不能杀舜。瞽叟又速舜饮酒。醉将杀之。舜告二女。二女乃与舜药浴汪。遂往。舜终日饮酒不醉。舜之女弟敤手怜之。与二嫂谐。父母欲杀舜,舜犹不怨。怒之不已,舜往于田,号泣,曰呼旻天,呼父母。惟害若兹,思慕不已。不怨其弟。笃厚不怠。既纳于百揆,宾于四门,选于林木,入于大麓。尧试之百方,每事常谋于二女。舜既嗣位,升为天子。娥皇为后,女英为妃。

C 《孝子传》

阳明本

帝舜重花,至孝也。其父瞽瞍,顽愚不别圣贤。用后妇之言,而欲杀舜。便使上屋,于下烧之。乃飞下,供养如故。又使治井没井,又欲杀舜。舜乃密知。便作傍穴。父举以大石填之。舜乃泣东家井出。因投历山,以躬耕种谷。天下大旱,民无收者,唯舜种者大丰。其父填井之后,两目清盲。至市就舜籴米,舜乃以钱还置米中。如是非一。父疑是重花。借人看朽井,子无所见。后又籴米,对在舜前。论贾未举,父曰,君是何人,而见给鄙。将非我子重花耶。舜曰,是也。即来父前,相抱号泣。舜以衣拭父两眼,即开明。所谓为孝之至。尧闻之,妻以二女,授之天子。故孝经曰,事父母孝,天地明察,感动乾灵也。

桥船本

舜字重华,至孝也。其父瞽叟,愚顽不知凡圣。爱用后妇言,欲杀圣子。舜或上屋,叟取桥,舜直而落如鸟飞。或使掘深井出。舜知其心,先掘傍穴,通之邻家。父以大石填井。舜出傍穴,入游历山。时父填石之后,两目精盲也。舜自耕为事。于时天下大旱。黎庶饥馑,舜稼独茂。于是籴米之者如市。舜后母来买。然而不知舜。舜不取其直,每度返也。父奇而所引后妇,来至舜所问曰,君降恩再三,未知有故旧耶。舜答云,是子舜也。时父伏地,流涕如雨。高声悔叫,且奇且耻。爱舜以袖拭父涕。而两目即开明也。舜起拜贺。父执子手,千哀千谢。孝养如故,终无变心。天下闻之,莫不嗟叹。圣德无匮,遂践帝位也。

若将 a 御伽草子《二十四孝》、b《太平记》、c《注好选》中的三个故事进行比较则可以看出,虽说皆是舜的故事,但是内容却大不相同。例如a 中有舜在历山经历奇迹的内容,可是在 b 和 c 中却并无记载。另外,b、c 中围绕焚烧仓廪、掩埋深井这样的内容与民间故事中的继子型故事有共通之处,不过,在 b 中并没有 c 的交易大米、双眼开明等后续故事。因此,可以说 a、b、c 三个舜的故事其内容的差别是很大的。这些内容上的差异,正如 2 所指出因其有 a、b、c 三种不同的来源。并且,我们可以确认:

  a 御伽草子《二十四孝》——《全相二十四孝诗选》

  b 《太平记》——《史记》《列女传》

  c 《注好选》——两《孝子传》

即 a 御伽草子《二十四孝》出自元郭居敬所撰的《全相二十四孝诗选》(其父名为瞽叟,尧的两个女儿娥皇和女英的事迹在《全相二十四孝诗选》里并无记载,这些情节在日记故事系的《二十四孝》等书中零星出现）。根据增田欣《虞舜至孝说话的传承——以〈太平记〉为中心》①的考证，b《太平记》中的舜故事是基于《史记》撰写的。c《注好选》的开头部分写有"史记云"，看上去很像是基于《史记》五帝本纪所撰，而事实上并非根据《史记》所作。《注好选》含有孝子传的特征，其中交易大米、双眼开明等后日谈则明显能看出是以孝子传为其源流的②。

三、舜故事的两种类型

增田氏在讨论 b《太平记》出典的论文中提到两个问题值得我们关注。第一，增田氏指出在日本文学中所见到的舜故事其出典有"《孝子传》型"和"《史记》型"这两种类型。第二，增田氏以"金钱故事情节"为例指出这两种类型是相互融合的，并且提到在敦煌出土的《孝子传》《舜子变》中都可以看到"金钱故事情节"。

关于舜故事有两种类型，这一点我们先看一下源流 c《孝子传》的内容，其舜故事大致由以下六个情节构成：

甲　焚廪

乙　掩井

丙　于历山耕作

丁　易米、开眼

戊　迎娶尧的两个女儿

己　让得帝位

我们把这样的情节构成称为"《孝子传》型"。而从甲到戊的《孝子传》的内容与其源流 b1《史记》、b2《列女传》相对比的话，可发现《史记》的故事情节顺序为：

丙—戊—（丙）—甲—乙—己

---

① 增田欣《虞舜至孝说话传承——以〈太平记〉为中心》，《中世文艺》22，1961 年 8 月。后再次收录于增田欣《〈太平记〉的比较文学研究》第一章第二节之一，角川书店，1976 年。

② 参考前注所示黑田彰《孝子传研究》Ⅲ二，佛教大学鹰陵文化丛书 5，思文阁出版，2001 年。

而《列女传》的故事情节顺序为：

戊—甲—乙—己

并且，"戊 迎娶尧的两个女儿"这个情节在甲、乙之前的特点也是《史记》和《列女传》所共有的，而拥有这样特征的被增田氏称为"《史记》型"。那么，我们可以说 b《太平记》为"《史记》型"，c《注好选》则属于"《孝子传》型"。

因为《孝子传》《二十四孝》一般就是遵从

· 汉籍→《孝子传》→《二十四孝》

这样的形式，"《史记》型"很好地把握了汉籍的特征，"《孝子传》型"很好地把握了《孝子传》的特征，也就意味着"《史记》型"舜故事接受采纳了汉籍的内容，"《孝子传》型"舜故事接受采纳了《孝子传》的内容。在日本文学中常见的舜物语，大概也就是会类属这两类中的某一种，由此可见，增田氏关于这两种类型的分类是很有卓见的。还有，我们可以认为 a 御伽草子《二十四孝》中的舜故事应属于孝子传的"丙 于历山耕作"之情节。

四、金钱的故事情节

所谓"第二、金钱故事情节"即指 b《太平记》掩井故事中有下划线的部分，即"坚牢地神感伤虞舜孝行之志，在掘井挖出的土中混有半金"。这段内容在 a 御伽草子《二十四孝》、c《注好选》、还有源流 a《全相二十四孝诗选》、b1《史记》、b2《列女传》、c 两《孝子传》中都没有记录。是非常罕见的记载。增田氏的论文中也有所涉及，本文则将这个情节称为"金钱故事情节"。围绕金钱故事情节，增田氏所指出的现存敦煌本《孝子传》《舜子变》等资料是舜故事研究史上不得不提及的重要的发现。也就是说，金钱故事情节在敦煌本《孝子传》《舜子变》中都有所记载，而这两种叙述都属于"《孝子传》型"。一方面，b《太平记》是类属于"《史记》型"，"《孝子传》型"的敦煌本《孝子传》《舜子变》中所记载的金钱情节，在史记型的 b《太平记》中也有所涉及。关于这一点，增田认为可以看出这两种类型之间有所交流。也就是说,由此可见,b《太平记》中的舜故事看起来似乎是依据 b1《史记·五帝本纪》所撰写的,但是,其行文还是有参照了"《孝子传》型"资料的痕迹存在。如果以概念图表示则如下所示:

b 《太平记》◄————— b1 《史记·五帝本纪》
                └── c 《孝子传》

现将敦煌本《孝子传》《舜子变》的文本抄录如下①。

敦煌本《孝子传》

《孝子传》

孝友舜子姓姚,字仲(重)华,父名瞽叟,更取后妻,生一子,名＊(象)。舜有孝行,后母嫉之,语瞽叟曰:"为我煞舜。"叟用妻言,遣舜＊知母意,手持双笠上舍。叟从后放火烧之,舜乃与雨(以雨)腋挟笠投身飞下,不损毫毛。后右(又)使舜涛(淘)井。舜既父与灌(＊)＊(＊)泥,又感天降银钞致于井中。舜见银钞,上语父曰:"泥中有银钱,可以收取。"父母见银钱,净(争)头竞觅,如此往返,银钱已尽。舜见井中傍有一＊,可以容身。上告父曰:"井泥已尽,可以＊(索求)出我。"父母遂生恶心,与大石镇之,恃(持)土填塞,驱牛而践。夫妻相谓曰:"舜之(子)已亡。"于是舜傍＊一穴,内得次东家井连,从井中出,便投历山,躬耕力作。时饥歉,舜独丰熟。父至(自)填井,两目失明,母亦顽愚(愚),弟复史(失)音,如此辛苦,经十年不自存立。后母负薪向市易米,值舜＊(＊)米,于是舜见识之,遂便与[米],佯不敢取钱,如是非一。叟怪之,语妻曰:"氏(是)我重华也。"妻曰:"百尺井底,大石镇之,岂有治(活)理。"叟曰:"卿但牵我至市,观是何人。"其妻于是将叟至,叟曰:"据子语音,正似我儿重华。"舜曰:"是也。"于是前抱父大哭,哀动天地。以手拭其父泪,两眼重开(明),母亦听(聪)惠,弟复能言。市人见者,

---

① 敦煌本《孝子传》《舜子变》原文依据《敦煌变文集》,人民文学出版社,1957年。

无不悲叹,称舜至孝。尧帝闻之,娉与二女,大者俄(娥)皇,小者女莫(英),尧王于是禅位与舜子。女英生子,号曰商均,成人不省,不省似像(象)也,不堪嗣位。舜乃禅帝位而归于＊(禹)。出太史公本记。(以上为A)

(以下部分为B)[四]舜子者,冀邑人也。早丧慈母,独养老父瞽叟。父取后妻,妻谮其夫,频欲杀舜。令舜涛井,与石压之,孝感于天,漱东家井出。舜奔耕历山。后闻米贵,将来冀都而粜。及见后母,就舜买米。舜识是母,密与其钱及米置囊中。如此数度,[后母]到家,具说上事。[瞽]胅(叟)擬(疑)是舜,令妻引手,遂往市都。高声唤云:"子之语声,以(似)吾舜子。"舜知是父,遂拨人向父亲抱头而哭,与(以)舌舐其父眼,其眼得再明。市人见之,无不惊怪。诗曰:

> 瞽叟填井自目盲,舜子从来历山耕,
> 将来冀都逢父母,以舌舐眼再还明。

又诗云:

> 孝顺父母感于天,舜子涛井得银钱,
> 父母抛石压舜子,感得穿井东家连。

《舜子变》

不经旬日中间,后妻设得计成:"妾[见][一四]厅前枯井,三二年来无水,交伊舜子淘井,把取大石填压死。"瞽叟报言娘子:"娘子虽是女人,设计大能精细。"高声唤言舜子:"阿爷厅前枯井,三二年来无水,汝若淘井出水,不是儿于家了事。"舜闻涛(淘)井,心里知之,便脱衣裳,井边跪拜,入井涛泥。上界帝释,密降银钱五百文,入于井中。舜子便于泥鳝中置银钱,令后母挽出。数度讫,上报阿耶娘:"井中水满钱尽,遣我出着,与饭盘食者,不是阿娘能德。"后母闻言,于瞽叟诈云:"是你怨(冤)家有言,不得使我银钱;若用我银钱者,出来报官。浑家不残性命?"瞽叟便即与大石填塞。后母一女(心)把着阿耶,杀却前家歌(哥)子,交与甚处出坎。阿耶不听,拽手埋井。帝释变作一黄龙,引舜通穴往东家井出。舜叫声上报,恰值一老母取水,应云:"井中是甚人乎?"舜子答云:"是西家不孝子。"老母便知是舜,牵挽出之。舜即泣泪而拜,老母便与衣裳,串(穿)着身上,与食一盘吃了。报舜云:"汝莫归家,但取你亲阿娘坟墓去,必合见阿娘现身。"说词已了,舜即寻觅阿娘墓。见阿娘真身,悲啼血。阿娘报言舜子:"儿莫归家,儿大未尽。但取西南角历山,躬耕必当贵。"

> 舜取母语,相别行于山中,见百余倾(顷)空田,心中哽噎。种子犁牛,无处取之。天知至孝,自有群猪与觜[一五]耕地开垄,百鸟衔子抛田,天雨浇溉。其岁天下不熟,舜自独丰,得数百石谷来。

心欲思乡,拟报父母之恩。行次临河,舜见以郡(一群)鹿,叹云:"凡为人身,游鹿不相似也。"泣泪呼(吁)嗟之次,又见商人数个,舜子问云:"冀郡姚家人口,平善好否?"商人答云:"姚家千万,阿谁识你亲情? 有一家姚姓,言遣儿涛井,后母嫉之,共夫填却井*儿。从此后阿爷两目不见,母即玩遇(顽嚚),负薪诣市。更一小弟,亦复痴癫,极受贫乏,乞食无门。我等只识一家,更诸姚姓,不知谁也。"舜子当即知是父母小弟也。心口思惟,口亦不言。

舜来历山,俄经十载,便将米往本州。至市之次,见后母负薪,诣市易米。值舜籴(粜)于市,舜识之,便籴与之。舜得母钱,佯忘安置米囊中而去。如是非一,瞽叟怪之,语后妻曰:"非吾舜子乎?"妻曰:"百丈井底埋却,大石挡之,以土填却,岂有活理?"瞽叟曰:"卿试牵我至市。"妻牵叟诣市,还见粜米少年,叟谓曰:"君是何贤人,数见饶益?"舜曰:"见翁年老,故以相饶。"叟耳识其声音曰:"此正似吾舜子声乎?"舜曰:"是也。"便即前抱父头,失声大哭。舜子拭其父泪,与舌舐之,两目即明。母亦聪慧,弟复能言。市人见之,无不悲叹。

当时舜子将父母到本家庭。瞽叟渧吾之孝,不自斟量,便集邻里亲眷,将刀以杀后母,舜子叉手启大人:"若杀却阿娘者,舜元无孝道,大人思之。"邻里悲哀,天下未门(闻)此事。父放母命以后,一心一肚快活,天下传名。尧帝闻之,妻以二女,大者娥皇,小者女英。尧遂卸位与舜帝。莫(英)生商均,不肖;舜由此卸位与夏禹王。其诗曰:

> 瞽叟填井自目盲,舜子从来历山耕。
> 将米冀都逢父母,以舌舐眼再还明。

又诗曰:

> 孝顺父母感于天,舜子涛(淘)井得银钱。
> 父母抛石压舜子,感得穿井东家连。

《舜子至孝变文》一卷

检得百岁诗云:"舜年廿学问。卅,尧举之。五十,天下行大事。六十一,代尧践帝位。在位卅九年,南巡狩,崩于苍梧之野,年百岁。葬于南九疑,是为零陵。舜子姓姚,字重华。"又检得历帝纪云:"舜号有虞氏,姓姚,目有重瞳。父名瞽叟,母号握登,颛顼之后,黄帝九代孙。都平阳,后都蒲坂,夏禹代立。"孔安国云:"舜在位五十年,年一百十二岁。崩,葬苍梧九疑山。帝舜元年戊寅。"

天福十五年岁当己酉朱明蕤宾之日冀生十四叶写毕记。

敦煌本《孝子传》《舜子变》中有波浪下划线的部分是关于金钱的情节。而b《太平记》中有下划线的金钱情节部分可见于敦煌本《孝子传》《舜子变》实在令人惊讶。不过,需要注意的是敦煌本《孝子传》是由《敦煌变文集》的编者命名的,并不是说敦煌文书中有一部《孝子传》。上文所述舜的故事,来自于A和B两种文书。现已明确,A是题为"事森"的类书;B是逸名变文系之残卷。目前,在敦煌文书中尚未发现《孝子传》。虽然在A的末尾有"出太史公本纪"这样的出典标注,但是,作为其故事源头的b1《史记》中却并无相应内容。其实,事森(或者变文系的残卷)的出典也很值得研究,不过,本文在此想探讨的是关于《舜子变》文献典据的问题。增田氏曾指出《普通唱导集》下末《孝父篇》一"重花禀位"及纂图附音本《注千字文》23、24"推位让国,有虞陶唐"注均记

载了金钱情节,现将这两种史料抄录如下:

《普通唱导集》

舜帝重花,至孝也。瞽瞍顽愚,不列贤圣。用后妇之意,而欲杀舜。便便(使)上屋,于下烧之。舜乃飞下,供养如故。又使涛井,杀舜。舜已密知,带银钱五百文,作傍穴。父果以大石填之。舜乃从东家井出。因殁(投)历山,以躬耕种谷。天下大旱(旱),民无收者,唯舜种者大丰。其父填井之后,两眼精盲。至市就舜籴米,舜乃以钱还米中。如是非一。父疑是重花。借人看朽井,子无所见。又籴米,对在舜前。论贾未毕,父曰,君是何人,见给墙(鄙)。时非我子重花乎。舜是也。即来父前,相抱号泣。舜以衣拭两眼,即开明。所谓为孝子之至。尧闻之,妻以二女,授之天子位。史记弟(第)一云,虞舜名重花。舜父瞽瞍顽,母嚚,弟象敖。皆欲杀舜。舜顺适不失子道。兄弟孝道。欲杀不可得。即求(永)常在测(侧)。

纂图附音本《注千字文》

尧号陶唐氏。让位与舜。号有虞氏。让位与禹。尧治天下五十二载。遭洪水九载。自知无德。生子丹朱,不肖不堪治国。闻舜有孝行,召之妻以二女。大女名娥皇,小女名女英。舜姓姚,字重华。少丧母,父名鼓叟。更娶后母生象。后母常行恶心,言害舜。鼓叟信后母谗言,共象弟等,谋欲杀舜。乃令盖屋。舜知其意,遂持(被)大席上屋。父放火烧屋。舜以席裹身跳下。叟见不死,复(后)使陶井,欲埋之。时邻家知其意,语舜曰,父母当令君陶井必有恶心。何不避之。舜曰,我只可顺父母而死为孝。不可逆父母而走为不孝。亲友闵之,与舜钱五百,使为方便。预作计,向东家井中,穿作穴相透。明日果令陶井。舜腰著钱五百,入井中。父母挽罐上看,舜乃见银钱一文。欢喜未有填意。井深暗黑,视不见底。舜乃于东家井傍,穿成孔。相通讫,报父母曰,钱尽也。父母及弟,见罐中无钱。遂将石填之。其父两目即盲,母便耳聋,弟遂口喑。后贫困,又遭天火,烧其屋。舜已从东家井中出,投诸历山耕田,岁收二百石粟。改名易姓,入市粜米。见其母卖薪饥寒,常倍与薪价。籴米钱私安于米袋中,更与饼肉,令负担而归。到家开袋,米中得钱者数度,皆如此。瞽叟怪问之。妻曰,市中有一少年。见贫困每为怜恤,常倍与我薪价。叟曰,此非是吾舜子乎。妻曰,舜今在百尺井底,以石填之。自非圣人,岂能更生。来日将吾入市。与其人相见。妻遂扶叟至市,见昨日少年来。叟曰,为吾唤至。报谢其恩。妻便唤得少年至。叟问曰,君是何人。相怜过厚。孝(老)弊不善,两目失明。贫苦饥寒,无以相报。少年曰,我是忠孝之人。见翁贫困,时相愍念。何必言报。叟闻其应声响曰,非吾舜子乎。音声相似。舜曰,是也。于是父子相抱悲哭,哀声盈于道路。市人见之,莫不凄惨。舜将衣襟拭父目,即开朗明。母亦能听声,象即便能语。舜再拜曰,为子不孝,违于旷野。自今已后,更不如此。父亦大悔言,今后不敢举意向吾圣子。市朝人民,见舜孝行,莫不流涕。因此孝顺声,闻四海。帝(帝尧)闻其聪明,禅位与之。是为帝舜。舜垂拱无为,万邦归化。在位八十二载。生子商均不肖。又禅位,与司空伯禹。是为夏后氏。三王之祖也。

《普通唱导集》和纂图附音本《注千字文》中标有下划线的部分可以明确地看出金钱故事情节。值得注意的是,《普通唱导集》除了划线的部分,其他的语句几乎与 c 阳明本《孝子传》完全相同。据此可以提出以下两个假想。

1. 阳明本《孝子传》下划线部分的遗漏

2. 对阳明本《孝子传》的补充(根据《普通唱导集》)

增田肯定了现存阳明本的原型性,采用了第二种观点,认为阳明文库本并不是有遗漏,而是《普通唱导集》从别处引用了这一情节来加以补充①。增田氏还提出"别处"的候选之一,就是纂图附音本《注千字文》。与此相反,我认为应肯定《普通唱导集》的原型性,采用第一种观

① 见前注增田欣论文《虞舜至孝说话传承——以〈太平记〉为中心》,《中世文艺》22,1961 年 8 月。

点阳明本《孝子传》下划线部分的遗漏。也就是说，原来通用的阳明本，被遗漏的下划线部分是本应存在的。对此给我启发的就是前面所叙述的包括跟舜子变十分相似的纂图附音本《注千字文》在内的、《舜子变》的出典问题。

五、《舜子变》的源流

关于《舜子变》的文献根据，曾有西野贞治氏将其与阳明本《孝子传》作比较后推断"几乎相同的语句频出，可以肯定的是(《舜子变》)依据《孝子传》而撰写"[①]。他的这一观点是《舜子变》研究史上重要的里程碑。但是，例如《舜子变》的波浪线部分，也就是金钱情节在阳明本的文本里却并无记述。如此说来，例如上文所述的《普通唱导集》所引的含有金钱情节的《孝子传》版本的文本就可以成为支持西野观点的资料了。而现存有的平安中期以前的逸名《孝子传》的逸文，就像《普通唱导集》那样记有金钱情节，本身为阳明本系，内容又比阳明本更加详实，也就是《三教指归成安注》(宽治二年[1008]序)所引的《孝子传》逸文。其文本如下所示(据大谷大学藏本，参照天理图书馆本)。

《成安注》所引逸名《孝子传》

孝子传云，虞舜字重花。父名鼓叟。叟更娶后妻生象。象敖。舜有孝行。后母疾之，语叟曰，与我杀舜。叟用后妻之言，遣舜登仓。舜知其心，手持两笠而登。叟等从下放火烧仓。舜开笠飞下。又使舜涛井。舜带银钱五百文，入井中穿泥，取钱上之。父母共拾之。舜于井底凿匿孔，遂通东家井。便仰告父母云，井底钱已尽。愿得出。爰父下土填井，以一磐石覆之。驱牛践平之。舜从东井出。父坐填井，以两眼失明。亦母顽愚，弟复失音。如此经十余年。家弥贫穷无极。后母负薪，[诣]市易米。值舜粜米于市。舜见之，便以米与之，以钱纳母袋米中而去。叟怪之曰，非我子舜乎。妻曰，

---

① 西野贞治《阳明本孝子传的特点及其与清家本的关系》，《人文研究》7—6,1956 年 7 月。

百大(丈软)井底,大石覆至,以土填之。岂有活乎。叟曰,卿将我至市中。妻牵叟手诣市,见粜米年少。叟曰,君是何贤人,数见饶益。舜曰,翁年老故,以相饶耳。父识其声曰,此正似吾子重华声。舜曰,是也。即前揽父头,失声悲号。以手拭父眼,两目即开。母亦聪耳,弟复能言。市人见之,莫不悲叹也。史记云,尧老,令舜摄行天子之政。尧知子丹朱不肖不足授天下。于是权授舜。则天下得其利,而丹朱病。授丹朱则天下病,而丹朱得其利。卒授舜以天下。舜践天子位。是为虞舜。廿以孝闻。年卅尧举之。在位卅九年也。

读《三教指归成安注》,可知划线部分就是金钱情节。这部分可能就是《孝子传》原本就有的内容,阳明本也应该是记载了金钱故事情节的(正如《普通唱导集》所示),可是不知何时这一部分被遗漏了。历时久远,在《孝子传》文本的流传过程中,个别的情节被遗漏的事情屡屡发生。例如,成安注虽然记有金钱情节,但是,并没有"丙 于历山耕作"的内容,这是值得我们注意的。西野氏认为舜子变的直接来源是阳明本《孝子传》,其依据主要在于《舜子变》中的以下六处:

- 著米囊中(阳明本"还置米中")
- 如是非一(同"如是非一")
- 君是何贤人(同"君是何人")
- 舜曰,是也(同"舜曰,是也")
- 两目即明(同"两眼,即开明")
- 尧帝闻之,妻以二女(同"帝闻之,妻以二女")

然而,值得注意的是,《成安注》所引逸名《孝子传》与《舜子变》的相似度更高。下面是《舜子变》的文本,文字下加黑点的字句就是与上述阳明本相似的六个部分,有下划线的文字是与《成安注》一致的部分。

舜来历山,俄经十载。便将米往本州,至市之次,见后母负薪,诣市易米。值舜粜于市,舜识之,便粜与之,舜得母钱,仰忘安着米囊中而去。如是非一,瞽叟怪之,语后妻曰,非吾舜子乎。妻曰,丈百井底埋却,大石擂之,以土填却,岂有活理。瞽叟曰,卿试(识试)

牵我至市。妻牵叟诣市,还见粜米少年。叟谓曰,君是何贤人,数见饶益。舜曰,见翁年老,故以相饶。叟耳识其音声曰,此正似吾舜子声乎。舜曰,是也。便即前抱父头,失声大哭。舜子拭其父泪,与舌舐(＊)之,两目即明……尧帝闻之,妻以二女。大者娥皇,小者女英。尧遂卸位与舜帝……

我们明显可以看到,有下划线的部分已经远远超过了与阳明本相对应的六个部分,即《成安注》所引与《舜子变》几乎相同。另外,将《成安注》与敦煌本《孝子传》(事森)相比较,也有

- 与大石镇之,将土填塞,驱牛而践(事森)
- 下土填井,以一磬石覆之,驱牛践平之(《成安注》)

这种值得重视的相对应之处,从而可以推测,《舜子变》和事森的舜故事应该是根据成安注所引的含有金钱故事情节的逸名《孝子传》所撰写的。在这个意义上可以说《成安注》所引舜故事是今后《舜子变》研究的非常宝贵的资料。

六、《二十四孝》的源流

现存的在二十世纪初期从敦煌出土的文书《舜子变》,保留了唐代舜故事的实际状态,其出土意味着一级资料的出现,我们能够亲眼见到可谓奇迹。上文所述 a 御伽草子《二十四孝》以及《全相二十四孝诗选》开头部分的舜故事与 b、c 相比内容上稍微有些差异,例如在历山的象耕鸟耘谭其故事前后没有展开,仅局限于此。虽说这一点作为舜故事也是一个特色,但是,不知何故关于其源流至今尚无讨论。因而,下面将围绕 a《全相二十四孝诗选》"大舜"等史料探讨《二十四孝》的源流问题。

如前所述,a 首先在内容上仅局限在例如 c《孝子传》"丙 于历山耕作"这样的话题。也就是说,a 是从 c 阳明本《孝子传》中"因投历山,以躬耕种谷"这条很简洁的内容进一步发展而成的。而《舜子变》却包含着相当于 a《二十四孝》的源流的内容,这一点令人惊奇。即《舜子

变》中方框圈出来的部分：

> 舜取母语，相别行至山中，见百余顷空田，心中哽噎。种子犁
> 牛，无处取之，天知至孝，自有群猪，与觜耕地开垄，白鸟衔子抛田，
> 天雨浇溉。

图一所示是舜子变原本 P2721v 的相应部分（根据东洋文库提供
的照片）。

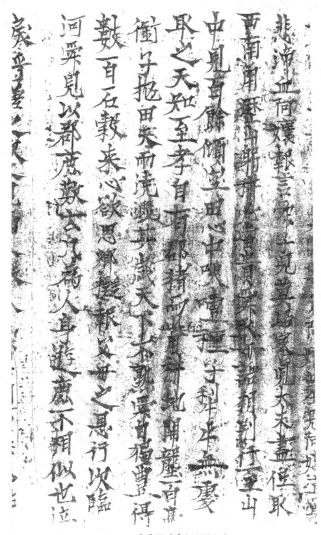

图一 《舜子变》(P2721v)

在《舜子变》中，a《二十四孝》的象变成猪，这是由于中国没有象而进行的合理的改编。《舜子变》中这一记述的宝贵之处在于表明了 a《二十四孝》是属于 c《孝子传》中"丙　于历山耕作"这一情节进一步发展的形态。这样的情节或许是唐代《孝子传》舜物语的一部分，或许是在《舜子变》的阶段被添加的。无论怎样，a《二十四孝》的源流都可以依据《舜子变》而推断出如下流变顺序。即

草纸←诗选←《孝子传》

a《二十四孝》的象耕鸟耘这一情节的源头，可追溯到舜去南方巡回狩猎、于苍梧（江西省苍梧县）去世时的传说。即《越绝书》（引自文选《吴都赋》李善注）所云"舜葬苍梧，象为之耕。禹葬会稽，鸟为之耕。又云，禹葬会稽祠下，有群象耕田"以及《论衡》卷三"偶会"中的"舜葬苍梧，象为之耕。禹葬会稽，鸟为之佃"等传说（四书虚也有记述）。这些关于舜和禹的传说不知何时被讹传为舜"丙　于历山耕作"这样的故事情节。

七、舜故事的传承（1）

晚唐陆龟蒙的《象耕鸟耘辨》是现存的宝贵资料，表明 a《二十四孝》的象耕鸟耘故事在唐代曾脍炙人口。其开头部分如下所言（图二，出自《古今图书集成·禽虫典》）：

"世谓舜之在下也，田于历山，象为之耕，鸟为之耘，圣德感召也。"

《象耕鸟耘辨》同《舜子变》一样，可以说是证明 a《二十四孝》的内容确实于唐代成立且广为流传的珍贵资料。下面再介绍一件表明舜故事在唐代广泛受容的资料。

象耕鸟耘发生于历山之麓。历山是舜为了躲避瞽叟等人迫害的去处，那历山到底在什么位置呢？在各种版本的说法中，最有说服力的是位于山东省济南市之南的历山（千佛山，图三）。其北麓的舜井街，现在依然有舜井保存下来（图四）。

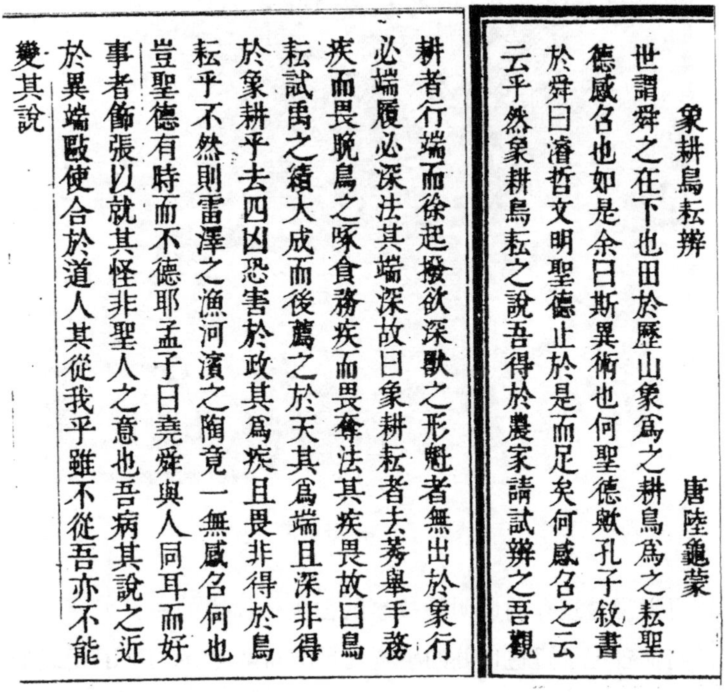

象耕鳥耘辨　唐陸龜蒙

世謂舜之在下也田於歷山象為之耕鳥為之耘聖
德感召也如是余曰斯異術也何聖德歟孔子敘書
於舜曰濬哲文明聖德止於是而足矣何感名之云
云乎然象耕鳥耘之說吾得於農家請試辨之吾觀

耕者行端而徐起撥欲深歙之形魁者無出於象行
必端履必深法其端深故曰象耕者去莽舉手務
疾而畏晼鳥之啄食務疾而畏奪法其疾畏故曰鳥
耘試禹之績大成而後蔿之於天其為端且深得
於象耕平去四凶恐害於政其為疾且畏非得於鳥
耘乎不然則雷澤之漁河濱之陶竟一無感名何也
豈聖德有時而不德耶孟子曰羑舜與人同耳而好
事者飾張以就其怪非聖人之意也吾病其說之近
於異端歟使合於道人其從我乎雖不從吾亦不能
變其說

图二　《象耕鸟耘辨》

图三　历山(济南市)

图四　舜井(济南市)

这可以说是现存的说明舜故事的强大传播力的一大力证,实际上唐代的封演曾记录过这口井的事迹,《封氏闻见记》八"历山"记载如下:

> 齐州城东有孤石。平地耸出,俗谓之历山。以北有泉号舜井。东隔小街,又有石井。汲之不绝,云是舜东家之井。乾元中有魏炎者,于此题诗曰:
>
> > 齐州城东舜子郡,邑人虽移井不改,
> > 时闻洶洶动渌波,犹谓重华井中在。
>
> 又曰:
>
> > 西家今为定戒寺,东家今为练戒寺,
> > 一边井中投一瓶,两井相摇响泙澺。
>
> 又曰:
>
> > 济南郡里多沮洳,娥皇女英汲井处,
> > 窈向池中潜眮来,浇茆畦上平流去。
> > 炎虽文士其意如是。则诚以为舜之所居也。

文中的齐州,就是山东省历城县(乾元是唐朝的年号,758—760年。洶洶,指水波涌立的样子。渌波,指清波。泙濞,指水声突然响起的样子。沮洳,芦苇茂盛的沼泽地。甽,指沟渠。浇,指灌注。茆畦,指茅草茂盛的田畦)。从这则记录可知,济南市的舜井,这个名字("号舜井")自一千二百年前就已经存在了。而且魏炎的诗言及"西家"和"东家",西家是舜的家(《舜子变》文中,舜回答东家老母说"是西家不孝子"),东家是舜家的邻居家(成安注记有"遂通东家井……舜从东井出"等)。以魏炎的诗,加上《孝子传》的"丙耕于历山、乙掩井"为背景,《封氏闻见记》可以说确实是在中唐时期记载下舜居住地故事的非常珍贵的资料。特别是魏炎诗"西家今为定戒寺,东家今为练戒寺"是应该注意的部分。敦煌的变文是从佛典的讲经文发展而来的,而在作为佛教都市的敦煌,关于可称为儒教素材的《舜子变》因何成立这个问题,上文中魏炎的诗给予我们其中一个答案。根据这首诗歌,舜家(西家)的井,东家的井,唐代都归属于叫做定戒寺、练戒寺的佛教寺院的管辖之下。因此关于齐州的历山、舜井(西家)、东家井等由来,很容易联想到当时佛家利用孝子舜的故事,向民众布教的情形。唐代像舜故事这样广泛受容成为在佛教城市敦煌衍生出《舜子变》的原因之一,在学术上是可以成立的。

而且有趣的是,现在的济南市是被称为七十二泉的涌泉的城市。例如舜故事乙掩井中

"舜于井底凿巨孔,遂通东家井"(《成安注》)

的记载,舜沿着两井之底穿过而幸免于难的故事得以成立,这种地理学上的济南市的特征很可能说明了其中根源。可以说这是讨论舜故事成立时今后必须要考虑到的事项。

八、舜故事的传承(2)

《象耕鸟耘辨》《封氏闻见记》等都是可以窥探早在唐朝的舜故事的传承与受容情况的资料。接下来转为现代的视角,试探讨舜故事在当

下是如何传播的。

金文京指出与《舜子变》拥有共通内容的广西壮族师公戏的"舜儿",继母以摘桃为借口,用金钗刺伤了自己的脚的故事,他论述到"公戏的'舜儿',内容大致相同,明显可以看出故事出自同样的来源,可以说非常不可思议。"①之后陈泳超介绍了师公戏的唱舜儿、广西桂南采茶戏的台本《舜儿记》、广西桂平县的民间故事《乞儿皇帝》等②,例如这三者无论哪一个都可以看到金钱情节,着实令人惊异。这些可以说是舜故事在现代中国依然保存命脉的证明。

同样在现代日本也能指出舜故事的传承。即在日本流传的民间传说中有一种类型被称为"继子掘井",自柳田国男以来一直被收集。例如《日本昔话通观》28 传说类型索引,传说Ⅷ继子故事一八二"继子掘井",其梗概如下。

① 继母命继子去掘井,继子按照神的教诲将钱币装到篮子里,继母转移了注意力,继子挖掘横洞,躲开了落下的大石。

② 继母让继子去修葺房顶,点火烧他,继子按照邻居的教导持伞跳下来。

③ 继子落在旷野上遇到一位老人,按照其教导开荒,取得成功。

④ 目盲的父亲与继子再次相遇后眼睛重见光明,父子幸福地一起生活。

另外,还有如下说明③。(1)援助者除了神之外还有亡母、邻居等人物登场。(2)继子在井中挖掘横洞从旷野出来,并取得成功的情节比较多。就是异乡逃脱。还有②的主题主要是在冲绳附加上的。飞向孤岛这一点,其实是奔赴异乡。(3)继子的名字是"syain""syun""sun"等,可以推测出传承的经过。

---

① 金文京《敦煌本〈孝子至孝变文〉与广西壮族师公戏"舜儿"》,《庆应义塾大学言语文化研究所纪要》26,1994 年 12 月。
② 陈泳超《尧舜传说研究》第七章第四节以及附录 2、3、4,南京师范大学出版社,2000 年。
③ 稻田浩二《日本昔话通观》28 传说故事类型·索引,同朋舍出版,1988 年。并参见前注所示黑田彰《孝子传图研究》序章,汲古书院,2007 年。

看其梗概可以注意到"继子掘井"就是前文所述的在 c《孝子传》的舜故事中，以

甲　焚廪

乙　掩井

丙　于历山耕作

丁　易米、开眼

为内容的传说。

下面介绍一个在冲绳流传的"继子掘井"的故事①。

那霸市真嘉比·女

从前，有个后母对继子有很大的区别。这位继母一直很疼爱自己亲生的孩子，而憎恨继子，一直计划着如何杀死继子。

继亲让继子掘井。这个孩子头脑非常聪明。他一边想着"我的母亲，还是想要杀死我啊"，一边掘井，神对他说"你掘井时从侧面挖一个洞穴，如果上面落下大石，就躲到洞穴里去"。"是"，孩子回答说，并按照神的教导挖了洞穴。按照神的旨意，孩子掘井的同时也挖了逃跑用的通道。继母问着"挖到哪里了?"并仔细观察着，在继子挖到三寻深时侧面逃走的通道也已经完成，这个欺负人的恶魔同继子联手，从上面"嘭"地一声落下大石。"啊，果然如此。"继子说着并躲到侧面的通道内逃过一劫，待外面安静后才从通道里爬出来。

在那之后过了一段时间，继子又被命去修葺茅草屋顶。继子登上屋顶，下面就点火燃烧起来。继子修葺到屋顶上面时，下面的火已经烧起来了，"啊，依然如此。"继子说着从屋顶跳下来逃走了。他去了乡间，在那里学习、娶妻，开了一家很大的店铺。

之后那欺负继子的继亲变得贫穷，父亲眼睛失明了。继母每日都去店里买东西，继子认出了继母，"这是我的继亲啊"。买东西时继子只递交货物，并不收钱，将钱奉还回去。继母说："真是奇

---

① 出自稻田浩二、小泽俊太《日本昔话通观》26 冲绳，同朋舍出版，1983 年。

怪,这家店只给我我要的货物,却不收我的钱。""这样吗?"父亲回答:"那是不是我的孩子啊? 带我去那里吧。"等到了那里,父亲这样说:"在这里应该有一个小小的肉瘤,这小记号从小的时候就有了,你的头让我来摸摸看吧。"得到同意后父亲一摸,果然有一个小的肉瘤,"sun",父亲唤他。这个孩子的名字叫做"sun"。

这时父子相认。这位父亲虽然没有什么错误,但是,母亲使尽坏主意。就在父子相认而哭泣时,父亲眼睛睁开重获光明。

从上文可以看出,故事主人公的名字叫作"sun",大概就是"舜",其内容应该就是从 c《孝子传》发展而来的。但是,在"继子掘井"中,也有"shun 在开拓田地时得到小鸟的帮助,收获很多大米,后来成为伟大的人"(《大成》5,二二〇 A,鹿儿岛县大岛郡冲永良部岛)等从 a《二十四孝》的象耕鸟耘故事的系谱引入的部分,其完成的过程绝不是单一的。

另外,岩手县远野市的

"继母使其下井去淘井。邻居爷爷感到很奇怪,就给了继子一百文钱,继子说井中有很多钱,然后一文一文放入吊桶中让继母拉上去。在用钱取得继母注意力的空隙,邻居爷爷就挖掘了一个横洞,让继子逃走。在没有钱之后,继母就向井中投下大石,以为继子死了而假装哭泣。"

等①故事明显有上文提到的金钱情节,还有"父亲眼睛失明了。继子(nosyain)之后出人头地,继母把父亲带到他面前,继子亲吻父亲的眼睛"(《大成》5,二二〇 A,广岛县深安郡)等,与舜子变"舜子拭其父泪,与舌舐之,两目即明"相一致的地方也不止一二处(变文集断简也是。刘向《孝子传》"法苑珠林四十九所引"中,有"舜前舐之,目霍然开")。传说"继子掘井",除了北海道地区,在日本全国都有流传,可以看出舜故事传播广泛,受到人们的喜爱,关于以 c《孝子传》为源流的传承,还留有很多需要等待今后解决的课题。

---

① 出自关敬吾《日本昔话大成》5 本格昔话四,角川书店,1978 年。

从唐代的《象耕鸟耘辨》以及《封氏闻见记》中的记载算起,到现在大约一千二百年间,舜故事的传承在中国和日本仍然在继续。在舜故事的生命力中可以发现令人瞠目的力量,探究该故事缘何持续不断地受到民众的无比热爱正是文学研究的任务。而本文只不过是在这个跨越千年的时间长河里,将舜故事传承中一两个比较引人注目的足迹连缀起来罢了。

九、舜故事的图像

舜的故事因自古以来就十分有名,东汉以后的图像许多都流传下来了,不过,大部分都是作为《孝子传图》的舜的图像。目前我所调查到的舜的图像有如下几种(引号内是榜题、题记。关于第14在后面会有说明)。

(1)后汉武氏祠画像石("帝舜名重华,耕于历山,外养三年"。帝皇图内)

(2)后汉武氏祠画像石(左石室七石)

(3)嘉祥南武山后汉画像石(二石3层)

(4)嘉祥宋山一号墓(四石中层)

(5)同(八石2层)

(6)松永美术馆藏后汉画像石(上层)

(7)南武阳功曹阙东阙(西面1层。"孺子""信夫""□士(子)")

(8)波士顿美术馆藏北魏石室("舜从东家井中出去时")

(9)明尼阿波利斯美术馆藏北魏石棺("母欲杀舜舜即得活")

(10)纳尔逊·阿特金斯美术馆藏北魏石棺("子舜")

(11)C.T.Loo 旧藏北魏石床("舜子入井时""舜子谢父母不在(死)")

(12)和林格尔后汉壁画墓("舜")

(13)北魏司马金龙墓出土木板漆画屏风("虞帝舜""帝舜二妃娥皇女英""舜父瞽叟"、"与象敖填井""舜后母烧廪")

(14)固原博物馆藏宁夏固原北魏墓漆棺画

　　(1)—(7)、(12)这八件是东汉时期的图像,(8)—(11)、(13)、
(14)六件是北魏时代的图像。

　　(12)和林格尔后汉壁画墓的舜图位于《孝子传图》开头,因为该墓
的《孝子传图》是依据《孝子传》文本的顺序排列的,所以,很可能和《孝
子传》《二十四孝》同样,汉代《孝子传》中舜的故事也是位于开篇之作[①]
(而且,《列女传》也将舜故事作为第一篇)。下面选取北魏时代的《孝子
传图》(8)(13)(14),考察其与舜故事的关系。

　　图五是波士顿美术馆藏北魏石室的舜图[②]。该石室被认为是考昌
三年(527)的宁懋石室。本图有题记"舜从东家井中出去时",可知右边
是东家,左边是舜的家(西家),这个宝贵的资料表明阳明本及《成安注》
《舜子变》等记载的"东家井"的传承可以追溯到北魏时代六世纪以前。
右边描绘的是父亲(瞽叟、左)和继母(右)二人将抬着大石欲投入井中。
东家向左而坐的女性就是舜子变中提到的东家的"老母"。从东家的井
中探出半个身体的是舜(面朝右)。左边描绘了一位少年,西野贞治将
他解释成弟弟象,但是,我认为,画像中以树木将舜的家区分为一个空

图五　波士顿美术馆藏北魏石室

① 参见前注所示黑田彰《孝子传图研究》Ⅰ二2,汲古书院,2007年。
② 图五出自《中国美术全集绘画编》19"石刻线画"图版,上海人民美术出版社,1988年。

间,那么,这个少年应看作是从井中出来、将前往历山的舜。显然,本图描绘的就是《孝子传》中"乙掩井"的场面。

图六是北魏司马金龙墓出土木板漆画屏风的第一块、正面 1 层的舜的图像①。因为司马金龙是太和八年(484)逝世,此屏风也应该是当时的物件。本图画面的左侧部分欠缺,榜题从左依次记为"舜后母烧廪""与象敖填井""舜父瞽瞍""帝舜二妃娥皇女英""虞帝舜"。本图由三个画面组成。从左依次为"甲　焚廪""乙　掩井""戊　迎娶尧之二女"("己禅让帝位")的场景。由于这个屏风所接连的 2 层以下是《列女传图》,本图看上去很像是《列女传图》,不过,本图的背面是《孝子传图》里的李善图(两《孝子传》中的 41 李善)②,且本图与(10)纳尔逊·阿特金斯美术馆藏北魏石棺所描绘的《孝子传图》中的舜图十分相似,另外,从本图右边看过来与《列女传图》的顺序(戊—甲—乙—己)不符,因而,可以断定本图就是《孝子传图》。那么,我们可以确认,本屏风中的以舜图为第一篇、以"甲—乙—戊—己"为内容的《孝子传》文本早在五世纪以前就已经出现了。

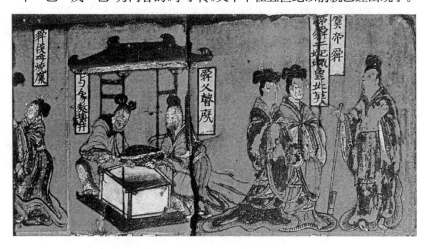

图六　北魏司马金龙墓木板漆画屏风

① 图六出自《中国美术全集绘画编》1"原始社会至南北朝绘画"图版 100 之 1,人民美术出版社,1986 年。
② 关于该屏风的李善图请参考拙稿《李善图考——孝子传图和孝子传》,佛教大学《文学部论集》92,2008 年 3 月。

十、宁夏固原北魏墓漆棺画舜图

最后要介绍的是见于宁夏固原北魏墓漆棺画的舜图。这副漆棺出土于 1981 年，一直被认为制作于北魏太和年间(477—499)，但是，根据对固原北魏墓遗址进行再次发掘的罗丰提示，该墓的建造时期能追溯到太和之始。该漆棺两侧板的第一层绘有《孝子传图》，这幅图具有明显的其他遗物所未有的特色。以三角形的山形(黄色火焰纹)为边界的这幅《孝子传图》，最大的特征就是场景的数量比较多，目前仅有吴强华藏北魏石床脚部和它具有类似特征①。场景很多，图像内容也更详细(例如，吴强华藏物的六面全部画有郭巨图)，例如这组舜图，图像由八面构成，这一点仅此一例。下面讨论，这组舜图在舜的故事传承中具有怎样的意义。

图七是该漆棺的线描摹写图，展示了舜图整体的情况②。舜图从左开始共有八个场景，这里将八个场景分别从①至⑧编号。图八至图十五分别为八个场面的原图③(①至⑧表示与图七的对应关系)。该漆棺的舜图的八个场景中全部都有对场景内容进行说明的详细的题记。现将①至⑧八个场景所有的题记呈现如下：

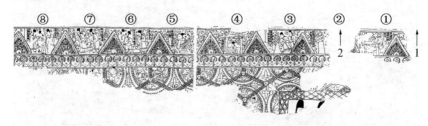

图七　宁夏固原北魏墓漆棺画(舜图·线描摹写)

---

① 关于吴强华藏北魏石床脚部，请参考拙稿《郭巨图考——关于吴强华藏北魏石床脚部的孝子传图》，佛教大学《文学部论集》98，2014 年 3 月。
② 图七出自宁夏固原博物馆《固原北魏墓漆棺画》所收漆棺画线描图，宁夏人民出版社，1988 年。
③ 图八至图十五出处同前注。

图八　宁夏固原北魏墓漆棺画(1)第 1 面

图九　宁夏固原北魏墓漆棺画(1)第 2 面

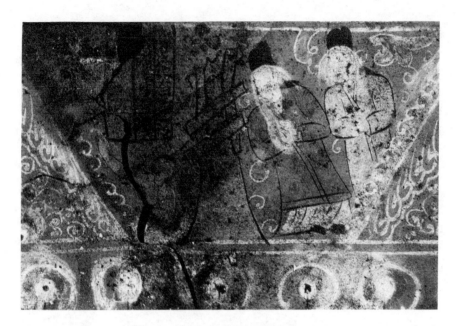

图十　宁夏固原北魏墓漆棺画(1)第 3 面

图十一　宁夏固原北魏墓漆棺画(1)第 4 面

图十二　宁夏固原北魏墓漆棺画(1)第6面

图十三　宁夏固原北魏墓漆棺画(1)第7面

图十四　宁夏固原北魏墓漆棺画(1)第7面

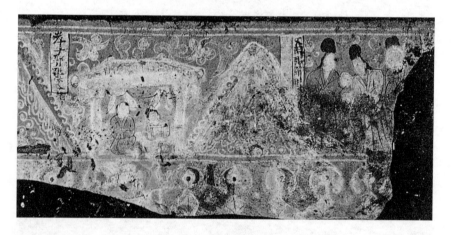

图十五　宁夏固原北魏墓漆棺画(1)第8面

① 舜后母将火〔舜后母将火烧屋,欲杀舜时。〕

　　烧屋欲杀

　　舜时

② 使舜逃井灌德金钱〔使舜逃(陶)井,灌德(得)金钱。

　　一枚钱赐将石田时　一枚钱赐,将石田(填)时〕

③ 舜德急走从〔舜德(得)急走,从东家里(裡)出去。〕

东家井里出去

(空行)

④ 舜父朗萌去〔舜父朗萌(盲)去。〕

⑤ 舜后母负蒿〔舜后母负蒿、平阳市上卖。〕

⑥ (1) 舜来卖蒿〔舜来卖蒿。〕

(2) 应直米一斗倍德二十〔应直(值)米一斗,倍德(得)二十。〕

⑦ (1) 舜母父欲德见舜〔舜母父欲德(得)见舜。〕

(2) 市上相见〔市上相见。〕

⑧ (1) 舜父共舜语〔舜父共舜语。〕

(2) 父语即开时〔父语即开时。〕

该漆棺的舜图①至⑧的内容可根据题记的解释进行判断。若将各场景内容和前述《孝子传》的甲至乙分别对应,结果如下。

① ——甲　焚禀

② ——乙　掩井

④ ⑤ ⑥⑦⑧——丁　易米、开眼

纵观全部舜图,可以发现缺少"丙　于历山耕作"以及"戊""己"部分,不过,本图显然是《孝子传图》,并且,具有④至⑧五个场景所描绘的未见于《史记》等史料的《孝子传》特征

丁　易米、开眼

等内容,是极为罕见的历史文物。该组舜图是目前唯一现存的含有"丁"内容的舜故事图。

在①之前(图七↑1)被认为有一幅序言图。②的右半部分有残缺(图七②、↑2,图九右端),但是,脱落部分在图版公开后又被发现,现在正在复原。不过遗憾的是,该图像至今尚未公开。②虽然是③掩井的场景,但当看到②的题记

② 使舜逃井、灌德（得）金钱。一枚钱赐、将石田（填）时

时就会惊讶地发现这就是前述金钱情节的图像化,从而可以判断:成安注所引的《逸名孝子传》等文献中的记载,其由来可追溯到早在五世纪以前就已存在的古老内容。从③的题记中,可以看到之前提到过的"东家井"。③左下(图十左下)所描绘的舜没有穿衣服,这与《舜子变》所记载的"舜闻涛（陶）井,心里知之,使脱衣装,井边跪拜,入井涛（陶）泥"是一致的(《楚辞补注》引《烈女传逸文》(掩井篇)"汝去裳衣、龙工往")。④描绘瞽叟眼盲的情形。⑤的题记里说的"蒿",指的就是藁、蓬。⑤的题记:

> 舜后母负蒿、平阳市上卖

其内容很有意思。平阳,即山西省临汾县,作为尧的都城所在地很有名气。舜在平阳卖米之事,明代陈禹谟所撰《骈志》十四庚部下"淘井安金"篇所引《真源赋》有云:

> 真源赋、舜巢于平阳中、父认之、乃拭其目、目以光明

内容与本题记相关联,但是,《真源赋》为何人所作则不得而知,愿请教于方家(真源,唐代县名,或今河南省鹿邑县东)。此外,值得注意的是,山西省永济县也有个叫历山(雷首山)的地方(《史记正义》所引《括地志》)。从⑤的题记可以看出,该漆棺的舜图所依据的《孝子传》或许就是以山西省为舞台的舜的故事。⑥(1)题记:

> ⑥ (1)舜来卖蒿

这里的"卖",应是买卖之意。

> ⑥ (2)应直米一斗、倍德（得）二十

是说舜收一斗米的钱卖给继母两倍即二十升(两斗)米,让继母多赚一斗。买柴火也是如此,舜以两倍的价格买下了继母的柴火,此类内容亦见前述《纂图附音本注千字文》等。⑦⑧描绘的是,瞽叟与舜重逢并重见光明。这些题记与成安注等非常一致。

以上为该漆棺舜图中的几个问题。舜图的出现,明确了如《孝子传》中:

甲　焚禀

乙　掩井

丁　易米、开眼

这些故事情节在五世纪之前就已存在,尤其是"丁　易米、开眼"的故事梗概可以确定在北魏以前就已成立,这一点在文学史上具有非常重要的意义。此外,乍看好似很小的问题如关于金钱的情节,其实也具有非常古老的源头,这一点由于本图的出现,我们了解了它的意义。该漆棺的舜图说明了舜的故事历史悠久且内容十分丰富。

附　记

关于舜的故事笔者还撰写了《武梁祠帝舜图考——关于历山、外养》一文(刊于《京都语文》22,2015 年 11 月)。该文论及历山不只见于济南,濮州也有历山(山东省菏泽市鄄城县),且濮州的历山距离舜井很近等相关问题。另外,关于图七至图十五所示宁夏固原北魏墓漆棺画中的《孝子传图》,拙稿《宁夏固原北魏墓漆棺画孝子传图》的中文版近期将由宁夏文物考古研究所刊出。

（徐梦周　译）

传贺知章草书《孝经》与唐宋时代《孝经》文本的演变

顾永新

传贺知章草书《孝经》(以下简称贺书),今藏日本宫内厅书陵部,麻纸本,长卷幅式,高 25.7 厘米,横 305.4 厘米。接粘麻纸共 9 叶,接缝处上下均钤有朱文印记。乌栏界行,共 141 行,行 4 至 16 字不等,凡 1 847 字。此卷未具作者名款,卷尾小楷题识"建隆二年冬十月重粘表贺监墨迹"14 字,建隆二年(961)为宋太祖赵匡胤称帝后的第二年,"贺监"即贺知章,知其宋初既已传为贺知章所书。卷首、尾均钤有"伯子隆彪"朱文印记,或为日本人印记,不可考。卷首另有一白文印记,印文不可辨。卷后有明陈献章(1428—1500)成化十三年丁酉(1477)跋,其文有曰:

> 艺非专门不工,非多识无以□□(辨认)真伪。予观此卷所书《孝经》,意象闲远,决非俗士所能到。但以为知章书,则余固不能知。钟君其问诸米老辈。时成化丁酉石斋书于贺知章□后。

可见陈献章对此卷是否为知章所书尚持审慎的怀疑态度。不过,日本学者如神田喜一郎等还是认为遵从旧说更为妥当,他认为陈献章是位道学先生,并不擅长书画鉴定,不必太过拘泥[1]。

---

[1]　平凡社编《书道全集》卷八,平凡社,1974 年,第 179 页。

一、贺书流传日本及其作者的判定

贺知章(659—744),字季真,会稽永兴(今浙江萧山)人。少以文词知名,武后证圣元年(695)登进士第,复擢进士超拔群类科,初授国子四门博士,又迁太常博士。天宝三载(744)还乡为道士,无几寿终,年八十六。知章性放旷,晚尤纵诞,自号"四明狂客",又称"秘书外监"。事见《旧唐书》卷一九〇中《文苑传》、《新唐书》卷一九六《隐逸传》。知章"能文,善草、隶,当世称重",①在秘书省之时即以草书闻名。知章也确有草书《孝经》之作传世。在宋代,知章书法作品"今御府所藏草书一十有二",其中有"《孝经》二"②。至明王世贞《古今法书苑》仍著录内府所藏贺知章"《孝经》二",清卞永誉《式古堂书画汇考》卷四书四"宣和御府藏·草书(章草附)"著录贺知章草书"《孝经》二"等多种,"内一轴不完",皆迻录自《宣和书谱》,元明以降传承统绪不明。贺书是否即宣和御府所藏两通知章草书《孝经》之一,现已无从考证。

关于贺书流传日本的时间和经过,江户时代古学派的代表人物伊藤仁斋(1627—1705)《古学先生文集·贺知章〈孝经〉跋》和伊藤东涯(1670—1736)《盍簪录》均有记载。仁斋以为建隆题识和陈献章跋凿凿可据,又从王世贞《(古今)法书苑》的相关记载(实际上出自《宣和书谱》)及贺书书法艺术特色推定,信从贺知章所书之说。结合父子二人的记载可知,仁斋时请求鉴定贺书的是书贾添尚义,得之长崎互市,而东涯时已易主,归"一勋戚之家"插架。对于贺书作者的认定,明治时期著名的书法家立田蓝川认为未可遽定为知章所书,甚至认为"其书法觉少有和习"。另一书法家山田永年(1844—1913)以为唐人之作,但不一

① (清)卞永誉《式古堂书画汇考》卷一书一,(唐)李嗣真《续书评·真行》,台湾商务印书馆《景印文渊阁四库全书》本,1986年,第827册,第22页下。《景印文渊阁四库全书》以下简称四库本。

② (宋)佚名《宣和书谱》卷一八《草书六·唐》,《丛书集成初编》影印《津逮秘书》本,中华书局,1985年,第1633册,第398页。

定是知章书。可见,二人与伊藤父子的鉴定意见已有不同。山田氏还明确指出贺书的早期藏家是江户时代初期的近卫信尹(1565—1614,即"近卫藤公"),这样就明确了所谓"一勋戚之家"即指"五摄家"之一的近卫家。神田喜一郎先生根据上述文献记载认定,此卷乃江户德川时代书贾得自长崎,后为近卫家熙所得,①明治初年一度散落民间,后辗转入藏御府②。后来的日本学者如中川宪一、③藤原楚水④等大体上也因袭这一观点。

　　明治十年(1877),贺书被发现,并经书法家日下部东作(1838—1922)和太政官三条实美(1837—1891)的斡旋献入宫内省。至于后来宫内省覆刻,据说还是得益于杨守敬。他"在古书店看到日本翻刻的贺知章草书《孝经》精于国内的各种传本,推测其真迹有可能保存在日本。经过调查,了解到其真迹果然收藏于宫内省。这段佳话传开,宫内省决定重新翻雕《孝经》"⑤。明治十四年,宫内省七等属堀博(号皆春)奉命将草书《孝经》双钩上版,由木村嘉平担任雕版工作。覆刻本书后有号称明治汉文坛宗主的川田刚(1829—1896)明治十七年甲申(1884)跋,除交代覆刻缘起、经过及其稽古右文的意义,川田氏还对其文本异同略事校勘,并根据其笔法脱胎于王羲之推定为贺知章所书,虽无确证,亦可备一说;但进而据知章开元、天宝间直集贤院而推测贺书或为玄宗《御注》之稿本,判定其官方属性,则完全是向壁虚造。我们认为,对于贺书作者和时代的认定必须结合文本系统的研究,仅凭笔法或职官无

---

① 神田先生也只是推测,因为近卫家熙《槐记》等书并无记载。详见《唐贺知章书〈孝经〉に就きて》,第152页。
② 《唐贺知章书〈孝经〉に就きて》,第151—153页。后来,神田先生的观点似有变化,认为江户时代中期传到日本,中经近卫家熙之手,明治初年献纳皇室。详见《书道全集》卷八,第179页。
③ 大阪市立美术馆编《唐写本·图版解说》,同朋舍,1981年,第163页。
④ 藤原楚水《贺知章草书〈孝经〉简介》,《书法文库　群星璀璨》,上海书画出版社,2008年,第148页。
⑤ 陈捷老师《关于杨守敬与日本刻工木村嘉平交往的考察》第三"杨守敬与木嘉平的相识",《中国典籍与文化论丛》第七辑,北京大学出版社,2005年,第129页。关于贺知章草书《孝经》的再发现及其由宫内省收藏、覆刻的前后经过,可参看《鸣鹤先生丛话》及书法杂志《书之友》第六卷第五号上刊载的野本白云《关于贺知章〈孝经〉》一文。

法得出令人信服的结论。说详下文。继伊藤父子和川田氏认定此卷为贺监真迹之后，神田喜一郎以下日本学者大都信从其说。著名的书法史研究学者伏见冲敬(1917—2002)则认为，此卷署贺知章书，"虽无确切的证据，但一直作为他的字迹传下来的。肯定是唐代人写的，贺监擅长草、隶书，与张旭齐名，因而推测是他的字"①。知其说仍在疑似之间。

中国近现代学者当中最早注意到贺书的是罗振玉(1866—1940)，1900年(庚子)他从日本友人处获赠宫内省覆刻本，亦认同日本学者的鉴定意见，将贺书与孙过庭(虔礼)草书相提并论，并强调知章传承二王笔法，对于此卷之为知章书并无疑义，意欲影摹而未果。与罗振玉大体同时，近人欧阳辅《集古求真》卷八《草书·孝经》有曰："此刻出自日本，以前未见称道。原无书人姓名，惟卷尾有小字一行云……遂名为贺知章书，未必可信。笔法颇似孙过庭《书谱》，即非贺监手迹，亦草书正轨。"②知其与日本学者的通行说法已有不同。现代著名书法家张伯英先生(1871—1949)又有进一步的论述，撰有日本刻本贺监《孝经》一卷提要，③首先辨析了南唐澄心堂(贺知章重摹王羲之《十七帖》)和宋澄清堂(施宿摹刻王羲之书)之别，纠正了董其昌(香光)、邢侗(子愿)、孙承泽(退谷)直至川田刚之误。然后以北宋徽宗《建中靖国续法帖》(相对于太宗《淳化阁帖》而言)贺知章临王羲之书与贺书比较，从笔法风格上推断并非知章所书，但其为唐人书则可以肯定。李天马《张氏法帖辨伪》引述张氏说，④即著录为唐人书。王壮弘先生与张氏说同，亦以为贺监草书《孝经》伪，乃唐人书⑤。王乃栋甚至认为"此帖《孝经》草法过

① 伏见冲敬著，窦金兰译《中国书法史·字体与风格(唐、五代)》，天津人民美术出版社，2000年，第122页。
② 《石刻史料新编》影印民国十二年江西开智书局本，台湾新文丰出版公司，1982年，第十一册，第8561页。
③ 《张伯英碑帖论稿·附录法帖提要》，河北教育出版社，2006年，第三册，第170页。
④ 《张氏法帖辨伪》，齐鲁书社，1987年，第63—64页。
⑤ 《碑帖鉴别常识·影印本历代墨迹真伪表》，上海书画出版社，1985年，第112页。

于程序化,用笔及结体均缺少变化,似为唐时写经生所作"①。这种说法未免过犹不及。近年来,多数书法鉴赏著作径将此卷署贺知章书,藉以研究其书法艺术,还有人重复川田刚的旧说,认为"而贺知章作为集贤院学士的时间正是在开元、天宝期间,此草书《孝经》安知非其稿本乎"②?这无疑是主观臆断,牵强附会。贺书为小草,系用硬毫所书,凌厉爽健,明净洒脱,颇有率真自然之趣,固非写经生之作;风格与孙过庭《书谱》相近,均为祖述晋人,尤其是二王,间有汉隶笔致。全篇明快利落,一气呵成,豪迈清雅,绝非出自宋以降人之手。

二、传孙过庭草书《孝经》

孙过庭(648—703?)大约生活在唐太宗贞观后期至武则天圣历元年(698)之间,擅长书法和书法理论,尤工草书。过庭"作草书,咄咄逼羲、献,尤妙于用笔,俊拔刚断,出于天材,非功用积习所至。善临模,往往真赝不能辨。文皇尝谓'过庭小字,书乱二王',盖其似真可知也"③。唐张怀瓘亦称其"章草书宪章二王,工于用笔,俊拔刚断,尚异好奇";④李嗣真总结其风格"丹厓(崖)绝壑,笔势坚劲"⑤。《宣和书谱》著录"今御府所藏草书三",《书谱序》上、下二及《千文》,并无《孝经》。传孙过庭草书《孝经》(以下简称孙书)最早见于明人张丑(1577—1643)《真迹日录》的著录,提及"孙过庭行书《孝经》一卷,真迹也。今在董太史家,其字与《书谱》稍异,是早年笔"⑥。既与《书谱》比较,则所谓"行书"当为"草书"之讹。入清后首见于康熙二十九年(1690)奉旨摹勒上石的《懋勤殿法帖》,大约嘉庆之前藏于内府,嘉庆以后陈设于沈阳故宫。据《沈

---

① 王乃栋《中国书法墨迹鉴定图典》,文物出版社,2004年,第41页。
② 雨田《从草书〈孝经〉看贺知章的书法艺术》,陈燮君主编《上海文博论丛》总第16辑,上海辞书出版社,2006年,第83—86页。
③ 《宣和书谱》卷一八《草书六·唐》,四库本,第1633册,第403页。
④ (唐)张怀瓘《书断》卷下"能品",四库本,第812册,第72页下。
⑤ 《式古堂书画汇考》卷一书一(唐)李嗣真《续书评·草书》,四库本,第827册,第23页上。
⑥ 卢辅圣主编《中国书画全书》,上海书画出版社,2009年,第四册,第390页。

阳故宫志·清代盛京皇宫文物清册·翔凤阁恭贮宫殿各宫并文溯阁、夏园、广宁行宫陈设器物清册》清·道光（上），保极宫陈设第 25 项为"《孝经》册页壹册（嘉庆十年上留）"。今藏台北故宫博物院。论者多以为宋人伪托，如王壮弘先生以为孙书伪，宋人所书①；王乃栋赞同其说②。杨仁恺则持审慎的态度，"尽管著录中鉴定其为宋人之作，也未便信而不疑。一切都得通过比较研究，得出来的结论，才是可靠的"③。台北故宫网站"笔业有千秋"展览著录为唐孙过庭书《孝经》册（25.1×13.3×38），④题解曰："此草书册传为唐孙过庭所书，但与其传世名迹《书谱》风格不同。册中'敬'字皆以'钦'字替代，应是避宋太祖祖父赵敬之名讳。祝允明（1460—1526）跋中称此为孙过庭所作，且与晋人书风无异，他也补书了破损处的阙文。"我们研究发现，孙书"敬"字出现多处，但并非全代以"钦"字，《丧亲章》"生事爱敬"一处并未改字，仍作"敬"字⑤。宋石经《孝经》"敬"即作"钦"；《论语》各章的"敬"字亦皆改作"钦"，可知宋讳"敬"字代以"钦"字是通行的做法。此外，我们还发现《事君章》"匡救其恶"的"匡"字代以"正"字，避宋太祖赵匡胤名讳。宋石经"匡"亦作"正"。由此可知，孙书之为宋人伪托当无疑义。

值得注意的是，《宣和书谱》还著录"今御府"所藏欧阳询书法作品四十，其中亦有草书《孝经》⑥。而且，宋代书法家米芾还提及"欧阳询黄麻纸草书《孝经》，是马季良龙图孙大夫直温所收，今归薛绍彭家"。不过，"欧阳询《孝经》一卷，薛临寄钱公，未见真迹"⑦。此外，清代还有其他草书《孝经》见于著录，如翁同龢同治元年（1862）十一月朔"于厂肆

① 《碑帖鉴别常识·影印本历代墨迹真伪表》，第 111 页。
② 王乃栋《中国书法墨迹鉴定图典》，第 40 页。
③ 《杨仁恺书画鉴定集·唐孙过庭〈千字文〉第五本墨迹考》，河南美术出版社，1999 年，第 211 页。
④ 网址 http://www.npm.gov.tw/exh94/writing9410/selection_01.htm。
⑤ 孙书有祝允明补书，因未见原件，无从确定此处是否为允明所补，暂且存疑。
⑥ 《宣和书谱》卷八《行书二·唐》，第 1632 册，第 205 页。
⑦ （宋）米芾《书史》，《丛书集成初编》据《百川学海》本排印，中华书局，1985 年，第 1593 册，第 11—14 页。又见于（清）李调元辑《诸家藏书簿》卷三，《丛书集成初编》据《函海》本排印，中华书局，1985 年，第 1563 册，第 18 页。

携刻本草书《孝经》一册,前有唐太守(当作宗)敕,间数有魏征、褚遂良、虞世南真书,以补其残缺。不知何时伪造,而崇雨舲极叹赏之,真梦呓也"①。这两种草书《孝经》册今不知是否存于天壤间。

三、唐宋时代《孝经》文本的演变

唐宋时代《孝经》文本的演变极为复杂,一方面兼有今、古文及其不同注本的彼此消长,同时又有唐玄宗先后两次《御注》(开元《始注》和天宝《重注》),另一方面跨越写本时代和刻本时代尤其是二者切换的关节点。应该说,这在经书文本演变和文献衍生的历史进程中都颇具典型意义。如前所述,前人对于贺书、孙书作者和时代的认定多凭书法风格或笔法特点,缺乏直接的、确切的文本依据,而问题的解决还是有赖于内证的提出,所以我们拟从文本切入,通过文本校勘,将其置于唐宋时代《孝经》今、古文以及《始注》《重注》文本变迁的背景之下来考察,这样就可以相对准确地进行定位和判断。基于此,进而以贺书为坐标系,全面整合不同历史时期及不同文本类型的石经、写(钞)本、刻本,旨在通过这一相对完整的文本系统来考察唐宋时代《孝经》文本演变的轨迹。

汉初,河间人颜芝之子颜贞献《孝经》,凡十八章,是为今文;武帝时,又有《古文孝经》,出于孔壁,二十二章,相传有孔安国传。至刘向校经籍,以十八章为定。汉末今文有所谓郑氏注,相传或云郑玄。最晚从东晋元帝大兴中开始,《孝经郑注》置立博士,南北朝大多一仍其制,仅梁代一度"安国及郑氏二家,并立国学,而安国之本,亡于梁乱"。隋代尽管有经刘炫之手复出的《孔传》,"后遂著令,与郑氏并立",②但朝野颇有议论,并不十分认同。唐初,"传行者唯孔安国、郑康成两家之注,并有梁博士皇侃《义疏》,播于国序"③。开元七年(719)围绕着《孝经》

---

① 陈义杰整理《翁同龢日记》,中华书局,1989年,第一册,第249页。
② 以上《隋书》卷三二《经籍志一》,中华书局,1973年,第四册,第935页。
③ 成都府学主乡贡傅注奉右撰《孝经注疏序》,阮校本《十三经注疏·孝经注疏》卷首,中华书局影印世界书局缩印本,1982年,第2538页。

的今、古文和孔、郑注问题,发生了激烈的讨论,刘知几主张"行孔废郑",司马贞则充分肯定《郑注》的价值①。玄宗诏令二书并行不悖,今文《郑注》"可令依旧行用","孔(安国)所注传习者稀,亦存继绝之典"②。不过,官方通行本依旧是今文《郑注》,所以一些边远地区如敦煌终唐之世一直都通行今文本,即使是在唐代后期乃至五代《御注》大行于世之时仍然如此。而日本古代长期流传、最为通行的是古文《孔传》本,直至江户时代今文《郑注》始从《群书治要》中辑出;《御注》本亦曾颁行,且兼具《始注》《重注》,但相对而言流传不广。

开元十年(722)和天宝二年(743),玄宗两注《孝经》,是谓"开元始注"和"天宝重注"。玄宗《御注》兼取孔、郑,经文所据底本是《今文》本,但同时也参考《古文》。而且,《始注》和《重注》对于今、古文的去取又有所不同。天宝四载,以《重注》刻石太学,是谓《石台孝经》,为后来诸本所祖述。其后通行的《御注》本皆为《重注》,文本系统相当稳定,而孔、郑注渐次亡佚。《开成石经》始刊于唐文宗大和七年(833),开成二年(837)告竣,其中《孝经》文本即出自《石台孝经》。五代后唐长兴三年(932)至后周广顺三年(953),四朝国子监先后历经二十余年,校刊完成监本九经(经注本),其经文即以《开成石经》为据,标志着经书由写本时代正式进入刻本时代,成为近古众多经书刻本的祖本,对于稳定的经书文本及固定的阅读范式的形成具有重要意义。北宋国子监又翻刻五代监本九经,今皆不传于世。现存最早的经注本《御注》是日本宫内厅书陵部藏北宋仁宗天圣、明道间刻本。玄宗御注《孝经》的同时,为配合《始注》,元行冲为之作《疏》;③《重注》颁行后,《疏》亦曾重修。北宋咸平中,邢昺等以元行冲《疏》为蓝本,再为《重注》作新《疏》。此后,玄宗《重注》、邢昺《疏》成为《孝经》的标准文本而通行于世。两宋国子监刻有单疏本《孝经疏》,今无传本。现存最早的注疏合刻本是中国国家图

① 《唐会要》卷七七《论经义》,中华书局,1955年,第1408页。
② 《唐会要》卷七七《论经义》,第1409页。敕见《唐大诏令集》卷八一"政事·经史"《行何郑所注书敕》,"亦存"作"宜布","继绝之典"后尚有"颇加奖饰"四字(第423页)。
③ 《新唐书》卷二〇〇《儒学下》本传,中华书局,1975年,第十八册,第5691页。

书馆藏元刻本,据宋讳字有特殊标识来看,当出自宋代建本。从《石台孝经》《开成石经》直至监本九经以降众多刻本,形成了相当稳定的《重注》本系统。《始注》中国久佚,北宋人已不见其书。现存最早的《始注》本是京都御所东山御文库藏室町时代三条西实隆手抄本(所谓逍遥院内府卷子本)。宽政十二年(1800),源弘贤加以摹刻;光绪十年(1884),黎庶昌、杨守敬又据源弘贤摹刻本覆刻,收入《古逸丛书》,始为国人所知。

总之,唐宋时代《孝经》文本经历了不同载体(石经、写本、刻本)、不同系统(今、古文连同郑、孔注及《始注》《重注》)、不同类型(白文本、经注本、单疏本、注疏合刻本)的变异,在时间先后及地域分布上都表现出不同程度的复杂性和多元化;最终落实到文本上,相应地也就发生了变易。所幸上述诸本如今大多尚可见其传本(其中不乏后人传抄、覆[翻]刻乃至校订、改易者),得以建构相对完整的、包含历时、共时诸本的文本系统,这不能不说神物撝呵,是其他诸经所无法比拟的。

四、文本校勘及其属性的认定

为了准确地揭示唐宋时代《孝经》文本演变的轨迹,当须对这个由不同载体、不同(子)系统、不同类型构建而成的文本系统进行剖析,比勘文本,辨明属性。试汇校众本经文,以贺书为底本,参校《开元始注》(宽政十二年源弘贤摹刻逍遥院内府卷子本)、《石台孝经》(西安地图出版社影印拓本,1994年)、《开成石经·孝经》(高峡主编《西安碑林全集》183卷所收拓本,广东经济出版社、海天出版社,1999年)、伯3369/4775(卷末有唐懿宗咸通十五年[874]和僖宗乾符三年[876]题识。上海古籍出版社、法国国家图书馆编《法国国家图书馆藏敦煌西域文献》,上海古籍出版社,1994年,第23册,第360—362页)、伯3698(尾题后有己亥年题记,研究者认为抄写时间的下限是五代后晋天福四年己亥[939]①。

---

① 许建平《敦煌经部文献合集》群经类孝经之属《孝经》,中华书局,2008年,第四册,第1884页。

同上书第 26 册,第 353—354 页)、斯 1386(天福七年[942]抄写。中国
社会科学院历史研究所等编《英藏敦煌文献(汉文佛经以外部分)》,四
川人民出版社,1992 年,第 3 卷,第 1—3 页)、北宋小字本(宫内厅书陵
部藏北宋天圣、明道间刻本《御注孝经》)、孙书(台北故宫网站书影)、京
大写本(京都大学图书馆藏鎌仓后期《御注孝经》写本,存一至九、十七、
十八章)、十行本(中国国家图书馆藏元泰定三年[1326]注疏合刻十行
本《孝经注疏》)诸本,并以清原本(京都大学图书馆清家文库藏鎌仓末
钞本《古文孝经》)、《郑注》本(伯 3428＋2674,装裱纸上有咸通四年
[863]杂写,《法国国家图书馆藏敦煌西域文献》,第 17 册,第 184—186
页)比对,校得异文 70 条。通过对异文进行量化分析和完全归纳,可以
对唐宋时代《孝经》文本的演变轨迹有更加清晰、更加深入的认识。

1. 参校诸本文本属性的认定

分析各本异文,不难看出最突出的特点是《重注》系统内部石经和
刻本的文本具有超强的稳定性,如《石台孝经》《开成石经》、北宋小字
本、十行本,文本基本相同,明显属于同一系统,系统内部异文并不多
见。其中,《石台孝经》用字最规范,如《卿大夫章》"非先王之法服不敢
服"之"法"作"灋",与其他各本皆不同。《开成石经》仅有一处异文,《丧
亲章》"孝子之丧亲也"之"丧"误作"事"系明人补字。北宋小字本未见
异文。十行本大体一致,间有改易,如《谏争章》"争"作"诤"、《应感章》
"应感"作"感应"、《丧亲章》"此哀感之情也"之"感"作"戚"等均非臆改,
都有着今、古文的版本依据。《事君章》"君子之事上也"之"君"作"孝",
恐涉下一章"孝子"云云而讹。这也证明五代监本九经(经注本)的经文
依据《开成石经》的说法是可靠的,而《开成石经·孝经》出自《石台孝
经》,为后来诸本所祖述。五代、北宋直至元代刻本系统的文本是非常
稳定的,递相因袭,少有改易。

其他几种写(钞)本,包括贺书、孙书、《始注》本、敦煌各本《今文》、
京大本以及清原本等,虽多寡不一,是非各异,但都存在着相当数量的
异文,这也是写(钞)本的性质所决定的,具有不同于石经或刻本的特殊
性。其中,日系写本表现出一定的特殊性,如《开宗明义章》"终于立

身",今、古文诸本皆同,京大本"身"下有"也"字,知其臆加虚字。《圣治章》"人为贵",京大本亦臆加虚字"也"。《卿大夫章》"非先王之法言不敢道"之"道",清原本、《始注》本作"噵",京大本作"导",石经、众多写本、刻本均作"道",作"噵"当出自日系写本,作"导"或由作"噵"讹变而来。《圣治章》"言思可道"异文情况略同。《庶人章》"未之有也",《郑注》本、清原本皆同,《始注》本、京大本误脱"之"字。就异文来看,京大本与《始注》《重注》本同者有 25 处,不同于二者的异文仅有 5 处,其中除《卿大夫章》"非先王之法言不敢道"之"道"误作"导"、《孝治章》"以事其先君"之"君"作"王"之外,其余 3 处异文均为臆增虚字,并无特异性,所以京大本之为《御注》本并无疑义。那么,它究竟是《始注》本还是《重注》本呢? 我们进行统计的结果是,同于《始注》而不同于《重注》者有 4 处,除《孝治章》"以事其先君"(《重注》本同;《始注》本、孙书、京大本"君"作"王",敦煌写本亦有作"王"字者)、《孝治章》"不敢失于臣妾"(《重注》本同;今、古文各本"妾"下有"之心"二字,《始注》本、京大本从之)外,其余 2 处均为虚字异同;而同于《重注》不同于《始注》者有 13 处,颇多特异性的异文,所以可以肯定京大本实属《重注》本系统。

敦煌本《孝经》无论是白文本还是经注本都是《今文》系统,《御注》仅一见(斯 6019),至于《古文孝经》则迄未之见。陈铁凡先生已经注意到这一现象,[1]我们通过对上述今、古文及《御注》各本的校勘确实也证实了这一点。用以参校的白文本《(今文)孝经》(伯 3369/4775、伯3698、斯 1386)及经注本《(今文)孝经郑注》(伯 3428+2674)的经文显系同一系统,彼此特异性的异文非常少。这四个敦煌写本的抄写时间均在唐代后期和五代,去《始注》和《重注》颁行已有三百余年,其中后晋的两个写本还处在五代监本九经的刊行过程之中,但其文本系统并未因此而受到《御注》本的影响,保持着一贯的《今文孝经》的文本源流。

---

[1] 《敦煌本〈孝经〉类纂弁言》,《孔孟月刊》16 卷 1 期,1977 年 9 月,第 18 页。白文本和《郑注》本两类写卷的具体情况参见许建平先生《敦煌经籍叙录》卷八,中华书局,2006 年,第 387—419 页。

因为六朝以后行世者，只有经注本而无单经本，①所以单经本（白文本）当亦出自经注本；也就是说，敦煌地区通行的《孝经》文本系统是独立于《御注》之外的郑注《今文》本。

2.《始注》和《重注》的注释特点及其对于今、古文的不同去取

《重注》在保持《始注》总体注释风格的前提之下，在文字、训诂和修辞上都做了修订②。我们以《御注》本为参照系，通过比勘今、古文诸本，可以进一步洞悉《御注》对于今、古文文本的因袭或改易，乃至具体地厘清《始注》和《重注》对于今、古文的不同去取。试将相关异文分组考察，约有以下四种情况：Ⅰ.《御注》本从古文不从今文。《庶人章》"而患不及者"，《古文》本、《御注》本同，而《今文》本"者"上有"己"字。《广要道章》"敬一人则千万人悦"，《今文》本同，与《古文》本、《御注》本作"而"不同。《广扬名章》"居家理，治可移于官"，《今文》本同，《古文》本、《御注》本"治"上有"故"字。《谏争章》，《今文》本作"净"，《古文》本章目及正文多作"争"，《御注》本正作"争"。《应感章》，《古文》本、《御注》本同，《今文》本作"感应"。《事君章》"故上下能相亲也"，《古文》本、《御注》本同；《今文》本"下"下有"治"字，"亲"下无"也"字。Ⅱ.《御注》本从今文不从古文。《天子章》"《甫刑》云"，《今文》本、《御注》本同，《古文》各本"甫"作"吕"。《三才章》"道之以礼乐"，《今文》本、《御注》本同，《古文》本作"导"。Ⅲ.《御注》本不同于今、古文。如上所述，《御注》经文文本虽系今文，但在今、古文有异文的情况下还是有所取舍的，或从今文，或从古文，择善而从，皆有依据，但也有不同于今、古文而自行创制者，多为增减补完语气的语助词③。如《三才章》"地之义也"，《今文》《古文》各本均无"也"字，知《御注》本径加"也"字。《事君章》"忠心藏

①　王国维《五代两宋监本考》卷上，北京图书馆出版社《宋元版书目题跋辑刊》影印本，2003年，第三册，第525页。
②　参见拙作《〈孝经〉开元始注与天宝重注比较研究》，《北京大学中国古文献研究中心集刊》第7辑，北京大学出版社，2008年。
③　我们今天所能看到的《今文》《古文》乃至《始注》写本所反映出来的文本仅为实际状况之片段或局部，无论是在时间还是空间上都有很大的局限性。所以，严格地讲，所谓"自行创制"只是相对于我们今天所能达到的认识程度而言。

之",《今文》《古文》各本皆同,《御注》本独不同,当据通行本《毛诗》改。当然,《始注》《重注》成书有先后,文本有变更,所以通常是《始注》尚从旧本,而《重注》始有改易。如《广至德章》"君子之教以孝者也",《古文》本"孝"下无"者"字,有"也"字;《今文》本无"者也"二字,《始注》本与之同。由是知《始注》本尚从今文,而《重注》本始据古文而加"也"字。《广至德章》"非家至而日见之",《今文》《古文》各本、《始注》本皆同,而《重注》本始于"之"下加"也"字。Ⅳ.《始注》《重注》分途,去取不同。《士章》章目,《古文》本基本上都作"士",《今文》诸本"士"下有"人"字,此处《始注》本从今文,而《重注》本从古文。《孝治章》"不敢失于臣妾",《重注》本同;《今文》《古文》各本"妾"下有"之心"二字,《始注》本从之。《圣治章》"不在于善",《今文》各本、《重注》本同;《古文》本"在"作"宅"(或作"度""居"),《始注》本正作"居",知此处《始注》本源出古文,《重注》本从今文。"虽得之,君子不贵也",《重注》各本同,《今文》本"子"下有"所"字,"贵"下无"也"字;《古文》本作"虽得志,君子弗从也"。《始注》本作"虽得志之君子不贵",知其近古文,《重注》本则出自今文。《丧亲章》"孝子之丧亲也",《古文》本同,《郑注》本无"也"字。知此处《始注》本从今文,《重注》本从古文。

3. 贺书、孙书文本系统的推定

《始注》本显误的异文有 14 处,其中,贺书除 1 处同于清原本外其余 13 处均与《重注》本同。贺书显误的异文有 18 处,其中,除 1 处《始注》本与《重注》本不同外其余 17 处二者皆同。在余下的 38 处异文中,贺书与《始注》本、《重注》本二者皆同的有 23 处,同于《始注》本而不同于《重注》本者有二,同于《重注》本而不同于《始注》本者有九,与二者皆异的仅有 4 处。除 2 例为假借字,不具有特异性外,《广要道章》"敬一人则千万人悦",作"则"不作"而";《事君章》"忠心藏之",作"忠"不作"中",虽然可视作书家书写习惯或知识背景所致,但实际上分别有着今、古文的依据。而且,与《始注》本相同的《广至德章》"非家至而日见之",《重注》本于"之"下加"也"字;《谏争章》"不失天下",《重注》本"失"下有"其"字。贺书两处均为脱省虚字,尽管可以视作脱文,但我们毋宁相信这是《始注》本痕迹的残留。总之,通过以上对于贺书异文的统计和分析,知其并非一般的郑注《今文》本系统,显系《御注》本,更确切地说实为略带《始注》痕迹的《重注》本。贺书文本系统的推定对于其作者的认定具有重要意义。

　　孙书与《始注》本、《重注》本二者相同的异文有 34 处;除去《始注》本显误的异文 14 处,与《重注》本相同的异文有 11 处,均为《始注》本和《重注》本差异明显,而孙书皆从《重注》本;与《始注》本同而不同于《重注》本者仅 1 处,京大本及个别今文写本并与之同,知其另有所据;再除去孙书显误的异文 6 处,孙书与《御注》本不同者仅有 4 处。试将孙书与《御注》本不同者略作分析。《开宗明义章》弟一,《御注》本弟作第;《广要道章》"莫善于弟",《御注》本弟作悌;《谏争章》"是何言欤",《御注》本欤作与;《丧亲章》"教民无以死伤生也",《御注》本"生"下无"也"字。以上四例孙书均与贺书同,恐非偶然,且或从今文,或从古文,知其渊源有自,也可以解释为唐宋时代《孝经》的书法作品可能存在着某种特定的用字习惯。所以,可以肯定地说孙书实乃《重注》本《御注》。关于孙书的作者和时代,如前所述,一般认为出自宋人伪托。我们通过文本校勘来重新审视,恰可印证其说。较之贺书,孙书更加规范、严整,显系《御注》本系统,且为稳定的《重注》本,所以绝无可能出于《御注》之前。而孙过庭生活在贞观后期至武后时期,远在玄宗开元之前,所以绝无可能是其所书。

五、贺书作者和时代的推拟

　　既已明确了贺书的文本属性,就可以将其置于唐宋时代《孝经》文本演变的大背景之下来定位。开元十年六月二日,唐玄宗自注《孝经》,"颁于天下及国子学①。至天宝二年五月二十二日,上重注,亦颁于天

---

① （后晋）刘昫等《旧唐书》卷八《玄宗本纪上》曰:"（开元十年）六月辛丑,上训注《孝经》,颁于天下。"（中华书局,1975 年,第一册,第 183 页）

下"①。这是《始注》和《重注》完成并颁行的准确时间。我们再回过头来考察一下这一时间段贺知章的仕履情况。开元九年(721)，知章已任职秘书省②。十年，张说为丽正殿修书使，奏请知章等入书院，同撰《六典》《文纂》，累年无功，后转太常少卿。十三年，迁礼部侍郎，加集贤院学士，又充皇太子侍读。十四年，改授工部侍郎，兼秘书监同正员，依旧充集贤院学士。二十六年，迁太子宾客、银青光禄大夫兼正授秘书监③。至于知章请为道士、求还乡里的时间，《旧唐书》本传称"天宝三载，知章因病恍惚，乃上疏请度为道士，求还乡里"；《新唐书》本传则曰"天宝初，病，梦游帝居，数日寤，乃请为道士，还乡里"。《唐会要》则明确记载了上疏时间："其年(天宝二年)十二月二十日，太子宾客贺知章请为道士还乡，舍会稽宅为千秋观。"④又据《旧唐书》卷九《玄宗本纪下》记载，天宝二年"十二月乙酉，太子宾客贺知章请度为道士还乡"。三载正月庚子，"遣左右相已下祖别贺知章于长乐坡上，赋诗赠之"。由是知知章上疏在二年十二月二十日，而离开长安在三载正月五日⑤。

丽正殿修书院开元十三年更名集贤殿书院，通称集贤院。据《唐六典·集贤殿书院》，"集贤院学士掌刊缉古今之经籍，以辩明邦国之大典，而备顾问应对。……凡承旨撰集文章，校理经籍，月终则进课于内，岁终则考最于外"⑥。可见，集贤学士的主要任务就是秉承圣旨编纂、校理经籍。秘书省(监)为经籍庋藏之地，亦负校理之责。《唐六典·秘书省》所谓"秘书监之职，掌邦国经籍图书之事"⑦。以其为清要之职，

① 《唐会要》卷三六《修撰》，第 658 页。
② 《隋唐五代墓志汇编·河北卷·大唐故银青光禄大夫行大理少卿上柱国渤海县开国公封□□□□并序》，署"秘书□□会稽贺知章"撰(天津古籍出版社，1991 年)。
③ 有关知章改授工部侍郎及迁太子宾客的时间，史传记载不详，这里采用傅璇琮先生等《唐才子传校笺》卷三"贺知章"条的考证结论(中华书局，1987 年，第 455—456 页)。
④ 《唐会要》卷五〇《尊崇道教·杂记》，第 880 页。
⑤ 《会稽掇英总集》卷二载玄宗《送贺知章归四明诗》并序，以及李林甫等所有应制诗。参见《唐才子传校笺》卷三"贺知章"条(第 458 页)。
⑥ (唐)李林甫等《唐六典》卷九，中华书局，1992 年，第 280—281 页。又见于《旧唐书·职官志二》，第六册，第 1852 页。
⑦ 《唐六典》卷一〇，第 297 页。又见于《旧唐书·职官志二》，第六册，第 1855 页。

故不为权贵所喜。唐佚名《两京(杂)记》①记载:

> 唐初,秘书省唯主写书、贮掌、勘校而已。自是门可张罗,迥无统摄官署。望虽清雅,而实非要剧。权贵子弟及好利夸侈者,率不好此职。流俗以监为宰相病坊,少监为给事中、中书舍人病坊,丞及著作郎为尚书郎病坊,秘书郎及著作左郎为监察御史病坊。言从职不任繁剧者,当改入此省。然其职在图史,非复喧卑,故好学君子厌于趋竞者,亦求为此职焉。②

只有笃志好学、不亟亟于仕进者致力于斯,知章便是这样的人,长期任职秘书省,乐在其中。《封氏闻见记》曰:

> 贺知章为秘书监,累年不迁。张九龄罢相,于朝中谓贺曰:"九龄多事,意不得与公迁转,以此为恨。"贺素诙谐,应声答曰:"知章蒙相公庇荫不少。"张曰:"有何相庇?"贺曰:"自相公在朝堂,无人敢骂知章作獠;罢相以来,尔汝单字,稍稍还动。"九龄大惭。③

虽系戏谑之言,知章性情由此可见一斑。张九龄开元二十四年罢相,则此事当在是岁之后。开元九年至天宝二年,知章长期兼任秘书省和集贤院的工作,④两署平行,彼此关联,但均司图书庋藏,经籍校雠。知章任职期间,正好处在《始注》颁行前后至《重注》颁行伊始这一时期。他亲身经历了玄宗朝今、古文之争以及先后两次《御注》,所以极有可能第一时间接触到《御注》,乃至直接参与校理、具写的工作。作为集贤学士和秘书监,他对于由此所产生的文本变易应该是有清醒的认识的。《重注》颁行甫尔,故其记忆深处的《孝经》文本不可能是稳定的《重注》本,

---

① 有关《两京杂记》的名实及佚文,详参辛德勇先生《两京新记辑校》(三秦出版社,2006 年)。

② 《太平广记》卷一八七《职官》引《两京记》,中华书局,1986 年,第四册,第 1405 页。

③ (唐)封演著,赵贞信先生校注《封氏闻见记校注》卷一〇《讽切》,中华书局,2005 年,第 92 页。

④ 中国国家图书馆藏拓本《皇朝秘书承摄侍御史朱公妻太原郡君王氏墓志并序》,即署"秘书监、集贤学士贺知章"撰(周绍良、赵超先生《唐代墓志汇编》开元三六七,上海古籍出版社,1992 年,第 1403 页)。

很有可能残留着今、古文乃至《始注》的痕迹。如上所述,贺书所体现出来的文本特征正是这种样态。也就是说,从时间和知识背景及仕履来分析,知章是具备作为贺书作者的必要条件的。

如果贺书确系知章所作,那么当作于天宝二年五月《重注》颁行至三载知章还乡病逝近一年的时间之内。二年五月颁行《重注》诏曰"宜付所司,颁示中外",①当已完成集贤院校理、具写工作,所以送付有司以颁行②。截至三载十二月,应已完全落实,诏曰:"自今已后,宜令天下家藏《孝经》一本,精勤教习。学校之中,倍加传授。州县官长,明申劝课焉。"③而《石台孝经》的刊立更在四载,重订元行冲《疏》则迟至五载。也就是说,尽管天宝二年五月颁行,但真正实现《重注》本遍布天下恐在三载以后。当然,如上所述,天宝二年(五月颁行至十二月请为道士之前)知章作为秘书监、集贤学士很可能是预其事的。而且,三载元月还乡至去世之前,他还写有书法作品④。因此,我们认为,贺书由知章作于这段时间的可能性是存在的,但绝非职务作品。

具体说来,尚可从三个方面加以论析:其一,最主要也是最直接的原因是异文校勘的结论,贺书虽系《重注》本,但尚存今、古文之孑遗,以及《始注》之痕迹,并非稳定的《重注》文本系统,可见书人虽知晓《重注》本,但浸淫于今、古文及《始注》本的知识背景和书写传统,正好合乎《重注》颁行伊始、并未完全通行的时间节点,以及知章供职机构所提供的可能性。其二,贺书"渊""世""民""治"等唐讳字均不缺笔或使用代字。

---

① 诏见(宋)王钦若等编纂,周勋初先生等校订《册府元龟》卷四〇《帝王部·文学》,凤凰出版社,2006年,第一册,第431页。

② 天宝五载(746)五月二十四日,为配合玄宗"重注",再次颁行《疏》,诏曰:"《孝经书疏》,虽粗发明,幽赜无遗,未能该备,今更敷畅,以广阙文。仍令集贤院具写,送付所司,颁示中外。"(《唐会要》卷七七《论经义》,第1411页)由此可知,《御注》及《疏》的校理、具写工作主要是由集贤院负责完成的。

③ 《唐会要》卷三五《经籍》,第645页。又见于《旧唐书》卷九《玄宗本纪下》(第一册,第218页)。《唐大诏令集》卷七四《典礼·九宫贵神》收录孙逖撰《亲祭九宫坛大赦天下制》(第377页),玄宗亲祭九宫坛一事在十二月,即有诏敕,文字略有异同,其中"学校"作"乡学"。

④ 绍兴东南宛委山南坡飞来石上有《龙瑞宫记》,署秘书监贺知章书,凡12行,行15字,阴刻,正书。据称作于天宝三载。

太宗朝避讳比较宽松,武德九年诏曰:"依礼,二名义不偏讳。……近代以来,曲为节制,两字兼避,废阙已多,率意而行,有违经诰。今其官号、人名及公私文籍有'世'及'民'两字不连续者,并不须避。"①但由于南北朝直至隋代以来的传统,避讳风气依然盛行。高宗时将避讳范围缩小,显庆五年正月一日诏:"孔宣设教,正名为首。戴圣贻范,嫌名不讳。比见抄写古典,至于朕名,或缺其点画,或随便改换,恐六籍雅言,会意多爽;九流通义,指事全违,诚非立书之本。自今以后,缮写旧典文字,并宜使成,不须随义改易。"②玄宗时避讳还是比较严格的,知章参与编修的《唐六典》曰:"凡上表、疏、笺、启及判、策、文章,如平阙之式。"李林甫等注:"若写经史群书及撰录旧事,其文有犯国讳者,皆为字不成。"③

其三,出以草书,且文中脱衍、讹误甚多。唐人称其"性放善谑,晚年尤纵,无复规检。……每兴酣命笔,好书大字,或三百言,或五百言,诗笔唯命。问有几纸,报十纸,纸尽语亦尽;二十纸、三十纸,纸尽语亦尽。忽有好处,与造化相争,非人工所到也"④。《旧唐书》本传亦称"知章性放旷,善谈笑,当时贤达皆倾慕之。……遨游里巷,醉后属词,动成卷轴,文不加点,咸有可观。又善草、隶书,好事者供其笺翰,每纸不过数十字,共传宝之"。可见,知章性情豪放不羁,故自号"四明狂客",又称"秘书外监",书法作品多系兴之所至或酒酣之作,故而第二、三两条可以知章性情来解释,但同时也说明贺书并无官方属性,因为不避御讳并且讹误较多与其供职秘书省、集贤院的身份极不相符。所以,贺书有可能是知章在天宝二年五月至翌年去世之前这段时间内所作,绝非职务作品,亦非照本迻录,当为记忆所及,信手拈来,所以在文字和避讳方面显得比较随意。

当然,这只是诸多可能性中最大的一个,他如玄宗《重注》颁行之

① 《唐会要》卷二三《讳》,第452页。又见于《旧唐书》卷二《太宗本纪上》(第一册,第29页),"二名"下无"义"字,"经诰"作"经典"。

② 《唐会要》卷二三《讳》,第452页。《唐大诏令集》卷一〇八《政事·禁约上》有《写书御名不阙点划敕》,"之本"下有"意也"二字(第515页)。

③ 《唐六典》卷四《尚书礼部·郎中》,第113页。

④ (唐)窦泉撰,窦蒙注《述书赋注》卷下,四库本,第812册,第93页上。

后、《石台孝经》刊立之前某人所作，但因知章名显而托名于他（或系宋初重装之时错误地认定）；再如知章当时确有草书《孝经》之作，但今本乃后人摹本，并非真迹。不过，据上述身份、仕履、职守、性格、时地等方面综合考量，知章足以当之。

原谷故事考

刘新萍

一、引　言

　　原谷故事是《孝子传》故事之一，从汉代至魏晋以后，流传过多种《孝子传》，这些《孝子传》到宋代以后多已散佚，原谷故事散见于类书或杂传之中。关于该故事究竟是中国土生土长的故事还是受佛经影响才产生的故事，学界还存在争议。本文拟就这一问题展开讨论。

　　从国内目前的文献资料来看，完整的原谷故事见于《太平御览》519卷佚名《孝子传》，录文如下：

　　　　《孝子传》曰：原谷者，不知何许人。祖年老，父母厌患之，意欲弃之。谷年十五，涕泣苦谏，父母不从。乃作舆，舁弃之。谷乃随收舆归。父谓之曰："尔焉用此凶具？"谷云："后父老，不能更作，得是以取之耳。"父感悟愧惧，乃载祖归侍养，克己自责，更成纯孝，谷为纯孙①。

　　《太平御览》所收佚名《孝子传》的原谷条或可视为六朝时期《孝子传》文本的留存，较为古老。此外，敦煌文献句道兴《搜神记》中也有收录该故事。除了国内文献中的原谷故事，日藏阳明本《孝子传》和船桥本《孝子传》中也收录有该故事②。阳明本《孝子传》中的原谷故事录文

---

① （宋）李昉等撰《太平御览》，中华书局，1960年，第2360页。
② 日本幸存有两种古抄本《孝子传》：一种为阳明文库藏抄本，又称"阳明本"，两卷，抄写时代不详；另外一种为京都大学附属图书馆清家文库藏抄本，又称"船桥本"或"清原本"或"清家本"，两卷，抄写于日本天正八年(1580)。

如下：

6 原谷

楚人孝孙原谷者，至孝也。其父不孝之甚，（祖父年老）乃厌患之。使原谷作輂，（扛）祖父送于山中。原谷复将舆还。父大怒曰："何故将此凶物还？"答曰："阿父后老，复弃之，不能更作也。"顽父悔悟，更往山中，迎父率还。朝夕供养，更为孝子。此乃孝孙之礼也。于是阖门孝养，上下无怨也。[①]

船桥本《孝子传》原谷故事原文如下：

6 原谷

孝孙原谷者，楚人也。其父不孝，常厌父之不死。时父作輂入父，与原谷共担弃置山中，还家。原谷走还，赍来载祖父輂。呵啧云："何故其持来耶？"原谷答曰："人子老父弃山者也。我父老时，入之将弃，不能更作。"爱父思惟之，更还将祖父归家，还为孝子。惟孝孙原谷之方便也。举世闻之。善哉，原谷救祖父之命，又救父之二世罪苦。可谓贤人而已。

无独有偶，佛经《杂宝藏经》卷二记载的《波罗奈国弟微谏兄遂彻丞相劝王教化天下缘》故事与原谷孝子故事情节极为相似，也属于"弃老型"故事，《杂宝藏经》收录于《大正藏》第4册，现存10卷，共121章，是由西域僧人吉迦夜讲述，中国僧人整理记载下来的。《杂宝藏经》卷二《波罗奈国弟微谏兄遂彻丞相劝王教化天下缘》：录文如下：

昔者世尊语诸比丘：当知往昔波罗奈国有不善法流行于世，父年六十，与著敷屦，使守门户。尔时有兄弟二人，兄语弟曰："汝与父敷屦，使令守门。"屋中唯一敷屦。小弟便裁半与父，而白父言：

[①] 本文所录阳明本《孝子传》、船桥本《孝子传》文本内容，依据日本幼学会所编《孝子传注解》附录的阳明本、船桥本原本影印件以及录文，并参考了王晓平《日藏〈孝子传〉古写本两种校录》中的阳明本《孝子传》、船桥本《孝子传》校录（第103页—135页），予以校订并添加标点符号。下同。幼学会编《孝子传注解》，汲古书院，2003年2月。王晓平《日藏〈孝子传〉古写本两种校录》，《国际中国文学研究丛刊》，2016年9月。

"大兄与父,非我所与,大兄教父使守门。"兄语弟言:"何不尽与敷屡,截半与之?"弟答言:"适有一敷屡,不截半与,后更何处得?"兄问言:"更欲与谁?"弟言:"岂可得不留与兄耶?"兄言:"何以与我?"弟言:"汝当年老,汝子亦当安汝置于门中。"兄闻此语,惊愕曰:"我亦当如是耶?"弟言:"谁当代兄?"便语兄言:"如此恶法,宜共除舍。"兄弟相将共至辅相所,以此言论向辅相说。辅相答言:"实尔,我等亦共有老。"辅相启王,王可此语,宣令国界,孝养父母,断先非法,不听更尔。①

那么,原谷故事究竟是中国土生土长的孝子故事还是受佛经故事影响才产生的故事呢?对此学界有两种不同的看法。一是目前多数学者认为原谷故事源自《杂宝藏经》佛经故事,例如:项楚认为,原谷故事原型为《杂宝藏经》卷二的《波罗奈国弟微谏兄遂彻相劝王教化天下缘》故事,指出"窃谓中土此类故事,又是自佛经改写者"②;王晓平沿用项楚这一观点,认为原谷故事是《杂宝藏经》中"以物警人"故事的变种③;李道和认为"晚辈留物"型故事出自《杂宝藏经》,并形成了中国版本的原谷故事④;日本学者高桥文治认为原谷故事是受北魏译经影响,是佛典故事在汉化的过程中形成的⑤。二是日本幼学会编《孝子传注解》依据东汉武氏祠画像石等图像资料,推测原谷故事很早就在中国形成了⑥刘惠萍依据句道兴《搜神记》记载的孙元觉故事,并结合多种孝子图像展开论证,认为原谷弃老故事在中国产生⑦。本文支持第二种观点。

学者们认为原谷故事受到了《杂宝藏经》卷二故事影响的最主要的原因是从故事类型学来讲,两个故事属于同一类型故事即弃老型故事。

---

① 高楠顺次郎、渡边海旭《大正新修大藏经》第4册,大藏经刊行会,1924年,第456页。
② 项楚《敦煌本句道兴〈搜神记〉本事考》,《敦煌学辑刊》,1990年12月,第55页。
③ 王晓平《唐土的种粒:日本传衍的敦煌故事》,宁夏人民出版社,2005年6月,第154页。
④ 李道和《弃老型故事的类别和文化内涵》,《民族文学研究》,2007年2月,第36页。
⑤ 高桥文治《原谷·元觉孝》,《东洋文化学科年报》10,1995年。
⑥ 幼学会编《孝子伝注解》,东京汲古书院,2003年2月,第65页。
⑦ 刘惠萍《敦煌写本所见"孙元觉"故事考——廉论中国"弃老"故事的来源与类型》,《敦煌学第三十二辑》,台北:乐学书局有限公司,2016年8月,第215—235页。

原谷故事与《杂宝藏经》卷二《波罗奈国弟微谏兄遂彻丞相劝王教化天下缘》两个故事的基本结构一致,都包含有以下的情节:弃老→晚辈提醒→长辈感悟→敬老。丁乃通利用 AT 分类法①,将与《杂宝藏经》卷二《波罗奈国弟微谏兄遂彻丞相劝王教化天下缘》有相同故事内核的"上行下效"故事归为 980A 型故事②,刘守华将《杂宝藏经》卷二《波罗奈国弟微谏兄遂彻丞相劝王教化天下缘》故事归为 980A 型半条毯子御严冬故事。③ 本文认为原谷故事和《杂宝藏经》卷二故事都属于弃老型故事,不过这两个文本有各自不同的故事源头。

本文在学者们讨论的基础上,拟从考古资料、文献、古迹遗存等多种角度就原谷故事是否为外来故事这一问题展开进一步讨论。

二、考古资料中东汉至宋元时期的原谷图像与元觉图像

原谷故事究竟是源于佛经故事还是土生土长的中国故事呢? 考古发掘的文物资料为我们提供了最有力的证据,结合引言部分提到的三个文本,我们可以将孝子图像和文献资料相互参照,进行深入分析。

原谷故事一直是历代孝子图像的重要内容之一,从汉代开始乃至宋到二十四孝,原谷、元觉孝子图像有许多遗存。《孝子传注解》在原谷条下提供了 13 种关于原谷图像的信息,其中的 8 种图像刊载于该书

① AT 分类法简单而言,将民间故事按照故事类型进行分类,编写成民间故事类型索引。芬兰学者安蒂·阿尔奈(1867—1925)收集整理《故事类型索引》,又经美国学者斯蒂·汤普森(1885—1976)修订于 1961 年出版《民间故事类型》,此书的研究体系被称为"阿尔奈-汤普森体系"或"AT 分类法"。

② 丁乃通所录"上行下孝"故事第一则:"一中年妇女用一只又脏又破的碗给自己的婆婆盛饭。她自己年轻的儿媳妇因此要中年妇女好好保存这只碗,'这样将来好用它给你盛饭。'年轻媳妇让老婆婆摔碎这只碗并装出生气的样子,因为年轻媳妇不能用它来伺候自己的婆婆了。中年妇女懂得了这其中的含义,以后对老婆婆改变了态度。""上行下孝"故事第二则:"父亲用马车把祖父拉到野外,并把他丢在那里不管了。儿子便请父亲保存好马车,以便他将来有一天也这样对待父亲。"丁乃通著,孟慧英等译《中国民间故事类型索引》,春风文艺出版社,1983 年 11 月,第 115 页、116 页。

③ 刘守华《汉译佛经故事的类型追踪》,《西北民族研究》,2011 年 2 月,第 71 页。

"孝子传图集成稿"部分,均为东汉及北朝时期的出土文物①。本文在此基础上对于现存已发表的东汉至宋元时代的原谷、元觉图像进行了搜集、梳理主要有 27 种,整理成以下三个表格。

表1 汉代原谷孝子传图②

序号	名称	资料出处	年代	形式	榜题
1.	乐浪郡竹胎彩绘孝子图漆箧	《乐浪郡彩箧冢——南井里石崖里发掘》,[日]朝鲜古迹研究会编朝鲜古迹研究会出版1934 年	东汉	彩绘	孝孙
2.	美国波士顿美术馆藏河南开封白沙镇画像石	《孝子传研究》③第 199 页	东汉	线刻	原谷亲父孝孙原谷原谷泰父
3.	山东嘉祥武梁祠	《文物》1979 年第 6 期	东汉	线刻	孝孙孝孙祖父孝孙父
4.	内蒙古和林格尔汉墓	《文物》1974 年第 1 期	东汉	壁画	孝孙父
5.	四川乐山柿子湾 I 区 1 号墓	《考古》1990 年第 2 期	东汉	雕刻	/

表2 魏晋南北朝原谷孝子传图

序号	名称	资料出处	年代	形式	榜题
1.	安徽马鞍山朱然墓	《文物》1986 年第 3 期	三国	漆盘	孝孙
2.	美国明尼阿波利斯美术馆藏石棺(The Minneapolis Institute of Art)	《中原文物》1984 年第 2 期	正光五年(524)	线刻	孝孙 弃父深山

① 幼学会编《孝子传注解》,汲古书院,2003 年 2 月,第 65 页。
② 表1和表2的整理主要参考了雷虹霁《历代孝子图像的文化意蕴》,《民族艺术》1999 年 9 月,126—142 页;黑田彰《孝子传研究》,思文阁,2001 年 9 月,第 198—207 页;邹清泉《汉魏南北朝孝子画像的发现与研究》,《美术学报》,2014 年 1 月,第 55 页;邹清泉《北魏画像石榻考辩》,《考古与文物》,2014 年 10 月,第 76 页。
③ 黑田彰《孝子传研究》,思文阁,2001 年 9 月。

（续表）

序号	名称	资料出处	年代	形式	榜题
3.	日本和泉久保惣纪念美术馆藏石榻	《孝子传研究》第206页	正光五年（524）	线刻	原谷
4.	美国堪萨斯纳尔逊·阿特肯斯艺术博物馆藏石棺（*The Nelson Aikins Museum of Art*）	《文物天地》1990年第6期	北魏	线刻	孝孙原谷
5.	美国堪萨斯纳尔逊·阿特肯斯艺术博物馆藏石踢	《考古》1980年第3期	北魏	线刻	/
6.	美国纽约石踢（*Ritual objects and Early Buddhist Art*）	Annette L. Juliano And Judith A. Lerner. "Stone Mortuary Furnishings of Northern China," *Ritual Objects and Early Buddhist Art*, New York, 2004, p.14－23.	北魏	线刻	孝孙将祖还舍来（归）时
7.	洛阳古代艺术馆藏升仙石棺	《文物》1982年第3期	北魏	线刻	/
8.	洛阳古代艺术馆藏石榻	《考古与文物》2004年第3期	北魏	线刻	/
9.	上海博物馆藏石榻	《孝子传研究》第202页	北魏	线刻	孝孙原谷
10.	卢芹斋（C.T.Loo）旧藏石榻	《孝子传研究》第201页	北魏	线刻	孝孙父不孝孙父举还家

表3　　　　　　　宋元时期二十四孝元觉图①

序号	名称	资料出处	年代	形式	榜题
1.	河南孟津张君墓画像石棺	《文物》1984年第7期	1106年	线刻	孙悟元觉
2.	湖北博物馆藏洛阳王十三秀才画像石棺	《考古与文物》1983年第5期	宋	线刻	元觉

———————

① 宋元时期二十四孝原觉图的整理主要参考了邓菲的《图像的多重寓意——再论宋金墓葬中的孝子故事图》一文。邓菲《图像的多重寓意——再论宋金墓葬中的孝子故事图》,《艺术探索》,2017年11月。

（续表）

序号	名称	资料出处	年代	形式	榜题
3.	河南荥阳孤伯嘴墓	《中原文物》1998年第4期	北宋晚期	壁画	（元）觉（行）孝之处
4.	河南巩县宋墓石棺	《中原文物》1988年第1期	1125年	线刻	元觉
5.	河南嵩县壁画墓	《中原文物》1987年第3期	宋	壁画	元觉
6.	山西长治魏村砖雕墓	《考古》2009年第1期	（金）1151年	砖雕	图右侧：元觉，悟之子，祖年，悟以□簀异。父入山，觉哭泣，乃收异簀以□。父曰："此何用？"觉告父曰："父年老，亦如此送，悟省却令父归。图左侧：孝感于神明，光于四海，无私不服。
7.	山西屯留宋村壁画墓	《文物》2008年第8期	金代前期	壁画	元觉
8.	山西长子石哲村壁画墓	《文物》1985年第6期	（金）1158年	壁画	元觉
9.	山西永济石棺墓	《文物》1985年第8期	金	线刻	袁（元）觉
10.	鞍山汪家峪画像石墓	《考古》1981年第3期	辽	线刻	元觉
11.	山西芮城宋德方　潘德冲墓石棺	《考古》1960年第8期	元	线刻	元角（觉）
12.	济南柴油机厂壁画墓	《文物》1992年第2期	元	壁画	元觉

由以上三个表，可以得出三点结论：一是在东汉时期已经有原谷孝子图像，证明当时可能已经有原谷故事的文本流传，汉代留存有许多孝子图像反映了民间的孝道观念，孝道观念不只是存在于典籍以及官方的政令宣传中，已经渗透到了民间；二是原谷故事是百姓喜闻乐见的孝

子画像题材之一,从汉代、北魏孝子图像至宋金二十四孝孝子图像都有出现,这一故事在民间传承有序从未断绝;三是自汉代开始到魏晋南北朝时期的考古资料中,用的都是"原谷"这个名字,宋以后的考古资料的榜题中才出现"孙悟元觉""元觉""元觉悟之子"等称呼。

图一 河南开封白沙镇孝孙原谷孝子传图

采自:胡海帆,《"偃师邢渠孝父画像石"研究》,《故宫博物院院刊》,2012年3月,第121页。

下面,来重点考察一下汉代的孝子画像。从表1原谷画像遗存分布的地域来看,在河南、山东、四川、内蒙古、朝鲜都发现了原谷孝子画像的遗存,说明原谷故事在东汉时期广为流传,是当时的百姓喜闻乐见的孝子题材之一,同时需要说明的是原谷和董永等孝子人物一样都是平民,原谷故事最初有可能来源于民间传说或者民间传闻。

上表1中时代较为清晰且较早的汉代原谷孝子画像遗存是于1931年在北朝鲜平安南道大同郡南井里彩箧冢(南井里M116号墓)出土的彩绘孝子图漆箧,彩绘孝子图漆箧如图二所

图二 汉代乐浪郡(朝鲜平壤南井里)漆绘彩箧原谷《孝子传图》

采自:幼学会编《孝子传注解》,东京汲古书院,2003年2月,第426页。

示。学者苗威指出南井里 M116 号墓的筑造年代约在 1 世纪中期①,那么彩绘孝子图漆箧很可能是东汉初期的漆器遗物,从而进一步明确原谷故事在 1 世纪中期时就已经十分流行。

从表 1 来看,河南开封白沙镇画像石中的原谷故事有"原谷亲父""孝孙原谷""原谷泰父"的榜题,目前留存的汉代原谷孝子传图的榜题明确记载"孝孙原谷"的只此一例,并且开封白沙镇原谷孝子图细节可以和文献记载的原谷故事情节能够对应上。此外,从图一、图三、图四来看,开封白沙镇原谷孝子传图和山东嘉祥武梁祠画像石、四川乐山柿子湾 I 区 1 号墓原谷孝子传图的内容十分相似:原谷祖父跪坐在地上,原谷手持舆扭头和原谷父亲在言语着什么。可见原谷故事在汉代孝子图像中的描绘基本一致,在传播过程中表现出一定稳定性。有关开封白沙镇画像石时代的问题,胡海帆认为开封白沙镇汉画像石是东汉中晚期的画像石②,本文采纳这一说法。

图三　山东嘉祥武梁祠原谷孝子传

采自:巫鸿著,柳扬、岑河译,《武梁祠:中国古代画像
艺术的思想性》,三联书店,2006 年 8 月,第 313 页。

---

① 苗威《朝鲜县的初址及变迁考》,《北方文物》,2005 年 11 月,第 84 页。
② 胡海帆《"偃师邢渠孝父画像石"研究》,《故宫博物院院刊》,2012 年 3 月,第 114 页。

图四　四川乐山柿子湾 I 区 1 号墓原谷孝子传图
采自：唐长寿《乐山崖墓画像中的孝子图释读》,《长江文明》,2010 年 6 月,第 144 页。

还需要指出的是,乐浪郡竹胎彩绘孝子图漆箧的原谷孝子传图的榜题中仅仅记录为"孝孙",不过一般被视为原谷孝子传图。山东嘉祥武梁祠的东壁原谷孝子图①,为东汉桓帝元嘉元年(151)的文物资料,榜题记载了"孝孙""孝孙祖父""孝孙父",且构图与开封白沙镇原谷孝子图像相似,是年代较为明确的原谷孝子传图。

我们再来梳理一下表 1 中 5 幅原谷孝子图像的时间线,乐浪郡彩绘孝子图漆箧的年代约为 1 世纪中期,河南开封白沙镇原谷孝子传图为东汉中晚期的文物资料,山东嘉祥武梁祠建于 151 年,内蒙古和林格尔汉墓年代为 189 年前后②,而四川乐山柿子湾 I 区 1 号墓孝子图像为 190 年至 240 年之间的文物资料③,这就意味着从 1 世纪中期至 2、3 世纪在中国各地都流传有原谷孝子传图,故可以推测东汉前后有与原谷孝子传图内容十分接近且固定的文本故事存在,这个文本或许可以追溯到更早的历史时期,比如类似于刘向的《孝子传图》这样的文本,当然

① 山东嘉祥武梁祠为一组祠堂大约建于 147—168 年之间。武梁祠本身建于 151 年。见骆承烈、朱锡禄《嘉祥武氏墓群石刻》,《文物》,1979 年 7 月,第 90 页。
② 金维诺《和林格尔东汉壁画墓年代的探索》,《文物》,1974 年 1 月,第 50 页。
③ 唐长寿《乐山柿子湾崖墓画像石刻研究》,《四川文物》,2002 年 2 月,第 37 页。

不一定是刘向的《孝子传图》①。

三、原谷故事是否有可能源于《杂宝藏经》或《佛本生经》

原谷故事在汉代十分流行,和佛经有无瓜葛,先要清楚佛教是否在此时已经传入中国。有关佛教何时传入中国的问题,一般而言,学界较为认可汤用彤的观点,即佛教在西汉时期已经传入中国。② 不过我们也要明确一点,这个时期的佛教在中国处于初传阶段,佛教故事流传有限。再来看佛教的流传途径,任继愈指出:"最初佛教经典不用文字记载,全靠口头传诵,直到公元前一世纪以后,才渐逐形成用文字写的佛教经典。"③除了口传之外,佛教还有一个重要的传播方式为译经活动,蒋述卓《中古志怪小说与佛教故事》一文也认为印度佛经故事传入中国主要有两条途径,即翻译和口头流传④。

先来分析第一种传播方式翻译。关于《杂宝藏经》的译出时间,梁代僧祐在《出三藏记集》中记载:"宋明帝时,西域三藏吉迦夜于北国,以伪延兴二年(472),共僧正释昙曜译出,刘孝标笔受。此三经并未至京都。"⑤僧祐距离译者昙曜生活的年代较近,这一记载相对可靠。这样的话,北魏的汉文《杂宝藏经》比东汉乐浪郡的彩绘孝子图漆箧晚了400 余年,比山东嘉祥武梁祠也晚了 300 余年,从年代上看很难说《杂宝藏经》的佛经故事影响了汉代的原谷故事。并且,据梁丽玲的考察,《杂宝藏经》是被译成汉文之后,从唐代才开始广泛流传的⑥。

那么,《波罗奈国弟微谏兄遂彻丞相劝王教化天下缘》是否有可能在《杂宝藏经》汉文译经译出之前以口传的方式传入中国,并对原谷故

---

① 关于刘向《孝子传图》的真伪问题,篇幅关系不在此讨论。
② 汤用彤《汉魏两晋南北朝佛教史增订本》,北京大学出版社,2011 年 1 月,第 10 页。
③ 任继愈编《中国佛教史第一册》,中国社会科学出版社,1985 年 6 月,第 77 页。
④ 蒋述卓《中古志怪小说与佛教故事》,《文化遗产》,1989 年 3 月,第 7 页。
⑤ 高楠顺次郎、渡边海旭《大正新修大藏经》第 55 册,大藏经刊行会,1934 年,第2145 页。
⑥ 梁丽玲《〈杂宝藏经〉及其故事研究》,法鼓文化事业有限公司,1998 年,第 44 页。

事的形成产生影响呢？佛经故事通过口头传播对中国民间故事产生影响的现象确实存在，如陈寅恪在《三国志曹冲华佗传与佛教故事》一文中讨论过佛经故事通过口述辗转流传于中土的情况①。不过，《杂宝藏经》不属于这种情况。《杂宝藏经》汉文译本在 472 年左右译出，梵文原本虽已亡佚，学者们还是依据其文本内容，推测《杂宝藏经》梵文原本"应该于 2 世纪晚期完成"②。梵文原本《杂宝藏经》2 世纪晚期集结，成书年代比 1 世纪中期的东汉乐浪郡的彩绘孝子图漆箧图年代要晚一些。山东嘉祥武梁祠孝子传图年代可考榜题清晰具有重要的文献价值，谨慎起见，我们再以建于 151 年的山东嘉祥武梁祠原谷孝子传图为参照与《杂宝藏经》的成书时间进行比对，很明显早于大约成书于 2 世纪晚期的梵文原本《杂宝藏经》，总之从出土资料来看中国的原谷故事形成时间稍早一些。此外，王晓平、李官福都指出佛经《佛本生经》"块荃本生"故事③属于弃老型故事，"块荃本生"故事影响了原谷故事④。《佛本生经》多记载佛本生故事，其形成和流传较为复杂，《佛本生经》又称《本生经义集》编写于公元前 3 世纪，所收录的本生故事数量并不多且已散佚。现存的巴利文《佛本生义释》约在公元 5 世纪编写，收录有547 个故事⑤。我国并没有完整的汉译本《佛本生经》，本生故事散见于汉译佛经，这些翻译最早可以追溯至东汉，如高世安于 168 年—171 年

① 陈寅恪《三国志曹冲华佗传与佛教故事》，《寒柳堂集》，上海古籍出版社，1980 年 6 月，第158 页。
② 关于《杂宝藏经》的成书时间的考证最直接的证据是《杂宝藏经》的文本内证。《杂宝藏经》卷九出现了贵霜王朝大帝迦腻色伽王，而 2 世纪初期的佛学大师马鸣为迦腻色伽王的智臣，因此学者们一般认为《杂宝藏经》成书于 2 世纪晚期。见霍旭初：《〈杂宝藏经〉与龟兹石窟壁画——兼论昙曜的译经》，《龟兹学研究》，2006 年 9 月，第 158 页。
③ 郭良鋆、黄宝生据巴利文版《佛本生经》翻译了 154 则本生故事。《佛本生经》"块荃本生"故事大意：父亲受到母亲挑唆，挖坑活埋祖父，孙子又挖了一个坑，准备将来活埋父亲。父亲意识到自己的错误，带回了祖父，并教训了母亲。见郭良鋆、黄宝生《佛本生故事选》，人民文学出版社，1985 年 2 月，第 278 — 282 页。
④ 王晓平《唐土的种粒——日本传衍的敦煌故事》，宁夏人民出版社，2005 年 6 月，第 150页；李官福《主题学研究：〈佛本生故事〉与中韩两国民间故事之关联》，《延边大学学报》，2012 年 10 月，第 64 页。
⑤ 薛克翘《印度民间故事》，宁夏人民出版社，2008 年 12 月，第 151 页。

所译《太子慕魄经》、康孟祥于 212 年翻译的《太子中本起经》等①,不过单则故事的翻译只能证明 2 世纪后半期《佛本生经》零散地传入中国。两位学者论证"块茎本生"故事影响原谷故事时并未使用《佛本生经》"块茎本生"故事的古汉语译本,意味着目前还未找到"块茎本生"故事在我国传播的清晰路径。而"块茎本生"故事的现代汉语译本所据原本为 5 世纪左右的巴利文《佛本生义释》,该故事未必是公元前 3 世纪流传的古老故事或为后编入的故事也未可知,现代汉语译本的"块茎本生"故事并不能作为确凿的材料用于论证佛经故事是否影响了原谷故事这个问题。《佛本生经》和《杂宝藏经》的弃老型故事联系起来只能说明在古印度存在弃老习俗,却无法断言佛经故事影响了原谷故事。

综上所述,主张《杂宝藏经》卷二《波罗奈国弟微谏兄遂彻丞相劝王教化天下缘》为原谷故事原型的观点存在很多问题,本文以上的分析否定了这种可能性。

那么,原谷故事与《杂宝藏经》卷二《波罗奈国弟微谏兄遂彻丞相劝王教化天下缘》故事的类同现象我们又该如何解释呢?刘守华在《汉译佛经故事的类型追踪》一文中指出,类同的民间故事可以分为三种情况:"相互交流影响""同源分流"以及"平行生成"②。印度佛经故事是世界民间故事的重要源头,但不是唯一源头。中国古文献中记载的故事和印度佛经故事属于平行生成关系的情况是存在的,原谷故事并非个案。

杨东甫讨论过类似的平行生成的故事,比如我们熟知的刻舟求剑的故事出自先秦文献《吕氏春秋·察今》,与佛经《百喻经》中的"乘船失釫"故事情节十分相似,刻舟求剑的故事却不可能是脱胎于"乘船失釫"故事③。因为刻舟求剑的故事载于先秦文献,而《百喻经》成书于公元 5 世纪前期④,其中的一些佛经故事即便在三国时期以口传的方式传入

---

① 蒋述卓《中古志怪小说与佛教故事》,《文学遗产》,1989 年 3 月,第 6 页。
② 刘守华《汉译佛经故事的类型追踪》,《西本民族研究》,2011 年 2 月,第 71 页。
③ 杨东甫《从佛经故事看中外文学的"同源现象"》,《广西师院学报》,1995 年 4 月,第 64 页。
④ 陈洪、赵纪彬《原文本〈百喻经〉成书时代以及传译诸况略考》,《古籍整理研究学刊》,2012 年 3 月,第 7 页。

中国,也不可能影响《吕氏春秋》的编写。

此外,还有《战国策·秦策》中的引锥刺股故事和《杂譬喻经》"五贾人得道喻"中的引锥刺骨故事相似。而《杂譬喻经》是在梁代时译出[1],《战国策》在编写时佛教还未传入中国,不可能受到《杂譬喻经》影响。

以上所讨论的两组故事都属于"平行生成"的关系。结合这一点,原谷故事和《杂宝藏经》卷二《波罗奈国弟微谏兄遂彻丞相劝王教化天下缘》故事应该是在中国和印度各自独立生成的故事,也属于"平行生成"的关系。

译经过程中,译者对原经进行选择或进行一定加工是极为普遍的现象。中国的佛经译者甚至有可能受中国的典籍故事或民间故事的影响。比如昙曜同吉迦夜于 472 年合译的《付法藏因缘传》夹杂了北凉、西域的传说,就被认为是编译作品[2]。

《杂宝藏经》的翻译反而恰恰证明了原谷故事当时在中国的流传度和影响力。我们可以结合北魏高僧昙曜翻译《杂宝藏经》的意图来说明。昙曜的译经活动是在北魏太武帝的灭佛运动之后,为了复兴、宣传佛教,昙曜及其译经团在译经过程中竭力将儒家的孝思想融入佛教的教义中。《杂宝藏经》10 卷中的孝养故事共记 13 则,应该是译者昙曜有意选取的。昙曜为了更好地宣传佛教教义努力融合中国儒教的孝道思想,比如在《杂宝藏经》卷一收录有"王子以肉济父母缘"故事与中国的介子推割股奉君的故事十分相似,介子推的故事在中国为百姓所熟知,昙曜有可能故意选择了"王子以肉济父母缘"故事,目的在是利用介子推故事在中国的知名度宣传佛经故事,这样中国百姓就更加容易接受佛经故事。《杂宝藏经》卷二的这则故事的情况或许也类似,昙曜同样利用了原谷故事的影响力而特意选择了印度佛经故事中类同的孝行故事,这种可能性是有的。

---

① 陈洪《〈旧杂譬喻经〉研究》,《宗教学研究》,2004 年 6 月,第 92 页。
② 张淼《昙曜兴佛及其历史地位》,《佛教研究》,2005 年 3 月,第 6 页。

四、弃老习俗

原谷故事虽然是作为孝子谱系的故事流传下来的，但是，同时也从侧面反映出弃老习俗。那么，中国历史上存在过弃老习俗吗？中国是否有生长出原谷故事的土壤呢？

"孝"是儒家思想的核心思想之一，中国自春秋战国时期甚至更早的时期开始就有敬老的传统，中国历史上是否存在过弃老习俗，学者们的看法莫衷一是。以下拟从文献、古迹遗存两个方面讨论这一问题。

先从文献入手，弃老习俗在六朝时期的地理志中也有隐晦记载，如六朝时期盛弘之《荆州记》记载：

> 临贺冯乘县有歌父山。传云，有老人不娶室而善歌，闻者莫不洒泣。年八十余而声逾妙，及病将困，命乡里六七人与上山穴中。邻人辞归，老人歌而送之。声振林木，响遏行云，余音传林，数日不绝①。

根据刘建军、胡庆生的考证，六朝时期的冯乘县辖相当于今广西贺州富川和湖南江华县一带②，从地理位置来看，《荆州记》记载的歌父山传说很可能是某一少数民族的故事，其中"命乡里六七人与上山穴中"的说法，和日藏阳明本《孝子传》所录原谷条"使原谷作舆扛祖父送于山中"的记载十分相似。

此外，值得注意的是，日本古文献《令集解》赋役令第十七条所引《先贤传》保存了以下原谷故事的珍贵佚文：

> 《先贤传》曰：幽州迫近北狄，其民贱老贵少。州人原孝才者，其父年及耄孝才恶之。欲弃之于中野。舆而出。孝才少子名谷，

---

① 见刘纬毅《汉唐方志辑佚》所收盛弘之《荆州记》。刘纬毅《汉唐方志辑佚》，北京图书馆出版社，1997 年 12 月，第 215 页。
② 刘建军、胡庆生《萌渚岭峤道贺州段汉代交通网络复原》，《经济与社会发展》，2012 年 7 月，第 88 页。

岁初十岁因谏不能止。谷涕泣曰:"谷不悲大人之弃其父。唯悲大人年老,谷之弃丢大人。故悲恸而已。"孝才感悟。亦舆而归。终为孝子是也。①

《先贤传》记载的原谷条与《孝子传》系统的原谷故事相比异文较多,《先贤传》可以视为六朝文献的遗存,至少反映了六朝时期百姓或文人对原谷故事的认知。历史上北方游牧民族"贱老贵少"的习俗在史书中多有记载,如《史记·匈奴列传》有记载匈奴"壮者食肥美,老者食其馀。贵壮健,贱老弱②。"上引《先贤传》中"幽州迫近北狄,其民贱老贵少"的细节也反映了迫近北狄的地区具有与其相似的"贱老贵少"的特点,民间传说有一定的现实基础。

由上面的这两条文献可以看出弃老习俗在正史中虽然没有明确正面的记载,但还是能够在其他历史文献中寻得一些痕迹。

除了古文献中的蛛丝马迹,目前发现的弃老习俗古迹遗存也能提供一些线索。近年来,许多民俗学家和考古学家都对弃老风俗进行了田野调查,先后在汉江流域等地发现了一些古代老人洞的遗迹,老人洞又被称为寄死窑③,这些寄死窑集中在巴蜀荆楚地区,暗示着历史上巴蜀荆楚等地区或许存在过弃老习俗,依据民俗学家和考古学家的考证,目前发现的弃死窑遗迹主要有:湖北省武当山官山镇、郧县邓湾至老渡口、郧县安城等汉江中游地区寄死窑。此外还有四川乐山、彭山地区的崖墓;山东胶乐半岛的"模子坟";山西晋中市昔阳县"生藏墓";陕西省商洛地区的"巴人洞"等。这些寄死窑遗迹最早可追溯至两汉之际④。

金宽雄指出:"中国汉族的弃老型故事的内容还同各地实际存在的

---

① 黑板胜美、国史大系编修会编《新订增补国史大系令集解第二》,吉川弘文馆,1990年12月,第410页。标点符号为笔者自改。下同。
② (汉)司马迁著,韩兆琦译注《史记》,中华书局出版社,2010年6月,第6529页。
③ 参见刘守华《走进"寄死窑"》,《民俗研究》,2003年2月;闫勇、王桂芳《湖北的"寄死窑与胶东半岛的"模子坟"》,《民俗研究》,2005年1月;税晓洁 成志平《汉江"老人洞"悬崖里的谜》,《三月风》,2012年1月;刘守华《"寄死窑"弃老习俗与传说交融生辉》,《文化月刊》,2010年12月。
④ 税晓洁、成志平《汉江"老人洞"悬崖里的谜》,《三月风》,2012年1月,第49页。

习俗、风物紧密地结合着。"①本文认为这一说法有一定合理性,寄死窑反映了弃老习俗,并结合日本古文献中原谷故事的相关记载,来进一步考察这一问题。

税晓洁、成志平指出"'老人洞'密集地域,至少有巴、濮、楚、邓、庸、彭、卢等方国存在"②,那么,这些寄死窑遗迹密集的地域,能否和文献中的原谷故事的记载相互印证呢?

关于原谷的出身,从目前国内外的古文献来看有四种说法:《太平御览》卷五一九原谷条记载"原谷者,不知何许人"③;日藏阳明本《孝子传》原谷条记载"楚人,孝孙原谷者至孝也";日本古文献《令集解》赋役令第十七条释文所引《先贤传》记录说原谷为幽州人④;敦煌文献句道兴《搜神记》记载说"孙元觉者,陈留人也"。

究竟哪一种说法更为接近原谷故事的原貌呢? 从故事情节来看,《太平御览》卷五一九所引佚名《孝子传》原谷条与日藏阳明本《孝子传》的原谷条最为相近,为同一系统。《先贤传》所记载的原谷故事细节描绘更加具体,文本形成或许晚于《孝子传》系统的原谷故事。敦煌本句道兴《搜神记》中所载原谷条主人公名字改为"元觉",这一文本形成或改编年代应该更晚一些。再结合汉代的孝子题材图像中已出现原谷故事这一情况,推测《孝子传》或许是原谷故事的文献源头之一,保存了原谷故事较为原始的面貌。

日藏阳明本《孝子传》与《太平御览》卷五一九所引佚名《孝子传》为同一系统,阳明本所记载的"楚人,孝孙原谷者至孝也",正好补充了佚名《孝子传》原谷条的信息。此外,日藏船桥本《孝子传》原谷条称"孝孙原谷者楚人也"和阳明本一致,日本古文献《令集解》转引《古记》所引

①　金宽雄《略论"弃老型"故事在中韩两国的流变》,《延边大学学报》,2000 年 3 月,第 47 页。
②　税晓洁、成志平《汉江"老人洞"悬崖里的谜》,《三月风》,2012 年 1 月,第 47 页。
③　(宋)李昉等撰《太平御览》,中华书局,1960 年 2 月,第 2360 页。
④　黑板胜美、国史大系编修会编《新订增补国史大系令集解第二》,吉川弘文馆,1990 年 12 月,第 410 页。

《孝子传》的原谷条也有"孝孙原谷者楚人也"的说法①,说明《孝子传》系统的文献记载多数都说原谷为楚国人。目前发现的寄死窑遗存区域包含楚国,和日本古文献中《孝子传》系统的原谷故事记载相互印证,也许并非偶然。《孝子传》文本中原谷条出身地为楚国,湖北汉水流域留存有寄死窑遗迹,湖北地区弃老型民间故事里的地名也同湖北寄死窑的遗迹暗合。这一切都暗示了文献中反映出的弃老习俗有一定的历史基础。

五、从"原谷"到"元觉"

从上文所列的三个表来看,原谷孝子故事在汉代、北魏孝子图像至宋元二十四孝孝子图像都有出现,故事自汉代开始到六朝时期一脉相承,用的都是"原谷"这个名字,宋以后的孝子图像名字发生变化,由"原谷"变化为"元觉"。

"元觉"这个名字究竟始于何时? 其实,这一变化在句道兴《搜神记》以及高丽本《孝行录》等文献资料中都有所体现。敦煌文献句道兴《搜神记》所收原谷故事开头记载:"《史记》曰:孙元觉者,陈留人也,年始十五,心爱孝顺。其父不孝,元觉祖父年老,病瘦渐弱,其父憎嫌,遂缚筐舆舁弃之深山。"②这条材料中,主人公名为"孙元觉"。敦煌本《搜神记》涉及多种敦煌写卷,其中最值得关注的是散 902 写卷,这个卷子为日本中村不折收藏,首尾俱全,首题"搜神记一卷"并有句道兴署名,《搜神记》抄录的故事有 33 则之多,原谷故事抄录于散 902 写卷③。学者们一般认为句道兴为唐代人,句道兴《搜神记》为唐代作品,而散 902 写卷年代较晚,项楚指出:"因知《变文集》所据底本日本中村不折氏藏

---

① 黑板胜美、国史大系编修会编《新订增补国史大系令集解第二》,吉川弘文馆,1990 年 12 月,第 411 页。

② 王重民等编,周绍良批校《周绍良批校〈敦煌变文集〉》,国家图书馆出版社,2017 年 12 月,第 817 页。

③ 王青《句道兴〈搜神记〉与天鹅处女型故事》,《敦煌研究》,2005 年 4 月,第 96 页、97 页。

句道兴《搜神记》原卷，乃是宋初写本，为敦煌卷子中年代较晚者。"①由此可知，"元觉"这个名字或许在唐代已经出现，之后广泛流传。

此外，高丽本《孝行录》也值得关注，《孝行录》序言作于高丽忠穆王二年(1346)，编写者为权溥(1262—1346)父子以及李齐贤(1287—1367)。金文京认为高丽本《孝行录》并非高丽人所编写，只是抄录了宋元时期流行于中国北方的"二十四孝"文本②。《孝行录》的原谷故事原文如下：

> 元觉之父悟，性行不肖。觉祖父老且病，悟厌之，乃命觉舆簀而弃于山中。觉不能止，从至山中，收簀而归。悟曰："凶器何用？"对曰："留以舁父。"父悟惭，遂迎祖归。

> 元悟悖戾，弃父穷山。有子名觉，收簀而还。曰此凶器，汝何用为。亲老舁送，世世所资。良心不亡，自反知改。迎父归家，奉养无怠。③

本文想要补充的是除了文献之外，山西长治魏村砖雕墓考古资料也保存有原谷故事的文字记载，即创作于金天德三年(1151)的《画相二十四孝铭》④，原文详见表3第6条榜题。从以上提到的三条材料来看，原谷故事从孝子传到二十四孝流传有序，故事情节基本没有变化，只是主人公名字发生变化，可见原谷故事的流传历经漫长的历史时期。黑田彰认为原谷故事中主人公名字发生变化，主要和孝子传的散佚、消亡有关⑤，有一定道理。而本文认为原谷名字的变化或许和佛教的盛

---

① 见《项楚敦煌语言文学论集》所收《敦煌本句道兴〈搜神记〉补校》一文。项楚：《项楚敦煌语言文学论集》，上海古籍出版社，2011年3月，第206页。

② 金文京《略论〈二十四孝〉演变及其对东亚之影响》，《中国文化研究》，2019年5月，第52页。

③ 据日本南葵文库藏古写本《真本孝行录》。转引自 E·シャヴァンヌ著、黑田彰编《海外の幼学研究7 開封白沙鎮出土後漢画象石の孝子伝図—E·シャヴァンヌ1914による》，幼学会，2015年10月，第65页。

④ 王进先等《山西长治市魏村金代纪年彩绘砖雕墓》，《考古》，2009年1月，第61页。

⑤ E·シャヴァンヌ著，黑田彰编《海外の幼学研究7 開封白沙鎮出土後漢画象石の孝子伝図—E·シャヴァンヌ1914による》，幼学会，2015年10月，第67页。

行相关。"元觉"这个名字含有觉悟之意,表3第1条的榜题为"孙悟元觉",高丽本《孝行录》的原谷故事记载"元觉之父悟",也证明"元觉"这个名字与"觉悟"一词相关,而"觉悟"常作为佛教用语出现在佛经,"元觉"这个名字或许是在唐代受佛教世俗化的影响才出现的,当然这仅限于猜测。

六、结　论

以上对文献记载以及图像遗存中的原谷故事进行了考察,考证了原谷故事与《杂宝藏经》佛经故事的关系,并讨论了弃老习俗与古迹遗存的关联,得出以下结论:

1. 汉代原谷图像遗存早于《杂宝藏经》的成书,是原谷故事为中国土生土长故事的最直接证据。

2. 从文献与古迹遗存等线索来看,弃老习俗在中国历史上有可能在一些没有被儒家孝思想教化的地区或民族中确实存在过。

3. 在多民族文化交流融合的背景下,中国境内有生长出原谷故事的土壤,如果说《杂宝藏经》所记载的说明在印度的历史上也存在过弃老的习俗,那么也可以将中国的原谷故事和印度佛经里的980A型半条毯子御严冬故事看作是平行产生的故事。

原谷故事对韩国和日本也有渗透和影响。原谷故事在日本多有流传,柳田国男将日本流传的弃老故事分为四个亚型,包含弃亲簸箕型[①]。朝鲜也曾流行和原谷故事相近的民间故事。那么,日本和韩国的弃亲簸箕型故事与中国《孝子传》中的原谷故事相互之间是怎样的关系? 这一问题也是孝文化在东亚传承与发展的重要事例,笔者将作为今后的课题继续探讨。

---

① 柳田国男《村と学童》,朝日新闻社,1945年,第19—39页。

报恩与孝养

三角洋一（已故）

在奈良时代至室町时代末期的日本,人们都在生活中贯彻着儒佛二教一致的思想。政治、社会、道德方面主要是儒教,世界观和精神领域则是佛教在起着决定性的作用。因此,在思考日本的孝文化问题时,应从儒教和佛教两方面进行考察。之所以将题目定为"报恩与孝养",我主要是想表明从佛教角度进行考察的立场,但是还不是十分自信这一题目是否很好地概括了论文内容。

一、关于孝的佛教用语及其含义

儒教经典中,《古文孝经·孔安国传》和《论语》关于孝的论述影响较大,此外,部分经典在谈及家人等人际关系时也有提到孝的,例如《礼记·曲礼上》"凡为人子之礼,冬温而夏清,昏定而晨省,在丑夷不争"的"定省",《左传·隐公三年》"君义臣行,父慈子孝,兄爱弟敬,所谓六顺也"的"六顺",《礼记·礼运》"何谓人义,父慈,子孝,兄良,弟悌,夫义,妇听,长惠,幼顺,君仁,臣忠,十者谓之人义"的"十义"。

关于佛教方面,我想先引用《织田佛教大辞典》中"孝养"的三个用例。《观无量寿经》"一者,孝养父母,奉事师长,慈心不杀,修十善业",《梵网经》上卷"初结菩萨波罗提木叉,孝顺父母师僧三宝,孝顺至道之法。孝名为戒,亦名制止",高丽藏本《四十二章经》"凡人事天地鬼神。不如孝其亲矣。二亲最神也"。"孝养"这一词语在日本已经完全佛教化了,在中国情况却似乎有所不同,孝养一般指父母有养育之恩,孩子知恩图报。

《心地观经·报恩品第二》中提到的四恩,第一便是父母之恩,"父有慈恩,母有悲恩……及出胎已幼稚之前,所饮母乳百八十斛""慈父恩高如山王,悲母恩深如大海",《心地观经》还将父母之恩与戒律相联系,提到:"世人为子造诸罪,堕在三涂长受苦"。《父母恩重经》中提到"若夫有为子不得止事,躬造恶业,甘堕恶趣",这里的"诸罪""恶业"包含了不愿布施的吝啬行为。《盂兰盆经》中目莲解救堕入饿鬼道的母亲的故事非常著名。强调双亲养育之恩的目的,实际上是希望孩子知恩图报。

如果我们脱离佛教语境,单纯对知恩图报进行考察,首先会发现动物也有类似的情感。例如《毛诗·召南·羔羊》中跪着喝母乳的小羊,《文选》所收束皙的补亡诗《南陔》中祭祀祖先和父母的獭与抚养双亲的乌鸦等。动物况且如此,人更是需要有一颗孝敬父母的心。在日本,为过世亲人所写的追福供养的愿文以及在佛教唱导的场合,以上例子也经常会被提到。

进一步扩大范围来考察关于施恩报恩的论述,我们会看到《文选》所收崔瑗的《座右铭》中告诫:"无道人之短,无说己之长。施人慎勿念,受施慎勿忘。"《蒙求》第二六一、二六二的《杨宝黄雀》《毛宝白龟》都属于动物报恩谈,第三二三、三二四的《漂母进食》《孙钟设瓜》,前者讲述韩信重金酬谢曾经惠赠食物的洗衣阿婆的故事,后者则是关于孙钟赠瓜于司命星三仙,从此子孙数代都为三国中吴国之王的故事。孙钟的故事会让我们联想到《周易·坤·文言传》中"积善之家必有余庆",以及阴德阳报思想。此类思想在《蒙求》第一八八的《叔敖阴德》中也能看到。传说见两头蛇者必死,孙叔敖为了不让其他人也看到,便将蛇掩埋起来。《千字文·李暹注》第四十三的《知过必改》则是盗马贼获秦穆公赦免后悔过自新,为穆公拼命作战的故事。

二、五戒和五常的贯通

回到本论中心,儒佛一致的问题角度,我们可以发现儒佛各自简明扼要的道德范畴之间有着互相贯通之处。儒教的五常和佛教的五戒所告诫的内容互相重叠,《提谓经》《父母恩重经》既有表现,《摩诃止观》卷六上,颜之推《颜氏家训》归心篇中亦可看到,另外,在日本方面,仅存目录和逸文的吉备真备(695—775)《私教类聚》中也有相关记载。为了方便对照,下表除了上述所提各资料之外,还加入了镰仓时代的《五常内义抄》。

五戒	不杀生	不偷盗	不邪淫	不妄语	不饮酒
提谓经	(杀无仁)	(盗无知)	(淫无义)	(两舌无信)	(饮酒无礼)
					(失仁义礼信)
	诸侯民父母	人民	大夫主	王	三公
	仁惠恩施	走使	诛罪不义	天下主	高明道德
恩重经	(不仁害)	(不义窃)	(无礼荒色)	(不信欺人)	(不智耽酒)
	仁不杀	义不盗	礼不淫	信不欺	智不醉
	仁行施		礼检身		
摩诃止观	仁慈不害	义让推廉	礼制规矩	契实录	智鉴明利
			结发、成亲	诚节不欺	秉直、道理
(五经)	(毛诗、风刺)	(尚书、义让)	(乐记、和)	(周易、测阴阳)	(礼记、撙节)
颜氏家训	仁	义	礼智	信	
私教类聚	仁	义	礼	智	信
内仪抄	仁慈	义和	礼顺	智贤	信真

上表的对照可能还不是十分明显,但至少我们可以看到以下几点。其一,仁和不杀生、义和不偷盗、礼和不邪淫似乎是相对应的。其二,《提谓经》的情况比较特殊。其三,日本的资料强调五戒和五常的顺序。总而言之,五常和五戒之间存在着相重叠的部分。我本不想进一步深入探讨这个问题,但是佛教之孝和儒教之孝的关系,与五戒和五常之间的互通性有一定联系,接下来我还将对此进行论述。

三、《徒然草》中的儒佛一致思想

下面我们的关注点将转至活跃于镰仓末期至南北朝时期的兼好法

师创作的《徒然草》(1330),思考这部由作品是如何对孝的问题,以及五常和五戒的关系进行论述的。镰仓时代,日本开始出现专修念佛。当时的日本不仅大量输入中国净土教的书籍,还引入了宋代的新思潮——禅宗和朱子学。对于兼好来说,儒教和佛教并不是泾渭分明的学问对象。那么既不是儒者,也不是宗教家的兼好在当时的时代背景下,是如何思考的呢?

兼好出生于动乱年代,他学识渊博,对政治和社会颇有见解,众所周知他还是一名僧人,时时直面生死问题。兼好深刻地认识到:

> ……命,岂能待人?无常之至,其迅猛盖过于水火之攻,逃之诚难!其时则难舍之老亲、幼子、君恩、人情,虽不舍亦不可得矣!
>
> (第五十九段)

> ……日暮而途远,吾生已蹉跎。当前正放下诸缘之时也。既不欲守信,以不欲顾及礼仪。……
>
> (第一一二段)①

以上引用表现了兼好在万不得已时选择舍弃儒教社会道德的一种觉悟。

另外,第一四二段出现了"恩爱之道""孝养"等词,是我们在思考孝的问题时,值得注意的。

> ① 视之若无情趣之人,时亦有一言足取者。某粗鄙之乡村武士,望之可畏,问其近旁之人曰:"有子乎?"答曰:"虽一人亦无有也。"武士乃曰:"如此则恐不知物之情分,而君心亦当系冷酷无情,甚可畏也!唯有子始能知万物之情分也。"此诚至理名言也!无恩爱之道,则此辈心中即无慈悲之念。无孝养之心者,唯有子始知双亲之心也。
>
> ② 舍世之人孑然一身,与万物无涉,每多蔑视牵累多者遇事诮人且嗜欲深,此实属不当。若以当事者之心忖度之,为其所爱之

---

① 《徒然草》翻译参考王以铸译本。

亲与妻子故,望廉耻,为盗贼,亦属必然也。

①是兼好对一名乡野武士之言的感想,他认为无论是乡野武士,还是"不懂孝养之人",只有为人父母了,才能体谅"父母之心",只要懂得"恩爱之道",不管是谁都能萌发"慈悲"之心。在接下来的②中,兼好为生活在尘世间的人们辩护,他认为为了赡养父母妻儿,为了家人不顾廉耻,犯下盗窃这样贪得无厌的罪行,也是一种人间的情义。

但是发展到③④时,话题似乎脱离了恩爱之道的主题。

③ 捕缚盗人,但因其恶行而治其罪,何如使世趋治,免世人于饥寒乎!

④ 人无恒产则无恒心,人穷则为盗,世不获治则有冻馁之苦,罪人亦不可绝迹。陷人苦境,使人犯法,复治之以罪,实可悯已!

文章的内容发生转变,作者开始议论统治者对于无可奈何不得不犯罪的庶民应该抱有的态度。③和④都是关于盗窃问题,③提倡治理好国家,使世人衣食足而知礼节,④则认为不体察民情就处以严惩是不应当的。

①②和③④通过盗窃这一共同主题相联系,①②是关于养育之恩和不偷盗戒的佛教思想,③④则是关于犯罪和仁政的儒教思想,另外,我认为这种过渡之所以能够实现,还基于佛教的慈悲与儒教的仁慈相通这点。文中提到的"人无恒产便无恒心"引用了《孟子》,可见中国的新思想已经传入日本,这点也值得注意。

⑤ 然而如之何始可惠人耶? 上去奢费,抚民劝农,则下有利,无可疑也。苟衣食粗足,犹为恶事,是可谓真正之盗人矣。

兼好最后提出,统治者应该摒弃奢侈浪费的行为,致力于抚民劝农。但是文章最后以"衣食温饱……"一句结尾,可见从整体来看,本段实际上是关于不偷盗戒的感想。《徒然草》第八段关于色欲、不邪淫戒,第一九四段关于不妄语戒,第一七五段关于不饮酒戒,接下来要提到的第一二八段则是关于不杀生戒。可见,兼好对佛教五戒的各戒都进行了深入的思考。

四、第一二八段与第一二九段间的联想式过渡

《徒然草》中也有关于五常各项的感想。第一二八段至第一三一段的一系列段落分别谈到仁、义、礼、智。下面,我想以每两段为一单元进行考察。首先是第一二八段。

> ① 雅房大纳言者,才学兼优之上品人物也。院将进之为大将时,近侍之人曰:"方见不堪入目之事。"询曰:"何事耶?"答曰:"雅房卿竟割生犬之足以饲鹰。此事余于隔墙之隙间亲见之。"院闻之深感厌恶,平素之心情为之一变,遂罢迁升事。

> ② 如斯之人以饲鹰自娱已属意外,然犬足云云则纯属虚构也。谎言为谤,是诚为不幸,唯君王闻此而心生厌恶,则其仁心至为可感也!

①是关于龟山太上皇听说土御门雅房砍犬足喂鹰的谗言后,不再升任雅房做大将的故事。②是兼好得知雅房砍犬足喂鹰之事不实后的评论,他认为雅房值得同情,同时也认为太上皇的决断非常英明。

> ③ 大体言之,以杀戮、折磨生物为乐者,自相残害之畜生之伦也。一切鸟兽,下至小虫,细心体察其情状,无不爱其子,怀其亲,夫妇相伴,妬怒多欲,爱身惜命,其执迷愚痴,视人尤甚。苦其身,夺其命,实可痛也。

> ④ 视世间一切有情而不生慈悲之心者,未可以人论也。

③承接①②内容,主要谈论不杀生戒。兼好将动物与人类相区别,贬低动物,这与"惟人万物之灵"(《尚书·周书·泰誓上》)的思想相似。④的"……未可以人论也"将鹦鹉和猩猩做对比,与"今人无礼,能言,岂非禽兽"(《礼记·曲礼上》)的思想相近,表现出与佛教六道轮回思想不同的中国式人性观。动物比人类愚昧,也更执着与恩爱之情,杀害或是

折磨它们都令人痛心。本段主张不杀生戒,不伤害圣灵,提倡放生。本段也体现了作者在五戒和五常一致的立场上,融会贯通佛教和儒教思想。

我们暂且跳过第一四二段和第一二八段,先来看第一二九段的内容。

① 颜回之志在于不施劳。概言之,残民虐物(不可为),贱民之志亦不可夺。

② 又有以欺骗、恐吓、凌辱幼儿以为乐事者。成人谎言自觉无它,然于幼儿之心,则感之甚深,以之为可畏、可耻、可悲,诚有切身之痛也。苦之而以为乐,是无慈悲之心也。成人之喜怒哀乐虽皆属虚妄,然孰能不执着实有之相耶!残其身未若伤其心害人更甚。

③ 得病者亦多受之于心,而外来之病少。服药求汗或有弗获,而一旦愧恐则必流汗,乃知此实心之功效也。书凌云之额,忽焉白头,于例有之矣。

在本段文字中,兼好之心跃然纸上。①引用《论语》公冶长的"颜渊曰,愿无伐善,无施劳",子罕的"子曰,三军可夺帅。匹夫不可夺志也",提出要想身处众人之上,就不应为他人带来烦扰。

②将这一观点转用于成人与孩子之间,兼好引用《礼记·曲礼上》的"幼子常视无诳",从被调侃戏弄的孩子的角度出发,严厉地进行告诫。即使是成人也如《礼记·乐记》中所说,"夫民有血气心知之性,而无哀乐喜怒之常,应感起物而动,然后心术形焉",人们通常讲好恶喜怒哀乐之六志,喜怒哀惧爱恶欲之七情,佛教却认为这些都是"虚妄",被人们误以为是"实有之相",执着不放。

②中主要论述了以下两点:有慈悲之心,便不会使人身心受伤;与肉体的痛苦相比,心受到的伤害更深。③具体引用《文选》所收嵇康的《养生论》,文末则以《世说新语》韦诞的故事做结尾。从现代角度来看,这部分论述接近于精神医学,或者心理学。总而言之,通过以上分析,

我们可以看到兼好灵活运用知识,他对人类的观察深入透彻。

如果说第一二八段的重点在于考察五戒中的不杀生戒,本段可谓是针对五常中的仁的思考。通过慈悲这一问题,作者展开联想,将仁与慈悲以非常自然的方式联系到一起。阅读本段,可以看到兼好从爱护动物谈起,最后谈到关心人民的文章整个展开过程。这两段与幼学启蒙书《千字文》第九三段《仁慈隐恻》的主题相似。

五、第一三〇段与第一三一段的联想式连接

接下来,让我们一起来看第一三〇段。

① 与物无所争,屈己以从人,后己以先人,事之佳者更无有逾于此者矣。

② 凡百游戏,好胜负者,胜则有兴,因己艺高于他人而自喜,然须知负则兴味索然矣。若我负而令他人欢喜,思之则更无游戏之兴致。令人败兴以慰己之心,背德之事也。亲交间相互戏谑,欺人以显示一己之机智以为乐,此亦非礼也。故始于宴游之戏谑而长时结怨不解者,其例多矣。此皆好争之过也。

③ 若思胜人,唯宜向学而以才智胜之。然学道者不伐善,不于同侪相争故也。辞要职,舍利得,唯学问之力足以致之。

本段同样是具有儒教色彩的劝诫文。①中首先提到普通人和君子都应遵守的"与物无所争",还引用了《论语·雍也》的"夫仁者,己欲立而立人,己欲达而达人",以及《后汉书》班昭《女诫》的"谦让恭敬,先人后己"。②以争夺胜利的游戏为例,提出执着于胜败优劣有违礼仪。③指明解决方案。如果想一比高下,不如苦修学问增长才智,有学问,便自然不会"自夸"或是"与同辈相争"。

文末强调"要职"和"利得"。我想这应该是由于容易联想到佛教中名闻利养、名利等用语的缘故。这些劝诫都是僧俗通用的。我们也可参照佛教中所说的七慢与骄慢的分类法来分析执着于胜负的心理。

让我们再重新回到①，这句与《摩诃止观》中的"义让推廉抽己惠彼"，以及《千字文》九五的"节义廉退"内容相似，讨论五常的意义。

最后，让我们来看第一三一段。

　　① 贫者不以财为礼，老者不以力为礼。

　　② 知己之分而于未及之时速止之，可谓智也。不许之者，人之误也。不知分而强为之，己之误也。

　　③ 贫不知分则为盗，力衰而不知分则病。

这段非常短，①的开头看似与《礼记·曲礼上》的"贫者不以货财为礼，老者不以筋力为礼"观点相反，实则不然，①只不过从相反角度讲述了同样的道理，感叹世间之人总是执着于不属于自己的东西。②论说"知己之分"的重要性，③告诫不知己之分会导致灭顶之灾。实际上，第一三四段也提到"知己之人，可谓知物之人"，应该将两段放到一起思考，碍于篇幅有限，这里只能省略。

第一三〇段中写到"与物无所争"，第一三一段则主张"知己之分"，另外我们还应注意两段都用到了礼、智这样的字眼。前一段中曾提到夸耀自己的才智有违礼仪，勿与人争；后一段则表示拥有才智才不致违背礼仪，提倡知己之分。既有违背礼仪之智，也有使人遵礼之智。作者通过这两段，描述出礼和智之间相互影响的动态关系。我认为这与《摩诃止观》的"智鉴明利所为秉直中当道理"相似。关于"与物无所争""知己之分"这样的德目，还需进一步思考，本文暂时不做讨论。

以上讨论了从第一二八段至一三一段这连续四段之间的联系。第一二八段和第一二九段关于不杀、不害与仁慈，第一三〇段关于义让，第一三〇和第一三一段是关于礼智的思考，这四段文章之间存在连贯性。

六、《徒然草》中的孝

在思考日本儒佛两教思想的融合时，《徒然草》是非常有意思的作品。但是非常可惜的是,讨论关于孝的问题,《徒然草》似乎并不十分合适。然而我们还是能够从中看出一些兼好关于孝的思想,在论文的最后,我想通过第一四二和一二八、一二九段来讨论这个问题。

思考亲子、夫妻等家庭关系时,兼好首先选择从佛教角度进行考察,在进一步思考时,他又融入了儒教中的相关论述。兼好倾向于谈论儒佛两教都涉及的问题。

关于"恩爱之道"(第一四二段),在"一切鸟兽,下至小虫,……无不爱其子,怀其亲,夫妇相伴,妒怒多欲,爱身惜命,其执迷愚痴,视人尤甚"(第一二八段)中,兼好虽从佛教角度谈到"执迷愚痴",却将动物视作比人类低级。另外,与人类的情感相联系,他还提到"妒怒",可见兼好受儒教方面思想影响。结尾的"视世间一切有情而不生慈悲之心者,未可以人论也。"(同段)也同样暗含儒教色彩。

关于人,兼好谈到"无恩爱之道,则此辈心中即无慈悲之念"(第一四二段),"无孝养之心者,唯有子始知双亲之心也"(同段),他不批判"牵累多者遇事谄人且嗜欲深"(同段),甚至同情道"为其所爱之亲与妻子故,望廉耻,为盗贼,亦属必然也。"(同段),最后期盼通过儒教建立仁政。

可能与兼好不曾结婚生子有关,关于父母对孩子的慈爱,以及生育孩子后才能了解父母之心等方面,他似乎有着较深刻的理解,但是他始终没有谈及孝的问题。兼好的上述感想融合了佛教慈悲和儒教仁慈思想。第一二九段也立足于慈悲的观点,兼好在此段中劝诫人们莫要"欺骗、恐吓、凌辱幼儿以为乐事"(第一二九段),同情地谈到:"然于幼儿之心,则感之甚深,以之为可畏、可耻、可悲,诚有切身之痛也"。他表示即使是成人,遇到令人惊恐之事,也会一夜白头,表现了对幼儿的关切之情。关于这点,我将联系《徒然草》中谈及老幼、贵贱、僧俗行为的段落,以及通过孩子的表现了解父母的段落,从儒教角度进行考察。

院政时期,在日本制作的幼学书《注好选》(问世于镰仓时代之前)和《实语教》(镰仓初期)中记载了许多中国的孝子故事,橘成季编写的贵族说话集《古今著闻集》(1254)卷八的孝顺恩爱和无住编写的佛教说话集《沙石集》(1283)米泽版卷七等中也记载了少量的日本孝养故事，但是这些作品中并没有很多值得我们专门进行讨论的问题。最后，我认为良季《普通唱导集》(1302)所收近似偈颂的谚语，"祝佛念众生，众生不念佛，父母常念子，子不念父母"，是与佛教信仰和孝的问题两方面相关的名言，从这一名言后来又衍生出众人熟知的谚语"孩子不了解父母的心""孩子对父母的好比不上父母对孩子的爱"等。这些谚语与兼好所谈的"唯有子始知双亲之心"应该也有一定关系。

（龚　岚　译）

"佛传文学"与孝养

小峯和明

引　言

　　有关释迦的生平、前世的故事，涅槃后的舍利传说，以及其家人、弟子们的逸事，天竺的神话世界等的作品，我们称之为"佛传文学"。对此笔者已有过一些探讨。[①] 本文将从孝养的课题入手，结合佛教的法会唱导，[②]继续探讨"佛传文学"的问题。

一、法会唱导与孝养

　　"孝养"，是为布教之方便，吸收儒家的孝文化而形成的佛教用语。《今昔物语集》"震旦部·佛法篇"卷九的标题就是"孝养"，这是一个典型的例子。《孝子传》在佛教说话中占有重要地位。正如金英顺所指出

---

① 以下，仅列出与本文相关的一些笔者的论文。「東アジアの仏伝をたどる　補説」(『説話・伝承の脱領域』.岩田書院.2008 年)、「『釈迦の本地』の物語と図像―ボドメール本の提婆達多像から」(『文学』.岩波書店.2009 年 9、10 月)、「東アジアの仏伝文学・ブッダの物語と絵画を読む―日本の『釈迦の本地』と中国の『釈氏源流』を中心に」(『論叢国語教育学』.広島大学国語文化教育学講座復刊三号.2012 年)、「釈氏源流を読む」「摩耶とマリアの授乳」「『釈迦の本地』の涅槃図」(『図書』.岩波書店.2012 年 6、7、10 月)、「弁暁草の特色と意義」(『称名寺聖教　尊勝院弁暁説草　翻刻と解題』.神奈川県立金沢文庫編.勉誠出版.2013 年)。
② 有关法会唱导用语，请参见小峯和明著『中世法会文芸論』、笠間書院、2009 年。

的,①"孝养"的用法,在日本与"追善"这个词的意思越来越接近,这一变化显示出法会的追善供养与"孝养"关系密切。有名的安居院流的澄宪的《言泉集》中,以已故父母(先考、先妣)为供养对象的法会占绝大多数,也证实了这一点。"孝"的思想不仅在儒教中,而且佛教中也把它作为一个重要的德目在宣传,甚至可以说,它是以佛教法会等为媒介而流传、深入社会的。

近来,有学者介绍的东大寺尊胜院弁晓的"说草"(弁晓草),记载了南都的唱导活动,其中也可以看到各式各样的孝养的主题。

所谓"说草",指的是用桑皮纸做的带边框的小本子。装帧基本是蝴蝶装,即将纸对折,而后把折痕的背面粘到一起的一种样式。这是学僧在法会上使用的一种简易的手册。说草的内容多式多样,有表白、说法、释经、譬喻·因缘说话、回向句等等,基本都是用汉字加片假名的小字注解体(即宣命体)写的,偶尔也掺杂着一些平假名。称名寺(金泽北条氏的菩提寺)中现存有大量镰仓后期、末期的唱导资料,由金沢文库保管。这些贵重的资料,让我们时至今日仍然能够得以了解日本中世法会唱导世界的实况。以前,人们只关注天台宗的安居院流,但现在通过弁晓草和湛睿草,南都唱导世界的面纱也被渐渐揭开。②

下面,就举出几个弁晓草中与孝养有关的例子。(引文为佛语,标记为笔者所加。)

> 皆莫非父母之恩德。暗自忖之,潸然泪下。故而思欲报恩,此志日久而弥坚,日久愈深切也。然则现世之孝如只以现世而报答之,则实非真正之报恩也。后世之资量,方是累劫之应验也。佛赞云:此乃真正之孝养。(《为父表白》一·4)

---

① 金英顺「『平家物語』にみる「孝養」と「報恩」—中世の語史から—」(立教大学大学院.『日本文学論叢』6 号.2006 年 8 月)。

② 『称名寺聖教 尊勝院弁暁説草 翻刻と解題』(神奈川県立金沢文庫編.勉誠出版.2013 年)。弁晓(1139—1202),平安末期(院政期)至镰仓初期的学僧,东大寺中世复兴期的主要人物之一。平氏烧毁南都后,为复兴寺院,弁晓积极开展唱导活动。大佛重建之后担任东大寺别当一职。弁晓能言善辩,享有"能说"之美誉。

现世之孝如只以现世而报答之,则非真正之报恩。来世之供养方为真正之孝养也。这与"佛传文学"中释迦的儿子罗睺罗的出家传说有关。

又或:

> 佛教有四种恩德:一曰众生恩、二曰三宝恩、三曰国王恩、四曰父母恩。
>
> (略)
>
> 释迦之勤恳可赞,而由此可得彻悟者,在于孝养父母之勤勉。《大集经》有云:倘若世间没有佛祖,亦应侍奉父母而尽孝。侍奉父母,即为侍奉佛祖也。
>
> (略)
>
> 譬如人出生之时,及两三岁后渐渐长成,初识万物,知黑白、辨东西、懂礼仪,旋而开悟。此皆赖父母之教导所成。若无慈母之疼爱,若无严父之教导,则稚气呆萌之心不蜕,醒悟长成之姿莫能显矣。
>
> (略)
>
> 远离杀生、盗窃、淫欲等三种罪孽,才是孝敬祖宗之根本,助济他人之根本。现世百年之孝养,如何能比耶!以后世之助济为真正之孝养,出离生死是报谢之本体,如此至极之道理,应铭记在心。
> ("回向·为父母·千日讲"一·8)

甚至说,后世之救济,才是真正的孝养,现世纵百年之孝养亦莫能及也。

此外,形似弁晓草的断简(三·52)中有这样一段话:

> 问曰:佛与凡夫之母,二者之慈悲有无差别乎?
>
> 答曰:慈悲广大者,云佛;慈悲狭小者,云凡夫。(略)
>
> 盖所谓凡夫者,为母之慈悲仅施于其子一人,而不及于他人之子。(略)
>
> 而阿弥陀如来者,其慈悲恰如凡夫之母施于其子一般而施于万千众生。(略)

> 凡夫之母爱其子，其爱之深切诚可贵也。（略）
>
> 依广劫多生之约，婴宿母胎十月而出生，及后裹于襁褓，母乳喂养，渐而成长，抱于膝上，片刻不至分离。而即便常人，如于一所夜宿多日，日久生情，之后亦不忍分别焉。（略）
>
> 更何况母子之爱，怜恤之情尤甚乎。（略）
>
> 如是，则阿弥陀如来平等善爱一切众生。（略）
>
> 某经云：有父母抱着孩子过独木桥之时，心爱的孩子不慎掉进泥中。父亲走进泥中抱起孩子，母亲则站在河岸上相接。就这样，释迦像父亲一样深入婆娑世界的污泥中济度众生，而弥陀则像母亲一般，站在极乐净土上抚恤众生。

引文将人母之慈悲与阿弥陀如来之慈悲进行了比较。把释迦当作父亲，《法华经》中也有这样的譬喻，相应地阿弥陀就被看成是母亲（这里省去引文）。这与有名的安居院的澄宪的《释门秘要》之"释母恩胜父恩"（仁和寺藏）所说的，母亲之恩胜过父亲之恩是相通的吧。

在以上所述法会唱导之场景的基础上，下面，我们将以释迦的生平故事为中心的"佛传文学"作为主线再论述一下孝养的问题。

二、释迦与父净饭王

关于佛传与孝养的问题，释迦与其母摩耶的关系也很重要。此前，笔者在北京日本学研究中心举办的以"女性·佛教·文学"为主题的研讨会上，发表过的题为《佛传文学与女性——物语文学的原点》的演讲（2013 年 6 月）业已完稿。这里暂且割爱，主要讨论一下释迦与其父净饭王的关系。

刚才所提到的弁晓草"净饭大王恋佛与难陀事父思子事"（二·18）的说草中，这样说道：

> 那个净饭大王，临死的时候，一想到子孙的事情，就不停地悲叹、惆怅。（略）惆怅的是，要与他的两个儿子——太子悉陀、次子

难陀比丘永别了。还有,今后再也见不到他的孙子罗睺罗了,因此悲痛起来。除了这些,再没有放心不下的事了。(略)

释迦劝道:"大王,无需为子孙担忧!您看,我已成佛,肩挑救济十方世界之重任。弟弟难陀比丘,已是出家得度之身,已永断生死之羁绊。您的孙子罗睺罗,已具足戒行,神足无缺。纵然佛德不及我,也绝非凡夫之身了。

所以,您的儿子也好,孙子也好,都是世间尊贵之身,为人所敬重。即便您走了,母亲也走了,您也不用担心今后我们会怎样。所以,今世的永别也许会让您心痛万分,但活着的子孙您一个都不用担心。执着一念,将成为生死的羁绊。千万不要为我等而担忧。"

这是《佛说净饭王般涅槃经》《释迦谱》中所没有这一节,虽然两经一直被看作是引文的出处。释迦力劝父王,只有斩断对子孙难舍的亲情,才能获得来世的救济。只有抛却现世的孝,才是真正的孝。让儿子罗睺罗出家时,释迦对妻子耶轮陀罗也是这般说的:否定现世,劝说来世的救济,讲述前世的因缘。可以看出,只有先交代前世的因缘,才能说清楚来世的救济。佛经和其他的唱导中没有详说的部分,弁晓草以对话的形式娓娓道来,对读者、听众产生了巨大的影响。

而同为称名寺三世的湛睿的说草《父思子之志事净饭大王将命终之时恋佛与难陀事》(314 函 91 合)中,却只有这样一段记载:

佛曰:"惟愿大王,勿复愁恼"。即伸出金色的臂膀,用手抚摸大王的额头。王躺着双手合掌,默默地向佛行礼。(纳富常天"湛睿的倡导资料"(四)《鹤见大学纪要》三二号·第 4 部·一九九五年)

又,《今昔物语集》卷二第一"佛御父净饭王死时语":

佛在父王的旁边给他讲经,大王即成阿那含果位。(新古典大系)

这里彰显出弁晓说草讲说体的特点。

三、妻子耶轮陀罗与儿子罗睺罗

接下来,主要关注释迦做太子时期的妻子耶轮陀罗。有人说太子有三房妻子,但是除了耶轮陀罗以外,其他的不见有记载。作为释迦的独子罗睺罗的母亲,仅耶轮陀罗一人也好。耶轮陀罗是大臣之女。当时,为了争夺耶轮陀罗,悉达太子与其表兄、也即宿敌的提婆达多曾进行技艺较量,约定谁赢了谁就娶耶轮陀罗。结果,释迦获胜,娶回了耶轮陀罗。这是一个争夺配偶的传说。争夺配偶,可以说是神话或者物语的原点之一。比如,纪记神话中就有大国主命的兄弟们争夺八上姬的传说。

佛传文学中记载了弓矢、相扑、象的投掷等各种技艺,佛典中还出现了学艺。技艺传说是释迦八项图等绘画中不可或缺的题材。在《释迦的本地》中记载着四门出游的过程中,为了拂抹掉看透生、老、病、死等人生四苦的悉达太子的忧郁,亲朋好友们为他策划了婚事。

婚后,儿子罗睺罗出生了。这对于释迦来说,成了烦恼的羁绊。罗睺罗最后出家了。佛典记载,罗睺罗是释迦在做太子的时候出生的,这当然不存在问题。而到了后代的"佛传文学"中记载的则是,罗睺罗出生之前,释迦已经出家。所以罗睺罗到底是不是释迦的亲生儿子,是存在疑问的。换言之,罗睺罗的母亲耶轮陀罗的贞操遭到质疑。所以,为了证明自己的贞洁,耶轮陀罗亲手将自己的亲生儿子扔进了火坑。在《释迦的本地》中,则是这样说的:看见释迦一伙人来到城里,妻子耶轮陀罗把点心塞到儿子罗睺罗的手里,对他说:"这伙人里有一个人是你的父亲,你去给他"。罗睺罗果真就走到了释迦跟前,把点心放在了释迦的膝盖上。这就证明了耶轮陀罗的贞洁。

而后,围绕着罗睺罗出家的问题,释迦与妻子耶轮陀罗产生了分歧。据《今昔物语集》卷一第十七"佛迎罗睺罗令出家语"讲,他们的分歧主要在于来世的救济与现世的爱之间该何去何从。释迦派弟子目连给耶轮陀罗传话说:

你太愚蠢了,你对孩子的疼爱是短暂的爱。如果死后坠入地狱,母子之间就再不能相见,永受离别之苦,到时候你后悔也没用。如果罗睺罗能够得道,而后就能度济母亲,成了罗汉,就能像我一样,永断生老病死之根。罗睺罗已经九岁了。现在让他出家学习圣道吧。

但是耶轮陀罗却不同意。她登上高楼,关上大门说:

"佛,你做太子之时,我嫁给了你。我侍奉太子,就像侍奉天神一样。可是不到三年的时间,你就弃我出宫而去。而后就再不回来,不再见我,我为你守着寡。难道现在你连我的儿子也要夺去吗?你既已成佛,就应该以慈悲之心让众生安乐。而如今,你却要我们母子骨肉分离,这不是慈悲!"说罢,泪流不止。

净饭王为了说服释迦,派出摩诃波阇波提驳斥释迦说,将来我是要让罗睺罗继承王位的,你让他出家合适吗?释迦又一次派出弟子目连,给耶轮陀罗讲述了他与耶轮陀罗的前世因缘:

从前,燃灯佛之世,我行菩萨之道时,以五百金买得五茎之莲花而供奉于佛前。你也以两茎之花相供。……那时候,你我互相发誓说:"我与卿生生世世结为夫妻,不违汝心。"正是因为有了这样的约定,今日我们才得以结成夫妻。而现在,你切勿如此愚昧、爱惜罗睺罗,你一定让其出家学习圣道。

通过讲述前世的因缘,终于说服了固执的耶轮陀罗。据说,净饭王不仅答应让罗睺罗出家,而且还让五十个贵族家的孩子也出了家。

日本中世唱导资料《金玉要集》之"夫妻事"中有同样的记载:

悉达太子因为耶轮陀罗的缘故,变得忧郁起来。悉达太子抛却了世间凡事,耶轮陀罗并没有心生恨意,不久怀孕了。耶轮陀罗希望悉达太子起码也要等到耶轮陀罗生产后再离开。可是悉达太子没有等到耶轮陀罗生产,驾驭金泥小马就离开了,也是十分遗憾的事情。然而造化弄人。不成想耶轮陀罗恰恰是在释迦成道的那一夜,生下了罗睺罗。从此以后,也再没有释迦的半点音信。日子一天天过去,五天竺开始流传说罗睺罗并非佛子,耶轮陀罗十分忧郁,煞是可怜。

罗睺罗长到七岁时,释迦派毗沙门天王为御使,到净饭王跟前传消息:"罗睺罗,是我的孩子。虽然我离开了婆娑世界,居住于无为之山,但是我无法忘却对他的爱,朝思暮想,惟愿父王把他当作是我(的遗物),好好照料。"

盖佛云:流转三界中,真实报恩者。释迦难以忘掉与妻儿之间的恩爱之情,想再见一次耶轮陀罗,也想再见一次罗睺罗。于是派弟子目连,把心里的想法告诉耶轮陀罗。耶轮陀罗心中结怨已深,将罗睺罗隐藏了起来。佛本无心,现三十二相八十种好,现空中曰:"昔者卿与我,于灯明佛之处,结为夫妻之时,你说过绝不违背誓言,不记得了么?"闻之,耶轮陀罗掉下了眼泪,将罗睺罗带出来。于是佛再一次见到了妻子耶轮陀罗和儿子罗睺罗。

关于耶伦陀罗出家之事,《今昔物语集》卷一第二十有"佛耶轮多罗令出家语"一节,但只有标题,没有内容。这一节应该是紧接着前一节即第十九节"佛夷母憍云弥出家语"想讲女人出家的故事,但既没有相关资料,因此只好放弃罢了。

四、养母摩诃波阇波提的出家

摩诃波阇波提又名憍云弥、大爱道,有好几个名字。她是摩耶的妹妹。摩耶死后,她成了释迦的养母。她是第一个出家为尼的人。据说,是佛的弟子阿难将其引入沙门的。释迦涅槃后,当弟子们聚集到一块编纂佛典时,阿难因为这件事,还受到过迦叶的责备。

《今昔物语集》卷一第十九"佛夷母憍云弥出家事"中记载,憍云弥曾经向释迦请求出家,但未获准许。阿难这才从中斡旋。释迦不准许她出家的理由是:

"……因为如果女人出家修梵行的话，佛法就无法久存于世了。打个比方，每个家族都多少会有男子，男子被看做是家族繁荣的标志。如果让这些男子去修行佛法，那么世间的佛法就能绵延久长。而如果准许女人出家，女人就再也不能生育男子了，所以女人出家是不行的。"

一般认为，生育的男孩越多，会使家族更加繁荣。让男子修行佛法，佛法能一代一代长久地传下去。但是如果准许女人出家的话，女人出家后不能再生育男子，这样男子就会越来越少。要想让佛法一直传下去，就必须要有男子。这是一种男系优越论。

佛曰："侨云弥，其心多善。又与我有恩。如今我已成佛，我又与她有恩。而她却偏要崇倚佛德，欲归依三宝，信仰四谛，修持五戒。然女人如入沙门，则应学习八敬之法。譬如，如欲防水灾，则必应先强筑堤而勿使漏也。如能依靠法度，则必能使之精进。"

女人出家之事，自此而始。

可是，释迦是为了报答养母养育之恩，才准许她出家的。这就带来了转法轮与骨肉亲情之间的矛盾。这是尼姑的起源传说。

《今昔物语集》卷四第一"阿难入法堂语"记载，释迦涅槃后，当弟子们聚到一块编纂佛典时，阿难受到上座部迦叶的讯问。迦叶谴责阿难让侨云弥出家，说："你这样做，让正法五百年过得更快了，你可知这是多大的错！"阿难则反驳道："佛在世也罢，灭后也罢，一定会有四部之众：比丘、比丘尼、优婆塞、优婆夷"。所以，女人出家是早晚的事。

迦叶就摩耶从忉利天伸过手来，触碰释迦的脚一事又讯问道："让女人的手触碰释迦的御身，这是多大的错！"对此，阿难反驳说：

"是为了让末世的众生了知佛祖慈悲深厚之事。这就是知恩报德啊。"

将这一切归结于亲子的爱，这与刚才提到的对侨云弥出家的准许，是一样的逻辑。

五、释迦的前世传说与孝养

在"佛传文学"中,有一系列关于释迦前世的故事,也即"本生谭（《本生经》)"。这是有关释迦出生以前的前世传说,是作为各式各样的动物和人存在时的各种逸闻趣事。讲完故事之后,最后的主人公都是后来的释迦,而他的敌对者则是后来的提婆达多等,都是一些主题鲜明的故事。这些故事都是以印度流传的民间故事为原型,在故事的结尾加上释迦的名字,以这种形式编成的。佛教把一些民间故事吸收进来,编成了佛教故事。如今,这些故事在印度和东南亚各国流传甚广。而在东亚各国,主要是通过汉译佛典而流传的。月藏玉兔类的传说,基本上已是家喻户晓了。这些故事的主题,多以歌颂牺牲自己、拯救他人的慈悲见多。其中也有很多释迦出家前作为王子拯救父王、母后的话题。尤其是还有一些诸如奉献自己身体(如眼、肉)以救济他人,具有自我牺牲精神这样的固定范式的故事。关于须阐提太子、忍辱太子的一些传说,金英顺的一些文章已有详论①。正如她所指出的,可以看出,孝养是这些故事的主题,肉体的牺牲被看作是菩萨之行,是之所以成为释迦的前提。这与日本以"苦神"的形象为人熟知的本地物颇为相似。

六、关于彰考馆本《释迦物语》

接下来,我们探讨彰考馆本《释迦物语》。彰考馆本《释迦物语》作为"佛传文学"的一分子,通常被看作是日本中世代表作《释迦的本地》

---

① 金英顺「東アジアの孝子説話にみる自己犠牲の孝—須闍提太子譚を中心に—」(立教大学大学院.『日本文学論叢』七号.2007 年)、「東アジアの孝子説話にみる自己犠牲の〈孝〉—忍辱太子譚を中心に—」(『仏教文学』三二号.仏教文学会.2008 年)「東アジアの仏伝にみる兄弟対立と孝—善友太子譚を中心に—」(立教大学大学院.『日本文学論叢』八号.2008 年)、「東アジア孝子説話にみる継子の眼抜きと盲目開眼—クナラ太子譚を中心に—」(小峯和明編『漢文文化圏の説話世界』.竹林舎.2010 年)。

的异本。[①] 该本是日莲宗的日笺于庆长十六年(1611)所写,跋云"庆长拾六辛亥年正月十八日志之 笔者寿仙院日笺"(《室町时代物语集》收录)。最早关注该书的是本田义宪。最近发行的本田的遗稿集中也收录了这一文献。《释迦物语》是以《法华经》为依据,以孝养为主题的卓作。就其系统而言,相当于《释迦的本地》,但又很不一样。

> 人有三大重恩。一曰主公之恩,二曰师父之恩,三曰父母之恩。

> 故而知恩而图报者,上天眷之,天赐福祉。

云云。举出了重华(舜王)、郭巨等《孝子传》中的人物。

又云:

> 何况释迦如来者,是我等众生生生世世慈悲深切之至亲,乃真正之主君。

这种说法来自于《法华经》第二卷:

> 一切众生皆是吾子。(略)

又《法华经》第六卷云:

> 我为世间父,救万千苦患。

以《法华经》为依据,把释迦比作父亲。这与本文开头提到的弁晓草中释迦为父、阿弥陀为母的说法是一样的。

> 敢为父母弃身舍命者,必是知恩图报之人。

也有这样的句子。据说,罗睺罗出生时,第六天魔王从中作梗,它变成医生让他母亲喝下毒药,致使分娩推迟了六年。耶伦陀罗的贞操遭到了质疑。她为了证明自己的清白,与罗睺罗一起纵身跳入火海。孰料火海竟瞬间变为水池,池中竟然还长出了青莲。正如赵畊所说的,这个故事也是敦煌变文中的话题。

---

① 本田義憲:『今昔物語集仏伝の研究』.勉誠出版.2016 年。

该书格外强调了释迦对母亲的爱，"寻访母亲的后世"的表达多处可见。

> 释迦把孝敬父母作为三界第一。将佛奉名为释尊，是从释迦对父母的孝敬由来的。这里，释尊之所以决心尽孝，是为了帮助摩耶夫人。

> 我怎么可能不让母亲读《法华经》呢？当然不会。只是目前还为时尚早，因此，暂且由我来讲给母亲听吧。

> 可是后来，释迦佛丢掉了《摩耶报恩经》，转而为了养母而讲说《法华经》，修行成佛。这部分内容在《法华经》第三卷中。因此，《法华经》是报答父母之恩德、以孝道为第一的经文。

释迦把孝敬父母作为三界第一，《法华经》也把孝道放在首位。这多像日莲宗的教说。日莲宗在讲经说法时，也时常提到这一段吧。甚至有这样的说法："释迦如来报摩耶夫人，其仪尤厚。报净饭，其志不深"。从安居院的澄宪开始，就一直在强调母亲的恩，这两者是一致的。

结　语

以上，我们从一个方面论证了"佛传文学"是如何理解孝养、如何描述孝养的。孝养的问题，可以归结为亲子和夫妇这种骨肉亲情的爱。从某种意义上说，释迦的家族故事，像"圣家族"一样，成了一个榜样。女人出家，可能会引发男子的灭绝，继而影响佛法的流传，所以曾一度被拒绝。但是出于对养母的爱，又无法拒绝，释迦的这种自我矛盾，使得这种逻辑变为可能：即与现世相比，来世的救济，才是真正的孝养。而弁晓的唱导，接受了这种观念，之所以强调母亲的爱，正是这种逻辑在起着支撑。在作为救济对象的女人的问题上，释迦在弘扬佛法，还是孝敬父母之间犹豫不决的那种苦恼凸显了出来。所谓的孝养，就是家人的爱，释迦生与死的故事，同时也正是释迦的骨肉至亲的生与死的故事。

（李　健　译）

从《三教指归》及《三教指归注集》
看《孝经》的受容

河野贵美子

前　　言

《孝经》传到日本以后，便与《论语》一同被选为《养老令》学令中的必修课本。至此之后，《孝经》在古代日本的教育、伦理观的形成等方面影响力之大自不必言说。但是，其中的"孝"字包含的复杂多样的意义、思想，在日本是怎样被学习，消化的呢？"孝"是在怎样理解的基础上，怎样被实践的呢？"孝"字到了现代，依然没有固定的训读，也就是说，没有确切的"日语翻译"，一直是作为"孝＝ko"的音读传承下来，这可以说是象征着在日本的文化、环境中，理解"孝"是多么困难。退一步说，正确地说明这个在中国产生的"孝"的概念都很不易。在此之上，解说"孝"在日本受容的实际情况就更加艰难了。

尽管如此，正因为"孝"是深深扎根于中国传统、社会的思想，所以了解其在日本的接受情况，是对于考察有关中国文化在日本的受容、古代东亚文化等方面不可或缺的重要且有效的视点之一。因此，拙稿尝试以空海的《三教指归》和它的注释书——成安撰写的《三教指归注集》——作为具体例子，尝试考察古代日本的僧人话语中《孝经》和"孝"的受容。选择考察这两本书的原因，首先其一，《三教指归》的一大主题，即志在佛道之人，对于周围对其不忠、不孝至极的批判声音是怎样进行反驳的，这一点在之后也会有论述。其二，《三教指归注集》在解读

《三教指归》的基础上经常会引用《孝经》，所以笔者认为，通过这些应该能够了解平安时代僧人对于《孝经》的受容，或者说对于"孝"的理解的具体情况。

古代日本文化、教养的基础，其最大的特征可以说是将由中国传来的以儒教典籍为首的各种汉籍和佛教书籍，也就是将所谓的外部典籍和内部典籍作为双轮，在对于儒教和佛教双方理解及知识的积累下逐渐形成的。在拙稿中，为了发现在平行摄取吸收儒教和佛教的知识中培育而成的日本话语世界的实际情况和特征，选取了空海的著作和其注释书，考察其中所展示出与"孝"有关的讨论。

一、奈良、平安时期《孝经》的受容概观

首先一开始，需要确认奈良、平安时期《孝经》在日本的受容概况。

《养老令》学令将《孝经》和《论语》作为大学必修的课本，并且规定《孝经》要使用郑玄注本和孔安国注本两种。

> 凡经，《周易》《尚书》《周礼》《仪礼》《礼记》《毛诗》《春秋左氏传》，各为一经。《孝经》《论语》，学者兼习之。

> 凡教授正业，《周易》郑玄、王弼注，《尚书》孔安国、郑玄注，三礼，《毛诗》郑玄注，《左传》服虔、杜预注，《孝经》孔安国、郑玄注，《论语》郑玄、何晏注。

（《养老令》学令）①

并且，天平宝字元年(757)四月，《养老令》开始实施，孝谦天皇颁布敕令，命"使普天之下各家各户均藏孝经"②，从此可以见得八世纪的日

---

① 引用根据井上光贞、关晃、土田直镇、青木和夫校注的日本思想大系《律令》，岩波书店，1976年。并且，《孝经》在古代日本的受容相关内容参照了林秀一《孝经学论集》（明治书院，1976年）、栗原圭介，新释汉文大系《孝经》（明治书院，1991年）、加地伸行《孝经〈全译注〉》（讲谈社学术文库，2007年）。
② 《续日本纪》卷二十·天平宝字元年四月辛巳条中有"宜令天下家藏孝经一本……"。参照青木和夫他校注，新日本古典文学大系《续日本纪》三，岩波书店，1992年。

本对于《孝经》的重视。

　　终于，玄宗的《御注孝经》(开元十年（722)完成）传入后，贞观二年（860）年颁发了今后将《御注孝经》作为教科书的诏令。

　　　　制。……今案，大唐玄宗开元十年，撰《御注孝经》，作新疏三
　　卷。……郑孔二注，即谓非真。<u>御注一本，理当遵行。宜自今以
　　后，立于学官，教授此经，以充试业。</u>……～～去圣久远。学不厌博。
　　～～若犹敦孔注，有必讲诵，兼听试用，莫令失望。

　　　　　　　　　　　（《日本三代实录》卷四·贞观二年十月十六日条）①

　　然而这个诏令虽说"郑（玄）、孔（安国）二人之注，可以说并不是真理。只有皇上亲自注解的这一本，才理应遵行。从今以后请立为官学，教授此版《孝经》，用于补充考试"（下划线部分），规定了学校的教授课本今后采用《御注孝经》，"但如今距离圣人的时代业已久远。学习不怕广博。如果重视孔注，有一定要讲读的东西的话，就兼以试用讲解。莫要使之失其名望。"（波浪线部分），对于孔安国注本的学习仍然被认可。实际上，在此之后人们仍乐意学孔安国注的《古文孝经》《古文孝经》孔氏传），结果，在日本古抄本《古文孝经》多数流传保存下来，作为所谓的佚存书成为重要的文献遗产，这是众所周知的事情。并且，在现今留存的平安时期撰述的注释书、字典类书等著作中，《孝经》专门用的是有孔安国注释的《古文孝经》，可以说是《孝经》在日本受容的重要特征②。比如，源为宪编纂的《世俗谚文》（宽弘四年[1007]序）中，收录了融入日

---

①　引用根据新订增补国史大系《日本三代实录》，吉川弘文馆，1966年。

②　而且，作为平安时期的文献中可以见到的《孝经》郑玄注的佚文，具平亲王撰《弘决外典钞》（正历2年[991]完成）中引用的唐代湛然《止观辅行传弘决》中仅能见到一处来自《孝经》郑玄注的引用（《弘决外典钞》卷四中有"《孝经》云，食廪曰禄"的部分（宝永六年[1709]）版本。引用来自《止观辅行传弘决》卷七之四（参照大正藏第四十六卷388页b～c)，与此相同的记载在《令集解》中也可以见到（卷一·官位令中《孝经》能保其禄位。郑玄曰：食廪曰禄，居官曰位也"部分)，中日之间仅共有《孝经》郑玄注的一条相同信息，因此可以推测，唐代以后的环境是人们变得不再阅读完整的郑玄注文本。顺带提及，新美宽编，铃木隆一补《本邦残存典籍による辑佚资料集成》（京都大学人文科学研究所，1968年）中，除此之外仅有来自《慧琳音义》的两条佚文作为"孝经郑氏注"加以记载。

语环境程度已经达到被当作日本"谚语"使用程度的、源自汉籍和佛典的"谚语"。其中,作为出典引用的《孝经》文本是《古文孝经》,这是早就被注意到地方。①

在平安后期完成的著作中,还是成安撰《三教指归注集》中来自《古文孝经》的引用丰富,于是下文中,笔者以成安撰《三教指归注集》为焦点,结合考察其注释对象《三教指归》,对于《孝经》在古代日本的受容进行具体的分析、讨论。

二、关于《三教指归》及《三教指归注集》

空海(774—835)撰写的《三教指归》三卷的梗概如下。上卷中,以兔角公的宅邸为舞台,首先,儒者龟毛老师对于兔角公的外甥蛭牙公子糜烂的生活、不良的行为进行教诲训诫,认为其应该改变生活重新做人;中卷中,虚亡隐士登场,从道教的立场展开论点;下卷中假名乞儿登场解说佛教。

《三教指归》这部作品中,主张儒教、道教、佛教各自立场的架空人物登场,最终揭示了佛教的优势地位。这可以反映出以空海为代表的当代知识分子对于三教的理解及其思想,其中,开头序言中,有人责难称想要进入佛道的"余(空海)"违背了"忠孝",并且下卷中,也出现了某人对僧人假名乞儿强硬地提出了"忠孝"的问题,并穿插围绕对于"忠孝"到底是什么的问题进行的讨论的场景。

也就是说,贯穿《三教指归》的中心主题之一是对于选择佛教之道、作为出家人生活是违反"忠"与"孝"的这种批判,要怎样回答的问题。有关《三教指归》中反复出现的关于"忠""孝"的讨论,其注释书《三教指

---

① 《世俗谚文》中明确记录《古文孝经》的书名并引用其原文作为谚语典据的地方合计有四条(参照 50"身体发肤禀于父母"、52"父虽不父子不可以不子"、73"大取则大得福"、171"在上不骄"。观智院本《世俗谚文》(古典保存会影印,1931 年 1 月)。并且数字是《世俗谚文》所记载的谚语连续序号。参照山根对助·リラの会"观智院本《世俗谚文》本文(第二版)と出典"《リラ》八,1980 年 10 月),滨田宽《世俗谚文全注释》(新典社,2015 年 10月)。

归注集》运用《孝经》和孔安国注本进行注释,为理解文本提供了路径。

《三教指归注集》由成安撰写。根据宽治二年(1088)的序言来看,是现存最早的《三教指归》的注释书。序言中提到了这本注释书的成书经过,是为回应"一禅僧"的请求所写的。佐藤义宽氏推断此处的"一禅僧"指的是济暹(1025—1115。空海《遍照发挥性灵集》的《补阙抄》三卷的编者)①。笔者对于撰写者成安相关的详情并不了解,但《三教指归注集》注释中引用的各种文献,作为反映十一世纪当时日本存在的、在僧人间使用的典籍情况的资料,有着重要意义。与"孝"有关的典籍,可以看到出自《古文孝经》《孝经谶》《孝经述义》《孝经传》的引用,在本文中笔者想要指出的是《三教指归注集》的注释中大量引用《古文孝经》的情况。

例如,《三教指归注集》中有乍看之下不见得必须通过《古文孝经》进行说明的语句、表现,也用《古文孝经》、孔安国注进行解释之处。这可以看作是撰述《三教指归注集》时的学术环境重视孔安国注释的《古文孝经》的结果。但是同时,难道不是也意味着《三教指归注集》的指摘中,在构成此处的语句、表现时、实际上空海本身的头脑中也有《古文孝经》的意识吗?

《三教指归注集》中《古文孝经》和孔安国注的引用,一方面作为具体实例,显示了《古文孝经》和"孝"的思想对以空海为首的、平安时期日本佛教界以及学术界的波及影响之大,可以说是值得注意的资料。并且另一方面,《三教指归注集》的注释中也存在着没有引用、使用《古文孝经》的章节段落。在下文中,笔者将上述内容也纳入研究,对《孝经》在古代日本的受容进行相关考察。

三、《三教指归注集》的注解中《古文孝经》的引用

为了理解《三教指归》的文本,成安的《三教指归注集》采用《古文孝

---

① 参照佐藤义宽《大谷大学图书馆藏〈三教指归注集〉の研究》解说,大谷大学,1992 年 10 月。

经》和孔安国注进行注释,共计 18 处①。

在此之中,首先来看《三教指归注集》将《古文孝经》作为重要依据进行注释的例子。

1. 依据孔安国注《古文孝经》的"孝"的解释

断我以乖忠孝:

注云:

a《玉篇》云,断,正也。

b《老子述义》云,圣人所以教人云云。述曰:忠施于君,孝施于亲,盖为诸行之首。

c《孝经》云,忠者臣下之高行也。孝子妇之高行也。

d《论语》云,臣事君以忠也。

e《国语》云,煞身赎国,忠也。安君不念己曰忠也。

f《诗》云,夙夜匪懈已(以)事一人也。

g1《论语》云,孟武伯问孝。子曰,父母唯其疾之忧。

g2 注云,言孝子不妄为非。唯疾病后使父母忧耳。

h1《诗》云,夙兴夜寐亡忝尔所生。

h2 注云,日月流迈。岁我与。当早起夜寐进德修业。无忝辱其父母之。扬名,显父母,保位,守祭祀,非以孝莫由至焉也。

(《三教指归注集》卷上本 13ウ~14ウ)②

这是《三教指归》的序言中,"断我以乖忠孝"的部分,也就是说对于想进入佛道的"我",有责难之人断定"我"背离了"忠孝",注释针对的即为此部分记载。注释中,a 是《玉篇》、b 是《老子述义》的佚文③,d 出自

---

① 来自《古文孝经》的引用可以在以下几处看到:对于序言的注释中有 3 处,上卷中对于龟毛老师的论说的注释中有 3 处,中卷中对于虚亡隐士的论说的注释中有 2 处,下卷中有 10 处(其中,假名乞儿和某个人物之间进行关于"忠孝"的议论部分的注释中有 8 处)。

② 《三教指归注集》的引用根据上述注。

③ 前述注提及的《本邦残存典籍による辑佚资料集成》是从《三教指归》觉明注将这部分记载辑佚而成的,但是《三教指归注集》的引文在此之前。

《论语·八佾》,e 出自《国语·晋语》,g 出自《论语·为政》①。

成安在此处运用了多种典籍信息对"忠孝"进行解释,但笔者现在首先想要注意的是,c 中提及的"《孝经》云",实际上如下文所列,是引用了《古文孝经》的孔安国注。

> 故以孝事君则忠。
>
> 【孔传】孝者子妇之高行也。忠者臣下之高行也。
>
> (《古文孝经·士章》)②

这可以说是显示了不仅仅是《孝经》的经文,孔安国对其的注释也作为解说"(忠)孝"的言论在日本广为人知。

另外,值得注意的是 f 和 h 的"《诗》"的引用。f 是《毛诗·大雅·烝民》、f 是《毛诗·小雅·小宛》的诗句,但实际上,h2 的部分并不是《毛诗》的注释,而是引用该诗句的《古文孝经·士章》中附加的孔安国的注释。并且 f 诗句引自《古文孝经·士章》正前面的《卿大夫章》末尾处,由此可以判断,f 和 h 引用的"《诗》"都是从《古文孝经》中转引过来的③。成安在对"忠孝"之词注释的时候,将《古文孝经》和其孔安国注作为主要参考文献在此加以采用。

顺带提及,《本朝文粹》卷九所收录的大江澄明的诗序("仲春释奠听讲古文孝经同赋夙夜匪懈")是平安时期在日本举行的释奠中讲授《古文孝经》之时,以 f"夙夜匪懈"诗句为题进行赋诗时所作之物。这

---

① 在何晏的《论语集解》中该部分写作:"……父母忧",缺少了"耳"字。但是阮元的《论语注疏校勘记》写作:"皇本作唯疾病病后使父母之忧耳"。《三教指归注集》在此处引用的《论语》注中,有可能是引用了"皇本"也就是皇侃的《论语义疏》,这大概也可以反映出平安时期(重视《论语义疏》)汉籍受容的倾向。

② 《古文孝经》的引用根据京都大学附属图书馆清家文库藏《古文孝经》(参照 1－66/コ/15 貴。京都大学电子图书馆贵重资料画像),训读、校异等参照阿部隆一"古文孝经旧钞本の研究(资料篇)"(《斯道文库论集》六,1968 年 3 月)。

③ 也参照了前述佐藤义宽书所载的"《三教指归成安注》出典调查以及引用书索引"。并且,《三教指归注集》中引用的"诗",实际上并不是从《毛诗》直接引用,而是从《古文孝经》中连同孔安国的注释一起转引的,像这样的例子在《三教指归注集》卷下的"所以不毁遗体,见危授命,举名显先,废一不可"部分的注释中也可以确认。

也反映了"夙夜匪懈"作为与《古文孝经》相关的重要诗句为平安时期人们所认识。

而且,《三教指归注集》中引用《古文孝经》的地方,能够在多处确认到原封不动地继承了原先《古文孝经》抄本中随处可见的"隶古字"的字体。比如,上文注释中 f 的部分的"吕"字("以"的隶古字)等①。日本传存的《古文孝经》抄本中,虽然也有把这些古字改成今字字体的地方②,但在引用包含有特点的古字的古抄本《古文孝经》时,在《三教指归注集》这样的注释书中,也保留了古字的字体,可以见得想要将其加以传承的姿态,这也是需要留意的地方。

2. 将《古文孝经》的多数章节段落汇总编辑的注释

接下来,来看《三教指归注集》将《古文孝经》多数章节段落进行汇总编辑后形成注释的地方。

> 宜蛭牙公子早改愚执专习余诲,苟如此则事亲之孝穷矣,事君之忠备矣,接友之美普也,荣后之庆满也。立身之本,扬名之要,盖如斯欤:
>
> 注云,
>
> a《孝经》云,安亲扬名者,孝子之行也。
>
> b1 夫孝始于事亲,中于事君,终于立身。
>
> b2 言孝行之非一也。
>
> c1 君子事亲孝,故忠,可移于君。
>
> c2 注云,能孝于亲则必忠于君矣。求忠臣必于孝子之门。
>
> d 昔虞舜生于畎亩,父顽母嚣弟又很傲。用能理率行孝道。烝烝不殆天下推万姓咏之。弥历千载而声闻不亡。可谓扬名后世以显父也。

---

① 其他的,"始""终""之""德""虔"等字,《三教指归注集》也是原封不动地引用《古文孝经》抄本中的隶古字字体。
② 清家文库藏《古文孝经》抄本、仁治本《古文孝经》等。另一方面,可以在三千院藏本《古文孝经》(古典保存会影印,1930 年 6 月)等书中确认到隶古体字体。参照林秀一"仁治本古文孝经解说"(1941 年初出,之后前述注中林秀一书中收录)。

e1 立身行道,扬名于后世,以显父母,孝之终也。

e2 注云,立身者,立身于孝也。速修进德,志迈清风。游于六艺之场,蹈于无过之地。干干日竟,夙夜匪懈,行其孝道。声誉宣闻,父母尊显于当时,子孙光荣于无穷。此则孝之终竟也。

f1 子曰,资于事父以事母,其爱同。资于事父以事君,其敬同。故母取其爱而君取其敬。兼之者父也。

f2 注云,母至亲而不尊。君至尊而不亲。唯父兼尊亲之义焉。夫至亲者则敬不至。尊尊者则爱不至。人之常情也。

(《三教指归注集》卷上末 40ウ～41ウ)

这是对龟毛老师对蛭牙公子说教的最后部分的注解,只要通过训诫改正愚笨,就能掌握"事亲之孝""事君之忠""接友之美""荣后之庆",这也许就是"立身之本""扬名之要"。

顺带提及,"事亲之孝""事君之忠"之后,"接友之美""荣后之庆"的说法在古代中国的文献中找不出相似的例子,从此可以见得,这也许是空海自创的独特的对句表现。

那么,上文引用部分中,a 来自《古文孝经·谏诤章》的孔安国注,b1 来自《古文孝经·开宗明义章》、b2 是其孔安国注,c1 来自《古文孝经·广扬名章》、c2 是其孔安国注,e1 来自《古文孝经·开宗明义章》、e2 是其孔安国注,f1 来自《古文孝经·士人章》、f2 是其孔安国注的引用。除 d 的舜的故事之外的部分,注释是由《古文孝经》和孔安国注的多数章节段落汇总再编而成。

《三教指归注集》的注释中,像这样将原先的《古文孝经》和其注释汇总再编辑的地方不止一例①。再来看另外一例。

今子有亲有君,何为不养不仕,徒沦乞丐中,空杂逃役辈,辱行忝先人,陋名遗后叶。

注云,

---

① 《三教指归注集》卷下"占筮之年,移孝尽命,犯颜谏争",和"荣及后裔,誉流来叶,如是为忠为孝"的注释等也是同样的例子。

a《玉篇》云,丐,古赖反。

b《说文》云,丐,乞也。

c《苍颉》篇云,匃,行请也。求也。或作丐也。

d1《孝经》云,修身慎行,恐辱先也。

d2 注云,说所以事父母孝之道也。[Ⅰ]/修行扬名,以显明祖孝。皆孝敬之事也。[Ⅱ]/恐辱其先祖之故也。[Ⅲ]

(《三教指归注集》卷下 12才)

上文是对某人对于假名乞儿责难部分的注释:"不赡养双亲,不服侍君主,无所事事地在乞讨中消瘦身形,是有愧于先人的行为,留污名于后世。"

在此,成安 d1 部分引用的是《古文孝经·感应章》,d2 是其孔安国注,[Ⅰ]~[Ⅲ]都是将原先孔安国注部分地省略并摘选合并而成。

而且,在原本的孔安国注中,[Ⅰ]和[Ⅱ]之间有句"立庙设主以象其生存。洁斋敬祈以追孝继思",[Ⅱ]和[Ⅲ]之间有句"所以不敢不勉为之者"。并且紧接 d1 的部分之后的经文中有"宗庙致敬鬼神着矣。孝悌之至通于神明",《三教指归注集》将与"宗庙祭祀"相关的《孝经》原文舍弃,不触及此①。

成安这种并不将《孝经》的记述全部原封不动地加入引用的态度,可以推测观察出是起因于中日文化背景的差异,在古代中国非常受重视的、《孝经》的思想中出现的宗庙、宗庙祭祀相关的东西,在日本并没有将其原封不动地理解、受容。一方面重视《孝经》、很好地学习、运用,另一方面关于摄取的内容实行细致的取舍选择,这种情况非常有趣。

3. 对于《礼记》相关的语句表现引用《古文孝经》注解

接下来,来看《三教指归注集》在对《三教指归》原文中《礼记》相关的语句进行注解时,引用《古文孝经》和孔安国注的地方。这也显示了《三教指归注集》将孔安国注《古文孝经》作为重要依据。

---

① 前述加地伸行书(第二部四)写道,《孝经》整体是把"生死观有关的孝的宗教性"以及"社会、历史、文化、政治等相关联的礼教性(道德性)"置于根本位置。

故亲族不豫莫迎医尝药之诚,则贤士哲夫侧目流汗

注云,

a1《礼记》云,君有疾饮药,臣先尝之。亲有病饮药,子先尝。

a2 注云,尝度其所堪也。

b1《孝经》云,父母有病则致其忧。

b2 注云,忧心惨悴,卜祷尝药。食从病者也。

c 贤,能也,哲也。

(《三教指归注集》卷上末 7 オ～ウ)

如上文所述,龟毛老师对于蛭牙公子从儒家的立场讲述了"亲人中如果有病人,必须要有诚心请医生并对药尝毒,不这样的话,侧目而视贤者哲人时大概会觉得羞耻"。《三教指归注集》在注释中引用的,a1是《礼记·曲礼下》,a2 是其注释。

《三教指归》在此之前,一边引用《礼记·曲礼上》,一边记述父母生病时应该谨慎生活的龟毛老师的主张:"记云、'父母有疾,冠者不栉,行起不翔,琴瑟不御。酒不至变,笑不至矧'。此乃思亲切骨,不敢容装。又云、'隣有丧,舂不相。里有殡,街不歌'。是复与人共忧,不别亲疏。其于疏远,如此。于昵近如彼"[①]。龟毛老师的主张一边引用《礼记》,一边在此内容基础上展开,在对其注释之时,可以说仅仅 a1、a2 引用《礼记》就能充分解释。但是,《三教指归注集》还接着引用了《古文孝经》。

b1、b2 的引用来自《古文孝经·纪孝行章》和孔安国注。《纪孝行章》的经文中,"疾则致其忧。丧则致其哀。祭则致其严",孔安国对其注为:"父母有疾,忧心惨悴,卜祷尝药。食从病者。"《三教指归注集》的作者正因为熟知《古文孝经》孔安国注中也有在父母生病时进行"尝药"的记述,所以可以推测作者认为应该在《礼记》的基础上,将《古文孝经》中与此相关的记述结合起来理解,于是在注解中加以引用。这也和之

---

① 《三教指归》的引用根据密教文化研究所弘法大师著作研究会编《定本弘法大师全集》第七卷,密教文化研究所,1992 年 6 月。

前举出的例子相同,注释反映了《古文孝经》孔安国注在当时被广泛学习、渗透于社会的情况。

再举一例。

> 蓬矢苇戟、神符咒禁之族,以防外难
>
> 注云,
>
> a《孝经》云,礼男初生则使人执桑弧蓬矢射天地四方。
>
> b《抱朴子》云,山中见大蛇著冠帻者,名升卿。呼之吉。山中见吏,若但闻声不见形呼人不止者,以白石掷之则息矣。一法以白苇为矛,以刺之即吉。

(《三教指归注集》卷中 19ウ)

《三教指归》卷中的虚亡隐士的论断,认为"蓬矢""苇戟""神符""咒禁"可以防止从外而来的危难,以上即为对于这部分的注释。a 中引用的是孔安国的注释,是对于之前提及过的、《三教指归注集》的引用中出现的《古文孝经·开宗明义章》的经文:"夫孝始于事亲,中于事君,终于立身"。

正如孔安国注中提及了"礼",小孩一生一下就用桑木做的弓和艾草做的箭射天地四方的内容,可以在《礼记》内则中见到:"子生,男子设弧于门左、女子设帨于门右。三日始负子。男射女否。国君世子生、告于君。接以大牢、宰掌具。三日卜士负之。吉者宿齐朝服,寝门外诗负之。射人以桑弧蓬矢六,射天地四方"①。但是,《三教指归注集》并不是从《礼记》引用,而是"转引"了孔安国注。

《三教指归注集》的这种注解,可以看出有"偏重"《古文孝经》。但是,考虑到《孝经》的内容原本就与"礼制"关系密切,《三教指归注集》这种将与"礼"有关的内容用《孝经》来解释的方法,也许可以说正是对《孝经》熟知并深刻理解才能做到的。并且,如下文所述,《三教指归注集》的指摘中启发我们,在形成《三教指归》的语句、表现时,空海自身的脑

---

① 《礼记》的引用根据服部宇之吉评点,汉文大系《礼记》,富山房,1976 年 7 月增补版。

海里大概也浮现着《古文孝经》和孔安国注。

4.《三教指归》的语句、表现和孔安国注《古文孝经》

> 入议万机，誉溢四海
>
> 注云，
>
> a《孝经》云，帝王之事，一日万机。机机有阙，天子受祸。故立谏争之官以匡己过。
>
> b《书》注云，万机，□□也。当戒惧万事之微也。……

（《三教指归注集》卷上末 31ウ—32才）

这是龟毛老师对蛭牙公子说教，将"孝"换成"忠"，应该在朝廷中谏言"万机"（天子的政务），名声传遍天下地生活。上文即为这部分的注释。

a 是孔安国对于《古文孝经·谏诤章》的经文"昔者天子有争臣七人，虽无道弗失天下"的注释。

"万机"正如在 b 中引用，《尚书·虞书·皋陶谟》中也可以看到此词①。但是，a 处引用的《古文孝经·谏诤章》孔安国注是解说了臣下向帝王的"万机"谏言的重要性。作为龟毛老师对蛭牙公子的训诫，劝说其商议（谏言）"万机"，空海之所以选择"议万机"这样的语句、表现，可以想见其原因在于《古文孝经》孔安国注中提及的谏言"万机"的臣下的说法存在于空海头脑里。而且，《三教指归注集》的注解引用了《古文孝经》孔安国注，再次暗示了空海在此处表现中包含的意图。

再来看一例。

> 乞儿怃然问曰，何谓忠孝乎。答曰，在闺之日怡面候颜，先心竭力，出入告面，夏冬温清，定省色养，谓之为孝。
>
> 注云，
>
> a《孝经》云，君子修孝于闺门而事君事长，以治官之义备存焉。
>
> b《典言》云，必须克尽恭顺，原始要终，事亲为本。事亲之道，

---

① b 是根据《尚书·虞书·皋陶谟》"兢兢业业—日二日万几"的注释"几微也。言当戒惧万事之微"的注解。

色养为先。

又云,心极和柔,候旨承颜。怡声下气。冬温夏清,寒暑不失其宜。昏定晨省,朝暮不离其侧。

c1《礼记》云,凡为人子之礼,冬温而夏清,昏定而晨省。

c2 注云,定安其床衽也。省问其安否如何也。夏则扇清父母之席。

(《三教指归注集》卷下 13 才〜ウ)

上文是对于假名乞儿的"什么叫做忠孝呢"的问题,某人回答"在闺之日怡面候颜……"的场景。

a 中是孔安国对于《古文孝经·闺门章》的经文"子曰,闺门之内,具礼矣乎"的注释。《闺门章》是《今文孝经》中没有《古文孝经》独自的章节,并且在今文中也无法确认到"闺"字的用例。空海在《三教指归》中解说"孝"的理想状况时,运用包含"闺"字的语句、表现进行写作,应该依然也是因为其基础是(讲述"闺门"中的"孝""忠"的)《古文孝经》孔安国注。《三教指归注集》的注解在此处引用了《古文孝经·闺门章》,可以见得是明确指出了空海的这种"写作情况"。

结　语

以上就是拙文的考察内容,《三教指归》的话语以"孝"为何物的课题作为一个轴心展开,对此,本文确认了平安末期的僧人成安所作的注释书《三教指归注集》多处运用了古代日本盛行的孔安国注《古文孝经》进行解释,同时,考察了在构成注释时细微的编辑、注释的取舍选择等情况。并且,指出了根据《三教指归注集》的注释,有的部分可以推测出空海自身在写作《三教指归》的文章时,也参照了《古文孝经》和孔安国注。

最后,再来看一例《三教指归注集》引用《古文孝经》之处。

滥竽奸行

注云,

119

a《典言》云，伎非协律。滥执齐君之竽。注文前吹竽也。世人滥吹之言即此意也。

b《孝经》注云，奸人在朝，贤者不进。[Ⅱ]/见可谏而不谏之，谓之尸位。可退不退之，谓之怀宠。怀宠尸位者，国之奸人也。[Ⅰ]

c奸，加蛮反。伪。

（《三教指归注集》卷下 $\frac{2}{7}$ ウ～ $\frac{2}{8}$ オ）

《三教指归注集》对于《三教指归》中的语句"奸行"，在 b 中引用了《古文孝经·谏诤章》孔安国注（孔安国对于"臣不可以不争于君"的注释）。而且，[Ⅱ][Ⅰ]是成安将原先孔安国注中顺序相反的部分前后颠倒后的引用。

"奸行"是"邪恶的行为"。在此处讲述了假名乞儿的心理，即被追问关于"忠孝"时，假名乞儿在吟咏的"颂"中，表达了担心陷入没有才能的人却妄自追求职位的这种邪恶的行为。"奸行"这个词的古代用例，例如《汉语大词典》就举出了《韩非子·孤愤》等示例。因此，空海采用"奸行"的表达不能特别确定说一定就是来自《古文孝经》，另外，注释"奸行"时也不一定要用到《孝经》，那么为何《三教指归注集》执着于《古文孝经》孔安国注，并在此引用呢？

实际上，《古文孝经》孔安国注的"奸人在朝，贤者不进"一节，在从平安末期至镰仓初期成立的金言集（《玉函秘抄》（藤原良经[1169—1206]撰写），《明文抄》帝道部上、下（藤原孝范[1158—1233]撰写），《管蠡抄》（菅原为长[1158—1246]撰写））中反复被收录，可以得知其作为这个时期日本的"金言"，在文人、知识分子之间广泛使用①。因此，成

_____

① 参照山内洋一郎编著《本邦类书　玉函秘抄·明文抄·管蠡抄の研究》，汲古书院，2012年5月。并且《管蠡抄》中将"奸人"写作"奸臣"。
　　附记：本稿在"东亚的孝文化"国际研讨会（2013年11月3日，中国·清华大学）中口头发表（"平安期の著作にみる《孝经》の受容——成安撰《三教指归注集》を中心として"）的基础上，加以补充修正而成。本稿的日语版刊载于2015年6月《东アジア比较文化研究》十四号（东アジア比较文化国际会议日本支部）。

安在注释"奸行"一词时,引用了同样含有"奸"字的"奸人在朝,贤者不进"一节,从平安时期当时的语言知识来看可以说是理所当然的行为。但是同时,成安在此之后还引用了这个著名一节正前方的孔安国注释,作为"孝经注云"([Ⅰ]的部分)。成安在此处的注释,显示了在平安时期日本的语言环境中,《古文孝经》被积极学习,日语中吸收了其表达方式,同时,也可以推测出当时的僧人的手边实际上也持有《古文孝经》文本,其工作过程是一边确认原典原文一边进行注释。

以上,拙稿尝试通过空海的《三教指归》,以及成安的《三教指归注集》的注释中对孔安国注《古文孝经》引用的运用情况,考察了平安时期《孝经》在僧人的话语中的受容的一例。平安时期日本的僧人的知识、教养世界中,《孝经》和"孝"的思想产生了重大影响,《三教指归》及《三教指归注集》中编织出的话语就反映了其影响结果,拙稿尝试关注其资料的意义。

而且,与成安的《三教指归注集》时间间隔不久,文章博士藤原敦光也撰述了《三教指归》的注释书(《三教勘注抄》)。敦光的注释中也包含了一些《孝经》的引用,但可以感觉到二者的引用态度有些许差异。并且,关于最后提及的从平安末期到镰仓时期出现的金言集中收录的"金言"和《孝经》的关系等遗留课题,笔者将以更为广阔的视野展望日本古代的语言环境、学术环境,今后在别稿中继续讨论。

深草元政《扶桑隐逸传》中的
孝养思想

陆晚霞

一、引论　江户时期的"隐逸传"出版热

日本近世的江户时代,伴随着经济的稳定发展和汉文教养教育的流行,社会上一时间出现了一股崇尚中国文人式隐逸生活的风潮。比较著名的隐士有曾隐居在京都的石川丈山(1583—1672)和木下长啸子(1569—1649)。在此潮流之下,文人搜集编撰古今隐士传、书肆出版各类隐逸传也成为一时之热。最初是在万治四年(1661)由曾担任过江户幕府御用医师的野间三竹出版了《古今逸士传》,三年后的宽文四年(1664),又有林罗山的第4子林靖(号读耕斋)编写的《本朝遯史》出现(编者殁去三年后,经友人野间三竹之手出版)。紧接着问世的是深草元政的《扶桑隐逸传》。之后还有贞享三年(1686)的《近代艳隐者》《本朝续遯史》《本朝列仙传》以及正德二年(1712)的《续扶桑隐逸传》等书籍陆续刊行。针对江户时期的社会状况,曾有研究指出当时"室町时期的元素逐渐淡化,社会整体到了享保前后基本初具江户特色,思想一般以儒学和国学教养为基础。这种情况下,一部分人开始有意识地追求中国文人的生活风格。所谓文人,通常便是对这些人的称呼(室町期の要素が漸くうすれ、社会全般に江户期らしく完備した享保前後、思想の基盤も儒教の教養や国学などにおかれ、中国文人の生活に意識的に範を求める

122

人々の出現をもって、この人々を初めて文人と称するのが常識となっている）"①，出现并确立了江户时代的文人意识。无疑是这种文人意识在很大程度上促成了江户时期"隐逸传"的出版热。

由于《扶桑隐逸传》的出版年代与《古今逸士传》《本朝遯史》比较接近，三者的异同对比往往会进入研究者的视野。总体而言，作者的身份不同，以及所收传记的传主有别，是这三部作品展现出来的最突出的相异之处。《扶桑隐逸传》的作者正如下文详述是一名僧侣，而《古今逸士传》的野间三竹是幕府的医官，英年早逝的林靖又是家学渊源的儒者。就所收传记来看，《古今逸士传》主要收录了中国古代到明朝为止的隐士事迹；《本朝遯史》记录的是日本的隐者高士，包括少部分僧侣（约占三成）；而《扶桑隐逸传》则在其序文中宣称"始不论缁素，凡有逸迹者，皆收之"，实际上书中的确不问僧俗收载了从日本的奈良时代到中世室町末期的隐者逸士共 75 人的传记，其中僧侣 53 人。因此，有的研究则直接认定《扶桑隐逸传》的特点在于"把僧侣也定位成隐逸者（僧侣という存在を隐逸者として定位せしめた点）"②，有的研究将之与《本朝遯史》相比，指出林靖从儒者的立场上忌讳僧侣身份的遁世者（隐者）的矛盾心情③。本文拟探讨的问题则是深草元政关于"孝养"的表述。"孝"在儒教世界自然是一个重要命题，那么出自僧侣之手的《扶桑隐逸传》对此又是怎样解释的呢？

二、《扶桑隐逸传》以及其中的孝养表述

《扶桑隐逸传》（以下简称《隐逸传》）作者是日莲宗僧侣元政

① 中村幸彦「文人意識の成立」、『岩波講座日本文学史』第九卷（岩波書店 1959 年）、第 4—5 頁。
② 宗政五十緒「扶桑隠逸伝」、臼田甚五郎博士還暦記念論文集編集委員会編『日本文学の伝統と歷史』（桜楓社 1975 年）、第 655 頁。
③ 井上敏幸「隠逸伝の盛行」、国文学研究資料館編『芭蕉と元政』（臨川書店 2001 年）、第 168 頁。

(1623—1668),世称元政上人,又因晚年隐居在洛南(京都南边)深草,俗称"深草元政"。元政上人具备和汉兼作之才,一生中著述编撰的全部作品近 50 件,其中汉诗文集有《草山集》《元元唱和集》《圣凡唱和》,和歌集有《草山和歌集》,跟佛教修行相关的著述有《龙华历代师承传》《小止观抄》《草山要路》等,体现了在文学创作、史传撰写以及本草医学等多方面的才能。刊行于宽文四年(1664)的《隐逸传》采用汉文体裁,全书由上中下三卷组成,上卷卷首有序文一篇、下卷末尾列有书中所引各类书目,各传之前有以传主为中心的人物插图。序文主要阐述了作者自己对隐逸的理解,并就本书的编撰目的及体例作了说明。引用书目中列出的书籍上自奈良时期的《怀风藻》《经国集》《续日本纪》,下至作者同时代的《宗祇终焉记》《本朝遁史》等,共计 88 种。上中下三卷大致按时代次序分别收录了上代奈良时期、中古平安时期、中世镰仓室町时期的人物传记,具体编排如下:

上卷有役小角、伏见翁、民黑人、竹溪道慈、开成皇子、道融、玄宾、善谢、德一、惟山人、大中臣渊鱼、藤春津、胜尾胜如、一演、行巡、七叟、猿丸大夫、成意、安胜、白箸翁、亭子皇子、蝉丸、喜撰、木幡山盲僧,共二十四名。

中卷有嵯峨隐君子、南山白头翁、蔺笥翁、南山亡名处士、清原深养父、空也、千观、觉超、增贺、仁贺、书写性空、藤高光、庆保胤、野人若愚、行真、藤义怀、能因、延殷、源显基、大濑三郎、平真近、东圣、增叟、翁和尚、独觉樵夫、禅林永观、大原三寂、平康赖,共二十八名。

下卷有西行、心戒、明遍、鸭长明、证真、解脱、明慧、证月、盛亲、平惟继、藤藤房、顿阿、兼好、七百岁、寂室、宗久、纪俊长、纪行文、福可、宗祇、牡丹花、日充、妙旨,共二十三名。

从上述名单可以看出,《隐逸传》收录了不少出家遁世者的传记,其中有历史上著名的人物如玄宾、空也、千观、增贺、性空、西行、鸭长明、兼好等等。这种不分出身贵贱、僧俗长幼,凡有隐逸事迹一并收录的选编方针自然与作者自身的境遇以及他的隐逸理解分不开。而后人则根据所记人物的性格特征、隐遁动机等理由将《隐逸传》中所见隐者大别为三类:第一类为孝子隐者,第二类是优于学并乐于学的隐者,第三种是抛掷名利的隐者①。这种分类方式并不能说是全面周到的,但至少让我们了解到元政的人物选取有一定的倾向,尤其是"孝子"在本书中是一个突出的群体。若将书中提及的孝养表述和孝子作一个统计,可以得出如下列表(表 1)。由此,大体上能读取元政上人对孝子隐者人物形象的把握,以及他对孝养思想的重视。

表 1 《隐逸传》的孝养表述及孝子隐者

序号	位置	原文	记述内容
1	序文	复有大于此者,佛也。脱屣金轮宝位,遁乎雪山,旋出雪山界宫。净饭王是父而不得子焉,罗云是子而不得父焉,国人是民而不得君焉。	引用佛传,评述出家对亲子关系的影响
2	役小角传	官吏收其母,小角不得已,自来就囚,便配豆州大岛。居三岁,放回。果小角厌我国,携母入唐。	母子关系
3	道融传	尝丁母忧,寓山寺,偶见法华经,慨然叹曰:我久贫穷,未知宝珠之在衣中……遂脱俗出家。	母子关系
4	胜尾行巡传	赞曰:佛成道还国,父王迎而拜,佛便踊空。……盖佛者,以避父礼也。	引用佛传,评述父子之礼
5	亭子皇子传	有二儿,才操似父。皇子出家日,同落饰。……赞曰:……二子之同志乎,刹利种中,未闻若斯之事矣。昔妙庄严王,因二子落饰。今之二子,以父为善知识,是亦有夙世之因邪。	父子关系
6	木幡山盲僧传	赞曰:……以北齐龙树,为西天龙树,以忠孝江革,为巨孝江革。此皆卒尔传声而已。	引用孝子传
7	行真传	赞曰:吾佛以孝为戒,仲尼以戒为孝。读其戒经与孝经,居然可知也。行真既不能以仲尼之道行孝,则决而入无为矣。	父子关系
8	平真近传	年三十余,又遭母忧,哀悔过礼。真近无复兄弟,独知其家。见物怀人,益不耐思慕。已断发为僧,苦营追养。……赞曰:孝哉,平三郎。……吾它日修孝子传,必当取之,再从笔削也耳。	母子关系
9	独觉樵夫传	儿子曰:父言固然。然此处无一庐可容身,亦无生活之计……云何得独住耶?某亦相从,汲水拾果,以奉晨昏而已。	父子关系

---

① 岛原泰雄「扶桑隐逸伝解説」『深草元政集』第二卷(古典文庫、1978 年刊)、第 287—294 頁。

（续表）

序号	位置	原文	记述内容
10	平康赖传	尝在岛时,京有老母。康赖思慕之余,自造一千小浮图,刻和歌二首,述思乡之意,日向故国投之。其一卒堵波随浪达于洛阳。贵贱哀之,以为孝感所致。	母子关系
11	明遍传	赞曰:……昔佛自忉利下,率土争先拜之。独须菩提坐石室而不起。佛言,须菩提先得见我也。遍之坐修追养也,吾恐亲之先飨之乎。	父子关系
12	证真传	真因忆母之寰,就求其福,神遽变色如忧。真悟之。乃白神言,老母不几、愿助彼菩提。……赞曰:经云,父母与补处菩萨等,故应供养。律云,凡佛弟子,得减衣钵之资而养父母。	母子关系
13	妙旨传	妙旨者,不知何许人也。偕老母居若州小滨。……躬自负母,以是讬人之家。……母死后,日唯书一帖。……赞曰:妙旨之生,淡乎水轻乎云,只知有母而已。	母子关系

* 本表及本文引用原文皆依据日本立教大学图书馆藏宽文四年梅村三郎兵卫刻印《扶桑隐逸传》。

三、孝子元政的人生与诗文创作

如上所见,元政在《隐逸传》中表现出对孝道的强烈关心,这其实与他自身也是个孝子的人生现实有很大关系。换言之,《隐逸传》之所以收录了那么多的孝子隐者,多处言及人子对父母的孝养道理,很大程度上是作者的生活经历影响的结果。下面我们通过《元政上人略传》《略年谱》(均收录于前出《深草元政集》第二卷)等资料来了解一下孝子元政的人生轨迹。

元和九年(1623)二月二十三日,元政出生在京都桃花坊的石井家,排行最末。元政不但天资聪颖,自幼还受到良好的家庭教育。8岁时为了习得武士的修养,前往长姊所嫁的彦根藩,二年后返京,专心钻研和汉学问。自13岁到25岁,元政的身份是彦根藩的藩士。在他19岁时生过一场大病,养病期间与母亲同去寺院参拜,当时便有出家意愿,但没能得到许可。庆安元年(1648)元政26岁,终遂出家凤愿,师事京都妙显寺第十四世日丰上人。7 年后,师僧日丰离开京都前往江户,元政便在深草结庵一所,名呼"称心庵",开始长期的隐居生活。他之所以选择洛南深草隐居而不随师父去江户,据说也是为了照顾生活在京都的双亲。万治元年(1658),元政 35 岁时父亲元好去世,大约 10 年后的宽文七年(1667)母亲妙种离世,次年元政自身圆寂,享年 46 岁。送走父母之后自己才告别人世,对此有学者评论说"元政好歹避免了比父母早逝的不孝罪名(元政はかろうじて親に先立つ不孝の罪を免れたのだ)①。言下之意是,尽管差一点出现让母亲白发人送黑发人的状况,但他最后还是回避了这种不孝之罪。元政上人毕竟是孝子,在他看来,对父母奉行孝道与礼佛修行有着同等重要的意义。这一点在他的诗文作品中就有所反映。

汉诗文集《草山集》内附有一篇记述元政上人生平事迹的《行状》,里面提到他 19 岁时为了养病返回故乡,与母亲同去泉州(今大阪南部)拜佛,在日莲上人像前立下三大誓愿。一愿自己定当出家,二愿父母长寿自身竭尽孝心,三愿得见天台三大部经卷。其中的第二愿足见元政对父母的感情之深孝行之笃。感念父母长寿人子得以行孝的心情同样也流露在《草山集》的诗文作品中。比如卷 24 的《十乐诗有序》中有如下诗句:

> 吾生得为人,且幸为男子。年亦免夭折,已过不惑齿。
> <u>况吾老父母,俱享上寿祉。我出尘网中,奉亲廿年矣。</u>
> 不随流俗僧,超然乐山水。曾闻诸佛法,长不疑生死。
> (本文引用《草山集》皆依据须原屋书店 1911 年版《标注草山集》。下划线笔者标注。下同)

这首诗举出了自己生而为人且得以享有的十种人生之乐,其中之一便是划线部分所示的父母长寿儿子克尽孝道的幸福。

还有专门怀念母亲反映亲慈子孝的《忆母》(卷 14)一首如下。

---

① 島原泰雄「文人僧の詩歌吟行」『国文学 解釈と鑑賞』71 卷 8 号所收、至文堂 2006 年 8 月、第 105 頁。

> 昨夜三更梦,分明返深草。梦觉久不寝,已寝不知晓。
> 忆得母爱吾,未异在怀抱。一日不相见,如人丧至宝。
> <u>我亦闻之佛,孝顺为至道</u>。奉养二十年,我志尚未了。
> 苦哉多病身,甚矣母之老。我心常多乐,思之乐亦少。
> 低头掐念殊,举头送归鸟。

诗中写到母亲对自己的爱始终深厚如一,自己从佛之教懂得孝顺为人间大道,然而也不免忧虑母亲的老去。如此状写母子情深的诗句在《草山集》中随处可见,尤其是推定作于宽文七年夏天的《病来》三首(卷24),更能让人感受到母子的相依相伴和作者对母亲的依恋。其中的第三首写道:"梦里鸣鸠林日闲,满堂无客昼如年。一生多病是何幸,白发残僧傍母眠"。诗人甚至把自己的多病体弱看成是幸运,因为这样一来就能常常依傍在母亲身边了。事实上,在这首诗吟出半年后,87岁的老母就故去了,而元政则如同追随母亲的脚步,于次年二月也匆匆离别了人世。诗人的短命固然令人唏嘘,但他对母亲的这样一份情愫却也显得格外深刻感人。

当然,元政上人的行孝对象不光只是母亲,还有父亲。他在《先考道种公小祥忌祭文》(《草山集》卷12)中写道:"呜呼,生吾者父,教我者父,仕吾止吾皆是我父"。可见,元政对父亲抱有的感情更多的是敬重和感恩,与对母亲那种亲密眷恋仍是有所区别的。何况父亲在元政35岁时去世,此后将近十年的岁月都是老母与他相依为命,直到他自己也走到生命的尽头。这也使得他对世间的母亲怀有一种特别深厚的孝心,因此我们能在《隐逸传》的末尾读到《妙旨传》这样的文章了。

> 妙旨者,不知何许人也。<u>偕老母居若州小浜</u>。清贫无所贮,亦无常家。雅善苇翰,人争求书。则日书小简二,贸米二升。而<u>躬自负母</u>,以是托人之家,或一日二日,任意所适,曾不吝去留。母死后,日唯书一帖。人强索之,不应。偶寓一寺,清素淡薄甚惬意。妙旨曰:是处可终生。居二岁而死。临终端坐瞑目。一僧在侧曰:子无辞世句乎。妙旨大开眼吒曰:此一大事之时。遂闭目。

赞曰：妙旨之生，淡乎水轻乎云。<u>只知有母而已</u>。末后一句，可谓顶门上一针也。我以是见其常照矣。（下划线笔者标注）

妙旨这样一个不知来历、不僧不俗的隐逸者，除了写得一手好字之外，几乎清贫至极一无所有。尽管居无定所，但他依然"偕老母居""躬自负母"，并且卖字换米奉养母亲。元政对于妙旨的评价，除了高度赞赏后者的淡泊名利超然物外，还特地指出"只知有母而已"，强调了孝养母亲的情感。《妙旨传》被编排在《隐逸传》下卷末尾，作为全书的收尾之作，里面似乎投射了元政自身母子关系的写照。

可以说《隐逸传》包含了那么多的孝子隐者传和孝养表述，主要还是因为作者个人的人生经历在传记编撰过程中发挥了重要作用。

四、建立在儒佛二教之上的孝养思想

事实上在江户时期，与儒学汉学的流行相呼应，儒者文人的重视孝道也几乎形成了一股时代风气。编写《本朝遁史》的林靖虽然志在隐逸，却谨承父命出仕幕府；而大隐士石川丈山"性至孝，奉母太勤"（人见竹洞《石川丈山年谱》），也为了奉养母亲不得已弃隐就仕①。对于这些孝行，人们一般只需从儒教角度便能解释。而作为僧人的元政，则积极援用儒佛二教的教义理论，对孝养的意义加以了多方的诠释。这一点可谓是《隐逸传》孝养思想的一个显著特征。换言之，元政上人的孝养思想可以看作是建立在儒教与佛教的学识信仰之上的。

元政的儒教思想的形成从他存命时期，即江户幕府推崇儒学的时代环境以及自幼熟习汉文的教育经历可以推知大概。有先学考证元政的学问出处，推断他曾跟随京都的五山禅僧学习汉文②。众所周知，五山僧人对推动朱子学在日本的传播起到了很大的作用，这应该也成为了元政的儒学修养形成的重要契机。事实上，他一生倾慕人格高洁的

---

① 丁国旗《日本隐逸文学中的中国因素》，人民出版社，2015年，第290—300页。
② 宗政五十绪「元政と良寛」、『国文学論叢』第39号所收、1994年2月、第45页。

中国文人和隐士,在诗文中多处提到陶渊明、苏东坡、林和靖等人的典故,由此也反映出儒教伦理道德对他的影响之深。正因为有这样的学识背景,元政隐隐约约认识到出家与儒教倡导的孝行在原理上是对立相悖的。

首先,儒家经典《孝经》在《开宗明义章》已经明确主张"身体发肤,受之父母,不敢毁伤,孝之始也"。但是,出家为僧必然伴随着剃发的行为,这无疑违背了"孝之始"的教导。再者,出家人通常以佛法为行动准则,不需要受世间法的束缚,即可以不遵循世俗的礼制。这样一来,面对父母如何执亲子尊卑之礼便成了摆在元政面前的一个课题,上文表1的第1、第4条资料就能看出他对这个问题的思考。第1条引用了佛传,提到释迦牟尼抛却世间的王位出家修行之后,与父亲净饭王以及儿子罗睺罗都脱离了亲子关系,这也是后来世人出家为僧时需要接受的一个规矩。然而第4条资料的引用又称:佛祖成道后返回故国受到父王的拜迎,此时佛祖腾空而起,为的是避免接受父亲的礼拜。不难看出,这里的佛传引用背后有着强烈的儒家式上下尊卑的人伦意识存在。

其实在《隐逸传》一书当中,对待出家人的孝行问题元政上人的态度还是十分明确的。他一方面本身是信佛求道的出家人,另一方面又有强烈的儒教伦理意识,恪守君臣父子等上下尊卑间的礼节规范。从表1的资料第4、5、9条可以看出,这些传记的主人公们虽然因出家导致与父亲之间的亲子关系发生变化,但出家后依然作为人子勤勤恳恳对父母尽孝。这一点与元政自身的行动也是相一致的。元政认为,即便身为佛弟子,也不应该轻易抛却"孝道"这一世间礼法;他甚至从佛教的角度着力对孝养的意义进行了阐述。

比如表1的第12条资料《证真传》提到一则有趣的故事,该故事也见于镰仓时期的佛教说话集《沙石集》(卷第一之七《神明以道心为贵事》)。话说天台宗修行僧证真梦中遇见神灵十禅师,只见神灵"仪卫甚严,喜色蔼然",样子十分庄严美丽。想到自己的母亲跟着自己生活贫苦,就向十禅师祈求母亲的现世福分。谁知十禅师"遽变色如忧",脸色变得很难看。证真醒悟之后转而改求母亲的来世菩提,于是神灵又恢复了原先的庄严相好。对此,《沙石集》的作者无住评论说佛菩萨为众生执迷现世而叹忧,为众生广发道心而欢喜①。与无住的评论不同,元政上人的评赞重点放在供养父母的问题上。《证明传》的评赞中说"经云,父母与补处菩萨等,故应供养。律云,凡佛弟子,得减衣钵之资而养父母"。这是元政特地引用了佛教的经律之语来称赞了证真的孝行。不过,需要指出的是元政在此举出的"经"和"律"并非对经律本身的直接引用,而是转引了专门论述孝行的文章《孝论》中的语句。《孝论》由北宋时期杭州灵隐寺的僧契嵩(1007—1072)所撰,收录在同人的《镡津文集》第三卷。在北宋兴起的古文运动中,许多文人主张儒教的正统地位,佛教由此遭到排挤。于是,契嵩撰写了《原教》《孝论》等文章,指出儒佛二教的根本目的一致,都在于劝人行善。《孝论》则举出慧能等高僧行孝的例子,讲述出家人也须尽孝的道理。其中的《必孝章第五》中提到:"经谓父母与一生补处菩萨等。故当承事供养。故律教其弟子得减衣钵之资而养其父母。父母之正信者可恣与之。其无信者可稍与之。有所训也矣"(《大正新修大藏经》第 52 册)。由此可见,从佛教的立场诠释孝养并非元政的首创,但无庸置疑他对契嵩主张儒佛二教根本归一、出家人也不可忘却骨肉亲情的观点是赞同而且全面接受的。

  不过,元政作为一名博览经文的佛弟子,有时候也会用丰富的佛教知识来说理论事,解释自己所见所闻的一些世间俗事。比如在《明遍传》(表 1 第 11 条)中,他曾运用独特的逻辑理论为明遍的孝行辩护。遁世僧明遍在日本中世的不少文献中都有提及,他为了把与世隔绝的遁世理念贯彻到底,甚至拒不参加父亲通宪的亡故十三周年祭奠法事。对此,镰仓时期的禅僧虎关师炼在其著《元亨释书》中痛批他为溺于遁而忘乎孝。而元政在《隐逸传》中对明遍的怠慢父亲祭奠的行为解释如下。他首先引用佛教故事说"昔佛自忉利下,率土争先拜之。独须菩提

---

① 原文如下:本地・垂跡、ともに僧形にておはしませば、実、今世の事を人の思ひ染みたるを、歎き思し食し、道心を悦ばせ給ふ御心こそ、返す返す貴くおぼゆれ(卷第一ノ七「神明は道心を貴び給ふ事」)。引自新编日本古典文学全集、小島孝之校注訳・無住『沙石集』(小学館 2001 年)、第 49 頁。

坐石室而不起。佛言,须菩提先得见我也",说明须菩提貌似对佛失礼,
其实已先于他人礼佛完毕。由此他推测明遍的行为并非不孝,而是"遍
之坐修追养也,吾恐亲之先飨之乎",意指明遍恐怕早已按照自己的方
式行过孝道了吧。须菩提先期悟得佛祖法身的故事在天台宗教学相关
的《妙法莲华经文句》《法华经玄义》《摩诃止观》以及《四分律行事钞资
持记》《宗镜录》《法苑珠林》等许多佛书中都有提及。在《隐逸传》中元
政便是通过例举这样一个众所周知的佛教故事来替明遍的行为开脱解
释,甚至宣扬其孝行的。

此外,《草山集》等诗文集中还有不少作品都是从佛教角度来表达
孝养思想的。如上文所举诗作《忆母》中有"我亦闻之佛,孝顺为至道"
(划线部分),或者如《草山集》卷18所收的《十法界偈》之《饿鬼界》:"不
信不孝亲,贪佗哀归我。邪见谄曲心,曾无知因果"等等。很显然元政
已完全把孝道孝养视作佛教教义了,至少可以说他没有把孝道的思想
视为儒教的独有。

《隐逸传》中还有一则值得关注的传记是表1的第7条《行真传》。
传主行真是平安王朝的大权贵藤原道长的儿子,他没有顺从父命去结
婚,而是选择了出家遁世。这从世俗对孝顺的标准来判断,显然属于不
孝之举了。但元政在传后的评赞中写道:"吾佛以孝为戒,仲尼以戒为
孝。读其戒经与孝经,居然可知也。行真既不能以仲尼之道行孝,则决
而入无为矣"。里面出现的《孝经》是劝告"身体发肤,受之父母,不敢毁
伤"的那一本,而《戒经》则又指哪一种呢? 经过比对,初步可以判定是
指新罗僧义寂撰述的《梵网经菩萨戒本疏》,因为该书卷上有言:"尔时
释迦牟尼佛,初坐菩提树下,成无上觉,初结菩萨波罗提木叉。孝顺父
母师僧三宝,孝顺至道之法,孝名为戒,亦名制止"(《大正新修大藏经》
第40册)。看到这一句,元政《忆母》诗的"我亦闻之佛,孝顺为至道",
以及《行真传》评赞的"吾佛以孝为戒"就释然而解了。这正是元政上人
将儒佛二教的思想融合之后形成的孝养理解,他在提倡孝道主张孝养
上面表现出来的儒佛一致的特点,如果结合对契嵩《孝论》的全面接受
来考虑,也可以说是顺理成章的归结了。

五、余论　孝子传的影响

关于《隐逸传》的孝养思想，如上文所述，其中孝子隐者传的选编以及文中的孝养表述多与作者元政上人的人生经历相关，其孝养思想的特点则是融合杂糅了儒佛二教的内容，是以多元思想的综合并存为背景的。这种思想的多元性当然不只是表现在孝养思想上，比如在其社会价值观、对隐逸的理解等方面都有体现，由此可想见元政上人不拘泥于佛法、包容通达的学识人格①。

不过，仅就《扶桑隐逸传》作品中显示出对"孝子"的赞赏态度、积极宣扬孝养思想一点而言，在此还不可不提孝子传的影响。《隐逸传》包含着上述种种的孝养诠释，应该说与元政上人对孝子传一类书籍的强烈兴趣也不无关系。他甚至想要自己撰修孝子传。正如在《平真近传》（表 1 第 8 条）中透露的些许消息"赞曰：孝哉，平三郎。……吾它日修孝子传，必当取之。再从笔削也耳"，事实上元政上人的著作中的确留下了《释氏二十四孝》《释门孝传》等孝子传。而对于江户时代也广为流传的《二十四孝》等孝子传自然是耳熟能详的，其熟悉程度也可从《隐逸传》中窥见一斑。如上文表 1 第 6 条的《木幡山盲僧传》，传记本文内容并无涉及孝行，而是讲述木幡山的盲僧善操琵琶传授秘曲的故事，但因该盲僧身世不明，世间往往将他附会为另一个擅长乐器的遁世僧蝉丸。元政上人在评赞中认为这只是一种误传，就好像人们往往"以北齐龙树为西天龙树，以忠孝江革为巨孝江革"，因称谓发音相近而混为一谈罢了。这里的"西天龙树"毫无疑问是指发展了大乘佛教中观学派的龙树菩萨，但"北齐龙树"的具体所指不详，从元政对孝子传的兴趣以及年代顺序来推断，可能指《旧唐书·孝友传·陈集原传》中所见陈集原之父陈龙树②，存疑。总之，这里关于"龙树"一句展现了元政丰富的佛学知

---

① 参见陆晚霞《日本遁世文学的研究》，人民文学出版社，2013 年，第 404—410 页。
② 刘昫《旧唐书（十五传）》，中华书局，1975 年，第 4922—4923 页。

识,而提及"江革"一句则透露了他对儒教社会所推崇的孝子传的关切。所谓"巨孝江革"是指《二十四孝》中"行佣供母"的东汉孝子江革(字次翁),而"忠孝江革"则是指南北朝时的忠臣清官江革(字映休)。元政能把这两个同名历史人物准确区分开来,而且还在无关孝行的隐者传记中引用其典故,也正说明了他对《二十四孝》这样的孝子传是如何的爱好和熟知,以至于在《隐逸传》中也随处夹杂入孝子传的要素,使得孝养思想成为本书一个暗藏的主题。

作为江户时代隐遁文学的代表作,《扶桑隐逸传》体现出的佛教特色在研究史上已受到关注,尤其在与同时代同类型的文学进行比较时更是相形益彰。作者元政上人则因其文人僧的身份,使得迄今为止的元政研究多集中在挖掘其佛教思想和文学风格的方面,而对其作为孝子的这个侧面往往着墨不多。事实上,如上文屡屡提及,元政诗文中随处可见作者的孝子形象。那么,他的这种孝养思想如何形成、有哪些特色、又如何反映在其为人和为文当中的,这都是值得思考的问题,也是我们在认识元政上人、解读《扶桑隐逸传》乃至理解日本近世隐逸文化时会遇到的关键问题。本文正是试对此作出的一份解答。

(本文原载于《日语学习与研究》2020 年第 1 期)

韩国的"孝文学"

——善友太子谭的接受与流变

金英顺

一、序　章

提起东亚的孝子民间故事,极具名气的当属中国的《孝子传》《二十四孝》等具有代表性的儒教孝子民间传说。除此以外,讲述释迦牟尼前世经历的本生谭中亦有许多以孝为主题的故事。善友太子谭讲述了太子为救助贫苦大众而潜入海底、取得如意宝珠,最终实现普度众生的愿望的故事。而善友太子谭作为本生谭(以分别象征善恶的两兄弟的对立与父母对子女的亲情为主题)被收录进诸经典之中,如五世纪前后被汉译的《四分律》卷四六·一五中的《破僧揵度》篇等,这些经典在日本和韩国广为流传。尤其在韩国,善友太子谭被收录进高丽、朝鲜时代的佛教传记《释迦如来十地修行记》《月印释谱》等,朝鲜中期以后则转变为以向父母尽孝为主题的《狄成义传》《六美堂记》等古小说的形式。

之前的孝子民间故事研究一直不太关注从本生谭来考察孝的主题及主题的意义。然而本生谭在东亚传播,发展出多样化的故事类型,给东亚的孝行谭带来了重大影响①,是孝行谭研究中必不可缺的一个视角。讲述兄弟的对立与父母对子女的亲情的善友太子谭在朝鲜时代是

---

① 金英顺「東アジアの孝子説話にみる自己犠牲の〈孝〉—忍辱太子譚を中心に—」(『仏教文学』32 号、2008 年)、「東アジア孝子説話にみる継子の眼抜きと盲目開眼—クナラ太子譚を中心に—」(『漢文文化圏の説話世界』所収、竹林舎、2010 年 4 月)。

如何发展演变成孝行谭的呢？本文将对此问题进行探究。

二、汉译经典中的善友太子谭——兄弟对立与因果报应

首先,汉译经典中是如何讲述善友太子的故事的呢？善友太子谭除了《四分律》之外,《大方便佛报恩经》(以下简称《报恩经》)卷四《恶友品》第六篇、《贤愚经》卷九·三七篇《善太子入海品》、《经律异相》卷三二·二篇《善友好施求珠丧眼还明》、《根本说一切有部毘奈耶破僧事》卷一五等均有收录。《四分律》中,释迦的前世月益王的儿子善行太子为救助贫苦大众而潜入海底获得龙王的如意宝珠,却被弟弟恶行太子刺瞎双眼抢获宝珠。失明的善行太子在流浪颠沛中遇到自己的未婚妻——邻国的公主,太子与公主的誓言使得太子的双眼又重见光明,并且与自己的父母得以再见最终继承王位。而弟弟恶行太子试图再次刺杀已经继承王位的哥哥,结果反而失去了自己的胳膊。有研究者指出,《四分律》中所出现的失明太子在流浪中遇到公主并与之结合而重见光明的故事情节与《六度集经》与《阿育王经》中所讲述的拘那罗太子谭的主题相类似①,两部经书可能参照了善行太子的故事②。

《报恩经》中的兄弟是两个分别名为善友与恶友的异母兄弟,书中提到兄弟对立的原因是父母对哥哥善友太子的偏爱。书中这样描述引发弟弟恶友太子对哥哥的嫉妒的导火索:"善友太子,父母而常偏心爱念。今入大海采取妙宝,若达还者,父母当遗弃于我。"由于哥哥获取了如意宝珠,弟弟认为自己会被父母遗弃。结果渴望得到父母亲情的弟弟从哥哥那里夺去了如意宝珠并加害于哥哥。同时,《报恩经》中在记叙失明的善友太子与邻国公主结合并重见光明后,加上了善友太子的母亲飞雁传书,太子得知了自己父母失明的消息,于是返回本国让父母

---

① 『六度集经』卷四·三十、『阿育王经』卷四·四「鸠那罗因缘」、『大唐西域记』卷三「咀叉始罗国」、『阿育王伝』卷三「驹那罗本缘」、『法苑珠林』卷九一·赏罚篇九一·引证部二、『经律异相』卷三三·四「鸠那罗失肉眼得慧眼」等。

② 中村史『三宝絵本生譚の原型と展開』(汲古書院、2008年)。

双眼重见光明的故事片段,这是与《四分律》中不同的故事情节。《报恩经》中善友太子的母亲因自己的儿子下落不明而悲伤不已甚至失明,飞雁传书中饱含着父母对孩子的深切思念,正是这一传书举动才使得之后的再会与善友太子为父母双眼复明的故事场景被描写得更加感人。

《贤愚经》中,兄弟以迦良那伽梨太子与波婆伽梨太子两个名字登场。故事内容与《报恩经》十分接近,但没有哥哥的母亲飞雁传书告知哥哥自己与其父王双眼失明的故事情节。而《经律异相》中则一方面显示其出典自《报恩经》,结尾处也添加了《四分律》中关于其父王死后的故事情节。同时,在《根本说一切有部毘奈耶破僧事》中,兄弟的名字与《四分律》中相同,均为"善行""恶行",但哥哥善行太子在失明流浪期间其父王死去,弟弟继承王位,这一情节是《四分律》中所没有的。《根本说一切有部毘奈耶破僧事》中故事这样继续发展了下去:继承了王位的弟弟恶行太子被返回本国的哥哥打败而驱逐出国。故事不再强调本生谭所原本重视的慈悲论,而是开始强调劝善惩恶。从前人对故事内容的改编、独特故事的再创作中,我们可以看出善友太子谭作为本生谭在汉译经典中被重视的程度。

一方面,发掘于敦煌的俗讲变文《双恩记》与用回鹘文所写的《善恶两王子故事》①中也有善友太子的故事。现在《双恩记》仅存卷三、卷七与卷十一,卷七与卷十一中引用《报恩经》的善友太子谭原文,以佛教经论的注释与偈的形式进行讲述。卷七中讲述了哥哥向父王表明自己取得如意宝珠的决心,卷十一中则讲述了哥哥被弟弟刺瞎双眼夺走如意宝珠而流亡邻国。同时有研究者指出,根据《报恩经》所写的回鹘文《善恶两王子故事》中,文章中一些语句与《贤愚经》《根本说一切有部毘奈耶破僧事》中的故事语句相类似且具有抒情表现较多的特点②。而善友太子谭中所描写的哥哥善友太子奔赴龙宫取如意宝珠的场景、在利

---

① 根据耿世民的《敦煌突厥回鹘文书导论》(新文丰出版,1994年)中论述,现存的《善恶两王子故事》是通过三本手抄本流传下来的,其中藏于法国国立图书馆的手抄本为十世纪前后所写。

② 前注耿世民著书。杨富学、牛汝极《沙州回鹘及其文献》(甘康文化出版,1995年)。

师跋国公主前抚琴的场景等都在敦煌壁画中有描绘①，可以看出这一故事深受人们关注、流传甚广。

汉译经典中的善友太子谭与父母的偏爱、兄弟的对立相关联，故事情节扩展至父母死后的王位争夺。同时，兄弟的对立冲突在《报恩经》《贤愚经》中因善友太子的慈悲善良而得以消除，而在《四分律》《经律异相》《根本说一切有部毗奈耶破僧事》中，故事情节则发展至王位争夺，批判弟弟的恶行，彰显因果报应。

三、《释迦如来十地修行记》中善友太子谭的流变——父子情义与劝善惩恶

接下来笔者将试图论述善友太子谭在韩国传播情况。除高丽末期的《释迦如来十地修行记》外，善友太子谭在朝鲜初期的佛教传记《月印千江之曲》与《月印释谱》卷二二等中也有相关记叙。关于《释迦如来十地修行记》，笔者在之前的文章已有论述②，该文撰写于高丽末期，由于寺院僧侣的抄写而得以传播，是朝鲜初期（1448）发行的佛教传记。同时，《月印千江之曲》是以《释谱详节》（根据《释迦谱》《法华经》等佛教经典编撰）为底本所编撰的汉字混用的朝鲜语版赞佛偈③。而《月印释谱》则是列出《月印千江之曲》的各节，在《释谱详节》的正文中添加注释。但是由于收录善友太子谭的《月印千江之曲》《释谱详节》并未流传至今，只能根据《月印释谱》来了解当时的情况。《月印释谱》是朝鲜第七代国王世祖为已过世的父母祈求冥福而在 1459 年发行的汉字混用的朝鲜语版本佛教传记。善友太子谭收录于《月印千江之曲》中的"其

---

① 敦煌莫高窟第五十八窟南壁、一〇〇窟南壁。中国美术分类全集《中国敦煌壁画全集》卷八（天津人民出版，1996 年）。

② 金英顺「东アジア孝子説話にみる自己犠牲の孝—須闍提太子譚を中心に—」（立教大学大学院「日本文学論叢」七号、2007 年 8 月）。

③ 《月印千江之曲》发行于《释谱详节》发行的 1446 年与 1448 年之间，共有上中下卷的 580 首，但现存只有上卷 194 首。有研究者认为《释谱详节》共有二十四卷，但现在流传于世的只有八卷，未发现善友太子的收录卷。

四百四十五"到"其四百四十九",以《释谱详节》的注释形式被记载。朝鲜王朝时代,由于儒臣势力的壮大,崇儒排佛的倾向愈发显著,在这样的大背景下,王室主导佛教宣传,并出于教化民众的目的组织编撰《释迦如来十地修行记》《释谱详节》《月印释谱》等佛教传记,本已渐行衰退的佛教以王室为基石得以重振旗鼓。

有研究者指出《释迦如来十地修行记》中的善友太子谭没有飞雁传书与父母失明的情节,因而是参照《四分律》所编写①。然而在这篇传记中却能够看到许多《四分律》中没有的出场人物与故事场景。关于释迦的前世善友太子决定救助苦难大众的契机,《释迦如来十地修行记》中如此记载:"善友,一日因出四门游戏,见生老病死之苦。又知时年饥馑,五谷不登,万民疾苦,饿死者多。"这一情节是将释迦现世的四门出游的故事转归入了前世故事中。同时,《释迦如来十地修行记》中增添了一个名为海门大仙的仙人,《四分律》《报恩经》等中却并未出现这一人物。海门大仙将潜入海底的善友太子引至龙宫后,说了这样一句话:"若有难时,操琴而度日,化空而去。"这是对善友太子日后遭受的苦难的预言。海门大仙的出场与预言令人联想到释迦在现世诞生时阿私陀仙对释迦未来的预言。

另一方面,因为弟弟恶友太子而失明的善友太子在流浪期间,其父王被恶友太子告知哥哥已经葬身海底,父王悲叹道:"苦哉。苦哉。可惜仁德之子,丧命海中。"原文记叙其父王"即召高僧,建置道场,七昼夜超度幽魂"。而失明的善友太子边抚琴边流浪最终重返本国国土,因其父王与太子妃的努力而得以重见光明。

"父子恩情重于丘狱,问启太子,采宝一段因由不可胜言。对答已毕。召此医官与太子治眼百药不效。尔时,父皇并国太夫人焚香望空,祈祷三世诸佛、天仙地喆水府灵神,愿我太子采宝事,果有真诚,愿此双目还复如旧。勒令太子妃与太子舐目、夫人三度以舌舐目,即时两目还

---

① 朴炳东『仏経伝来説話の小説の変貌様相』(図書出版亦楽、2003 年)。史在东《善友太子传研究》(忠南大学校《语文研究》九号、1976 年 6 月)。朴光洙「善友太子伝の系統的研究」(忠南大学校「语文研究」19 号、1989 年 5 月)。

同如旧日光明无异。"

文中将父亲对孩子的恩情比作山岳之重,并描写了为治疗太子的眼睛而召集医官为其准备百药,向神佛祈祷等表现父王对自己儿子深切爱意的情节。《释迦如来十地修行记》中善友太子的复明与其父王相关,这是其他典籍中所没有的情节,其父王命太子妃为善友太子舐舐双眼而使太子复明。这样的复明方法在《敦煌变文集》中收录的孝子故事《舜字变》中也有体现。《舜子变》中亦有被继母暗施伎俩而逐出本国的舜在与双目失明的父亲相遇时为父亲舐眼复明的情节,"舜子拭其父泪,与舌舐之,两目即明"①。

《释迦如来十地修行记》中,兄弟的结局与佛教经典大不相同。善友太子在龙王处取得的如意宝珠十分灵验,实现了善友太子救助大众的愿望,随后太子与其夫人一同进入深山、修行成佛(原文:尔时善友同妻,不恋皇宫富贵,辞别父母回向山,结草为庵修行亦道然。后,功成行满,二人亦同坐化),这一情节让人联想到释迦现世的生平传记。此外,书中记载恶友太子的结局为"闻知兄回还存在,恐父王罪之随,即逃走出国。顾命而去讫"。这与《报恩经》中因善友太子慈善之心两兄弟和解的结局不同,也不是《四分律》中所表现的因果报应,而是现实中的逃亡结局。笔者认为,关于恶友太子惧怕自己的罪责而逃亡的结局,书中虽也将其解读为劝善惩恶并教导世人警醒②,然而两兄弟的对立冲突在前世并未完结并延伸至释迦的现世。

四、《月印释谱》中的善友太子谭——孝子普度众生

一方面有研究者指出,《月印千江之曲》与《月印释谱》的善友太子

---

① 《敦煌变文集》卷六《舜子变》。同书卷八《孝子传》《舜子传》中也有"与舌舐其父眼、其眼得再明"。

② 史在東「仏教系叙事文学の研究─『釈迦如来十地修行記』を中心に─」(「語文研究」12号、1983年3月)。前注朴炳东著书。

谭中,善友、恶友两兄弟是异母兄弟,兄弟之间对立的原因出于父母的偏爱,研究者还进一步指出,从善友太子的母亲飞雁传书、父母的失明、善友太子使父母复明等情节可以看出其故事来源于《报恩经》①。然而,《月印释谱》中的善友太子谭其主题以及故事情节的展开除参照《报恩经》之外,也添加了一些《报恩经》《月印千江之曲》中所没有的情节。《月印释谱》中,善友太子决定救助贫苦大众时由于使用父王的库藏进行布施,导致父王的库藏见空,太子感到十分悲痛,认为行孝道之人是不能倾空父母的财物的,于是决定靠自己的力量取得如意宝珠。《月印释谱》中这一部分的记载是《月印千江之曲》《报恩经》中所没有的。我们可以看出,《月印释谱》中善友太子"入海求珠"的直接原因是出于作为子女的孝道。

《月印释谱》是为过世父母做法事而编纂的书籍,在法事、讲经中被宣讲,有学者认为这一背景与《月印释谱》中将善友太子描写成孝子形象是相关的②。可以推测当时人们常常在法事与讲经时为过世的父母乞求冥福,佛教的孝得到宣传,佛教传记故事得以传播。而另一方面,由于嫉妒被父母偏爱的哥哥而夺去如意宝珠并加害于哥哥的恶友太子,则使得父母以为善友太子已死而悲伤地哭泣不已,最终导致父母双目失明,这是不孝的行为。笔者认为《月印释谱》是在通过描写善友与恶友两兄弟的对立来从反面强调手足之情与对父母的孝道问题。

《月印释谱》《月印千江之曲》《释谱详节》与前文提到的《释迦如来十地修行记》等佛教传记在儒臣势力壮大、崇儒排佛的倾向愈发显著的朝鲜时代,由王室主导编纂并推广全国、数次改版再刊,本已渐行衰退的佛教以王室为基石得以重振旗鼓。十七世纪初的故事集《终于野谭》中引用了收录于《月印释谱》卷八的安乐国太子(释迦前世)之母的故

---

① 金英培「『月印釈譜』卷二十二について―卷次と内容を中心に―」(『国語国文学』93号、1985年3月)。

② 『朝鮮王朝実録』世祖一四年(1468)五月十二日条「又命永順君溥、授八妓諺文歌詞、令唱之、即世宗所制月印千江之曲」。洪潤植『仏教と民俗』(東国大学訳経院、1993年)。史在東「『月印釈譜』の講唱文学的研究」(『愛山学報』九号、1990年6月)。

事，"自念昔释迦王之太子也。弃国踰城，苦行于雪山十年，为世之佛。(中略)愿王夫人王之后也，求法远行，不能自达，至于自卖辛勤，是乃观音前身也"。而正如同十八世纪的笔记杂谈《松泉笔谈》中所记载的"稗说，释迦如来周昭王时人，西域天竺国净饭王太子也。尝过行国东门，见有初生儿，且行过南门，有老翁。(中略)太子大感悟，是夜踰城，走入雪山修道，是十九，三十成道云。盖顿悟于生老病死之理，而创出不生、不灭之教"，《月印释谱》卷一中的释迦传记也作为"稗说"(街谈巷议的传闻)而被引用。

五、古小说《狄成义传》《六美堂记》——从本生谭到孝行谭

《月印释谱》中的善友太子谭到了朝鲜末期，被改编成《狄成义传》《六美堂记》等剔除了释迦本生谭要素的、以孝道为主题的古小说。推测大概成书于十八世纪的《狄成义传》①作者不详，是一部用朝鲜语写作的古小说，有多种抄本流传于世，书名亦作《翟成义传》《积成义传》《赤成义传》。同时，发行于十九世纪初的汉文版古小说《六美堂记》之后也被翻译成以《金太子传》为名的朝鲜语版本进行出版发行。

《狄成义传》中的兄弟是安平国王的王子们，弟弟被设定为主人公，哥哥则是恶的代表。在《月印释谱》中，哥哥为普度众生而入海取如意宝珠，《狄成义传》中则改编为弟弟为治好母亲的病而奔赴西域国寻找日映珠，历经苦难终于得到日映珠，却被哥哥刺瞎了双眼夺去了日映珠，失明的弟弟千辛万苦终于抵达中国，与中了科举的公主成婚，后返回自己的国家与父母重聚并继承了王位。这个故事中，当公主为主人公代读他母亲的来信时，主人公的眼睛瞬间恢复原状，母亲的飞雁传书成为主人公复明的重要契机。《狄成义传》中也将兄弟对立的原因描写为父母对孝顺的弟弟的偏爱而引起的哥哥的嫉妒。原本哥哥理应继承

---

① 申東一「『狄成義伝』に関する一考察」(『国語国文学』75 号、1977 年)。印権煥「韓国仏教文学研究」(高麗大学出版部、1993 年)。李江玉「仏経系説話の小説化過程に関する考察」(「古典文学研究」14 号、1988 年)。

王位，但因父母偏爱孝顺的弟弟，哥哥开始嫉妒弟弟，为了保住自己的王位不惜要杀害弟弟。然而，加害弟弟的这种行为使得父母十分悲痛，哥哥被指为不孝，最终被大臣杀死，孝顺的弟弟取得了王位。我们可以看出"孝"成为了评判王位继承资格的标准。如上所述，《狄成义传》一改此前《释迦如来十地修行记》与《月印释谱》的布施、慈悲的佛教色彩而转向了以孝道为主题的孝子故事。

一方面，《六美堂记》的序文中清楚记载了此书的写作动机：作者在阅读了作为妇人女子的教育读物（教育女子贤愚善恶的读物）而流传广泛的几种"稗官谚书"之后而执笔写下了这本书。"稗官谚书"是指朝鲜语版本的《月印释谱》中的善友太子谭与《狄成义传》等时的用语，这表示《六美堂记》是以《月印释谱》的善友太子谭与《狄成义传》等为底本创作的古小说。①

《六美堂记》中的主人公是弟弟，与哥哥是异母兄弟，兄弟二人是新罗的王子。弟弟金箫仙为了医治父王的病而前往南海的普陀山寻求竹笋，被哥哥世徽刺瞎双眼而失明，后与琉球国的公主成婚。同时，《六美堂记》中的描写不仅仅聚焦于主人公弟弟，弟弟的妻子——琉球国公主也成为描写的重点。公主以女扮男装前往中国并中了科举，成为翰林学士后表明了自己女子的身份，被中国的皇帝册封为金城公主。而加害弟弟企图继承王位的哥哥世徽则被父王下令处死，但因弟弟的悲悯之心又得到了宽恕，《月印释谱》的善友太子谭中所能看到的主人公的慈悲之心在这里又得到了体现。《六美堂记》中，返回新罗的弟弟继承了王位并实行仁政，之后与妻子一同进入普陀山修行最终得以飞天。这与《月印释谱》《狄成义传》中的情节不同，属于自创的添加情节。

六、小　结

本文以善友太子谭为中心，对兄弟之间的对立以及兄弟与父母的

---

① 張珠玉「『六美堂記』研究—積層的な素材源を中心に—」（『敦岩語文学』11号、1999年2月）。趙春鎬「『六美堂記』の作者と創作背景」（『文化と融合』6号、1985年2月）。

关系进行了考察探究。汉译经典中的善友太子谭故事群虽然是以救济众生为主题的,但是,故事的主要内容描述了由于弟弟的嫉妒而惨遭失明的哥哥的苦难经历。弟弟对哥哥的嫉妒是出于对父母的爱的渴望这一人类天性,作者将这一嫉妒情绪具化为兄弟的对立并将其描写为围绕父母的爱所展开的家族内部纷争。

与此不同的是,韩国的佛教传记《释迦如来十地修行记》中并无善友太子的母亲飞雁传书的情节,而是强调思念太子的父王对孩子的爱,添加太子因父王而得以复明的情节,形成了具有浓厚儒教色彩的家长制的家族关系。而《月印释谱》在刻画善友太子"入海求珠"的情节中则加入了《释迦如来十地修行记》与《月印千江之曲》中善友太子所没有的孝子的一面,亦加入了儒教的元素。

发展至朝鲜末期,《狄成义传》《六美堂记》等小说中去除了《释迦如来十地修行记》《月印释谱》里本生谭的佛教元素,改编成为父母治病而寻求灵丹妙药的行孝主人公因哥哥的恶行而遭受苦难的孝行谭。这是佛教传记向儒教的孝子故事转变的一个典型代表,而这一转变的背后则是佛教传记在普及过程中,本生谭通过佛教教义的讲解传播与儒教的逐步融合。

《日本书纪》中的"孝"

——有关"孝"的历史叙述

高松寿夫

一、八世纪初关于"孝"的政策

在《续日本纪》大宝二年(702)10月的记载中可见如下内容①：

> 戊申(十四日)，颁下律令于天下诸国。
>
> 乙卯(二十一日)，诏：上自曾祖，下至玄孙，奕世孝顺者，举户给复，表旌门间，以为义家焉。

上述戊申日一条记载了《大宝律令》向全国颁布的历史事件。事实上，《大宝律令》在一年前已经制定完毕，并且已经向住在京城里的诸国国司颁布。因此，该条内容记述的是在大宝二年的戊申日朝廷向诸国颁布《大宝律令》写本的这一史实②。日本在整个七世纪中都在尝试推进以隋唐制度为样本的"近代化"，而《大宝律令》的完成与实施则象征着这一"近代化"运动基本完成。这以后，日本社会的运营基本上都遵循了《大宝律令》所规定的相关制度。戊申条所载的内容正说明了当时日本的全国各地已经具备了执行《大宝律令》的条件。距戊申七日后所

---

① 以下从《续日本纪》引用的原文皆为《新日本古典大系》(岩波书店)版。

② 参照《新日本古典大系》脚注部分。

载的即是上述乙卯日的记载。根据《续日本纪》的记述,乙卯诏书是自
《大宝律令》向全国颁布后的第一个诏书。其内容是说,对"孝顺"者辈
出的一族将免除其赋役并表彰其为"义家"。这条诏书与《赋役令》中下
面一条规定有着密切的关联①:

> 凡孝子、顺孙、义夫、节妇、志行闻于国郡者,申太政官奏闻,表
> 其门闾。同借悉免课。

(赋役令十七)

此条内容引自《养老令》的原文。由于《大宝令》正文已散佚,所以
现今只能从由《大宝令》改订而成的《养老令》中了解其内容。目前已
知,《大宝令》与《养老令》在此条记述上并无明显差异。这一条文规定
了对于"孝子、顺孙、义夫、节妇"的表彰及优待。乙卯条中的"孝顺",相
当于《赋役令》中的"孝子、顺孙"。所谓"孝子"即为侍奉并善待父母者,
据《大宝令》的注释(《古记》,天平八年(738)左右编撰的《大宝令》的注
释书),"顺孙"等同于"孝孙"。侍奉父母者为"孝子",尽心于祖父母者
即是"顺孙"。相较于《赋役令》的条文是针对个人美德的表彰、优待的
规定,乙卯条所述内容则是对整个家族都具备美德时表彰与优待的具
体指令。从乙卯条紧接着戊申条的排序来看不难发现,在大宝律令体
制的正式实施下作为最优先政策有对"孝"进行表彰与优待的规定。由
此可见,施行前述政策是对"孝"这一理念在民间的确立给予了高度重
视的结果。事实上,在《续日本纪》中除去专有名词的用例,最先出现的
有关"孝"的记载便是大宝二年十月乙卯的记述②。这一特点暗示着在
日本,"孝"这一理念是与律令制一同确立下来的。

"孝"这一概念,可以明确说是由中国传至日本的,然而其具体的时
间点却很难准确断定。可能正因为"孝"是儒教伦理中最为基本的概念
之一,所以只要汉籍传至日本便会自然而然地涉及"孝"这一概念。但

---

① 令的引用源自《日本思想大系》(岩波书店版)。
② 作为专有名词的用例有:I 文武天皇四年(700)三月己未(十日)记述(道尚和尚传)中的
"孝德天皇"的例子。

是将之作为知识来了解与以此为生活的理念并给予尊重、予以实践（或是不得不实践）这二者是不同层次的问题。在那个时代，只是一部分人必须理解汉籍，而且汉籍所涵盖的知识在社会运营中不被重视——文字仅在外交等局部场合才被需要，想必"孝"还不作为有效的社会理念真正发挥作用。如此来看，"孝"在日本作为一个有效的社会理念被积极导入，与律令制的正式导入密切相关，这样的推测应该没有偏差。

另外，从《续日本纪》中可以确认，在上述大宝二年十月的记载之后，对孝子、顺孙的表彰与优待和在《赋役令》中与之并称的"义夫、节妇"一同被多次强调。现将其后二十余年内与"孝"有关的记载列举如下：

Ⅰ （和铜元年[七〇八]正月）乙巳（十一日）武藏国秩父郡献和铜。诏曰："……孝子、顺孙、义夫、节妇，表其门间，优复三年。……"

Ⅱ （同　五年五月）甲申（十六日）……太政官奏称："……孝悌闻间、材识堪干……"

Ⅲ （同　七年六月）癸未（二十八日）大赦天下。……孝子、顺孙、义夫、节妇，表其门间，终身勿事。……

Ⅳ （同　年十一月）戊子（四日），大倭国添下郡人大倭忌寸果安、添上郡人奈良许知麻吕、有智郡女日比信纱，并终身勿事。旌孝义也。果安孝养父母，友于兄弟。若有人病饥，自齎私粮，巡加看养。登美、箭田二乡百姓，咸感恩义，敬爱如亲。麻吕，立性孝顺，与人无怨。尝被后母谗，不得入父家、绝无怨色。孝养弥笃。信纱，氏直果安妻也。事舅姑以孝闻。夫亡之后，积年守志，自提孩稚并妾子惣八人，抚养无别。事舅姑，自竭妇礼。为乡里之所叹也。

Ⅴ （灵龟元年[七一五]三月）丙午（二十五日）相摸国足上郡人，丈部造智积、君子尺麻吕，并表间里，终身勿事。旌孝行也。

Ⅵ （同　年九月）庚辰（二日）受禅。即位于大极殿，诏曰："……孝子、顺孙、义夫、节妇，表其门间，终身勿事。……"

　　Ⅶ　(养老元年[七一七]十一月)癸丑(十七日)天皇临轩,诏曰:"……孝子、顺孙、义夫、节妇,表其门闾,终身勿事。……"

　　Ⅷ　(同　四年六月)己酉(二十八日)漆部司令史从八位上丈部路忌寸石胜、直丁秦犬麻吕,坐盗司漆,并断流罪。于是石胜男祖父麻吕年十二、安头麻吕年九、乙麻吕年七,同言曰:"父石胜,为养己等,盗用司漆。缘其所犯,配役远方。祖父麻吕等,为慰父情,冒死上陈。请、兄弟三人,没为官奴,赎父重罪。"诏曰:"人禀五常,仁义斯重,士有百行,孝敬为先。今祖父麻吕等,没身为奴,赎父犯罪,欲存骨肉,理在矜愍。宜依所请为官奴,即免父石胜罪。但犬麻吕依刑部断。发遣配处"。

　　如上可见,每逢进献和铜(Ⅰ)、新天皇(元正天皇)即位(Ⅵ)、改元(Ⅶ)等国政要事,皆有对孝子、顺孙实施表彰与优待的相关记载。当然,其施行也并非总是单独进行,多数是与大赦、对高龄者的优待、对仕途不如意者的施舍等一同实施的(在上述诸例中笔者对多处进行了省略)。这可以说是体现了作为律令体制下几个重要理念之一的"孝"的地位,而通过其中数量不少的突显"孝"的记载(Ⅳ·Ⅴ·Ⅶ)可以明确,"孝"这一理念的确立受到了特别的重视。

　　在上面的例证中,Ⅳ与Ⅷ是具体说明何等实绩会被认定为"孝"的行为来进行评价的史料。事实上,"孝"这一理念的确立,所必需的是具体的示例,而非关于"孝"这一抽象概念的阐释。这一点,在对法令条文的注释中也有所体现。因此,以下将以前文提及的《赋役令》第17条"孝子顺孙"的注释文,即《令集解》所引《古记》的注释为例进行分析①。《古记》中有对众多文献的引用,为了能够体现所引文献的多样性,笔者将对每一种引用文献进行换行处理。

　　　古记云:"孝子。

　　　谓《孝经序》曰:"颜回、闵子骞、冉伯牛、仲弓,性至孝也。唯曾

────────────

① 《令集解》的引用源自新订增补国史大系(吉川弘文馆)。

参躬行疋夫之孝。故夫子告其谊。于是,曾子喟然知孝之为大也。"

《韩诗外传》曰:"曾子曰,吾尝仕为吏,禄不过钟釜,尚犹欣欣而喜者,非以为多也,乐其养亲也。亲没之后,吾尝南游于楚,得尊官焉,堂高九仞,榱题三尺,转谷百乘,然犹北面而泣涕者,非为县也,悲不见吾亲也。"

格后勒云:"其孝必须生前纯至,色养过人,没后陪哀毁,喻礼神明通感,贤愚共伤。"

又云:"孝养弍亲,始终无怠,名表州里行符曾郭也。"

又云:"却标孝悌,有感通神也。"

顺孙。

谓《孝子传》云:"孝孙原谷者,楚人也。父不孝之甚,乃厌患之,使原谷作辇,扛祖父送山中。原谷复将辇还。父大怒曰,何故将此凶物还。谷曰,阿父后老复弃之,不能更作也。顽父悔悟,更往山中迎父还,朝夕供养,更为孝子。此乃孝孙之礼也。于是闺门孝养,上下无怨也。"

孝孙。顺孙。其别若为。一种。文异义同。

桑案:

《魏徵时务策》云:"义夫彰于郏欠,节妇羡于恭姜。孝子则曾参之徒,顺孙则伯禽之辈。顺孙犹承顺于祖考之孙也。"

《毛诗·皇矣篇》毛注曰:"慈和遍服曰顺也。"

《孝经孔氏注》云:"承顺祖考为孝也。"

周书谥法云:"孝顺也。伯禽、此文王之孙。即周公之元子也。"

《鲁颂·闵宫》篇曰:"成王告周公曰:叔父建尔元子,俾侯于鲁。"笺注云:"成王告周公曰:叔父我立女首子伯禽,使君于东。加赐以土田山川附庸之国。令专统之也。"

又《维天之命》篇曰:"文王受命,七年五伐之。"笺注云:"阮也。徂也。此三国犯周,而文王伐之。于是文王造征伐之法。乃至于子武王用之，伐殷纣，而有成功也。"

《尚书·大诰》曰："武王崩。子成王立。三监及淮夷并版之。周公相成王，将黜殷。"孔子注云："三监、管蔡商奄淮夷徐奄之属皆叛周。即周公相成王，皆黜殷也。"

《尚书·文侯之命》篇曰："鲁侯伯禽宅曲阜，徐夷并兴。"孔氏注曰："徐戎淮夷并起，为寇于鲁东。鲁侯伯禽征之。乃孔子叙书，以有鲁侯伯禽治戎征伐之备。即连帝之事。此自文王武王至于周公，有继代之道。即周公之子伯禽，承顺祖考之道，有征伐之志，安救其人民，定安其社稷。故谓伯禽为顺孙也。"

又《尚书大传》曰："周公之子伯禽，与成王之子康叔，并二人朝乎成王。见乎周公，三见而三笞伯禽。见失为人子之礼，故笞之。伯禽语康叔曰：'吾见乎公、三见而三笞之。其故何也。'康叔有骇色，语伯禽曰：'有商子者、贤人也。与子见之。'于是康叔与伯禽见商子曰：'吾二子朝乎成王。见乎周公，公三见而三笞之。其说何也。'商子曰：'南山之阳有木，名曰桥。小枝上掩为桥。南山之阴有木，名曰梓。二子盍相往观焉。'于是二子如言，而往观乎南山之阳见桥，实乔乔而仰。往南山之阴见梓，晋然实而俯也。晋，进貌也。乔乔，杀上貌也。二子反以告商子。商子曰：'桥者父道也。梓者子道也。'二子者、明日见乎周公。入门而趋登堂而跪。周公迎扎其首而劳之曰：'汝安见君子乎。'二子以实对之。周公曰：'君子乎，商子也。'扎抚也。言康叔伯禽：'并二子见于商子，而既识于孝顺之礼也。'辈犹徒也。"

《论语·先进》篇曰，何晏注曰："先进后进，谓士先后之辈。"皇侃疏曰："辈犹徒也。"

虽然针对仅仅四个字的"孝子顺孙"就有如此庞大的言说，但从内容来看，以列举孝子传说为中心的具体事例占了绝大多数。在中国，很早开始就编纂有各式各样的孝子传，如上述《古记》所引的那样，有很多都传到了日本。而其被需要的主要原因应该是通过这些内容来学习所谓"孝"是怎样的一种态度和行为①。换言之,"孝"对于处在律令社会的日本人来说,并非单纯作为一种外来抽象理念而存在,而应该作为一种需要掌握具体内容并付诸实践的伦理准则而发挥作用。

二、《日本书纪》中的"孝"

上一节梳理了《续日本纪》中大宝律令正式启用后二十年间与"孝"相关的记载,而最后所引记载的所属年份养老四年(720)恰是《日本书纪》撰成献上之年。也就是说,《日本书纪》正是创作于日本尝试确立"孝"这一理念的时期。

那么,在《日本书纪》中又有哪些与"孝"相关的叙述呢? 以下是《日本书纪》中"孝"字的全部用例:

A (神武纪四年二月二十三日)诏曰:我皇祖之灵也,自天降鉴,光助朕躬。今诸虏已平,海内无事。可以郊祀天神,用申大孝者也。

B (绥靖即位前纪)时神渟名川耳尊,孝性纯深,悲恭无已。

C (景行纪十二年十二月五日)天皇,则恶其不孝之甚而,诛市干鹿文。

D (仁德即位前纪)大王者,风姿岐嶷。仁孝达聆,以齿且长。

E (允恭即位前纪)然雄朝津间稚子宿祢皇子,长之仁孝。

F (允恭即位前纪)汝虽患病,纵破身。不孝,孰甚于兹矣。其长生之,遂不得继业。

G (雄略纪二十三年八月七日)皇太子,地,居储君上嗣,仁孝著闻。以其行业,堪成朕志。

H (显宗纪二年八月朔)吾立为天子,二年于今矣。愿壤其

---

① 小島憲之「上代官人の「あや」その一――外来説話類を中心として―」(1973 年初出版、『万葉以前―上代びとの表現』岩波書店、1986 年)。

陵、摧骨投散。今以此报,不亦孝乎。

Ⅰ (继体纪元年正月四日)男大迹王、性慈仁孝顺。可承天绪。

Ｊ (钦明纪十五年十二月)馀昌长苦行阵,久废眠食。父慈多阙,子孝希成。

Ｋ (孝德纪大化五年三月二十五日)夫为人臣者,安构逆于君,何孝孝于父。

Ｌ (天武纪四年二月是月)其送使奈末金风那、奈末金孝福,送王子忠元于筑紫。

上述共十二例。相较于《续日本纪》全文中"孝"字的使用有八十多例,《日本书纪》中"孝"字的出现频率之低显而易见。这样一个事实同样可以说明,《日本书纪》所载的时代处于日本对于"孝"这一理念受容的初始阶段。

但是,上述《日本书纪》的记载只有一小部分反映的是记载所示历史时间的内容,而大部分则体现了《日本书纪》编纂阶段的认知。以上述 A 为例,其记载为神武天皇四年颁发的诏文。然而事实上,该诏文实际的写作时间推测是《日本书纪》成书之时或相近的时期,也就是说与上一节所提到的《续日本纪》中的诸记载所示的时代相重合。那么对于在"孝"作为实际的政策任务且其价值观逐渐被确立的时代下完成的《日本书纪》,研究其如何处理(或是不处理)"孝"的问题是非常有意义的。

通览《日本书纪》中包含"孝"字的用例,令人颇感兴趣的是,其中多数是与天皇的资质、信条相关的叙述。有关这一点,大馆真晴《从孝的视角看〈日本书纪〉中的绥靖天皇人物像》①一文业已指出。根据《日本书纪》中"孝"的用例,大馆真晴将其特征总结为以下三点:

1.《日本书纪》中的"孝"是被作为皇位继承的理由来记述的。

---

① 大館真晴『『日本書紀』にみる綏靖天皇像—「孝」という視点から—』(『古事記年報』44、2002 年)。

2.《日本书纪》中讲述天皇形象时会使用"孝"。

3.《古事记》中没有"孝"字的用例，因此《日本书纪》中与"孝"息息相关的天皇形象较之《古事记》具有鲜明的特征。

本论文也支持上述三点。值得一提的是，"3"的重心放在了与《古事记》比较的问题上，是对"1"和"2"两点的独特性的进一步强调。也就是说，《日本书纪》中"孝"的用例特点集中体现在了"1"和"2"两点中。这两点概括起来即是，《日本书纪》中的"孝"只在有关天皇的资质、信条的叙述中出现。

三、与天皇的资质、信条相关的"孝"

上述大馆真晴的论文同样指出了在《日本书纪》中也存在不符合上一节介绍的"孝"用例主要特征的例子(本论文上一节的J～L)。但是，在先前举出的《日本书纪》的"孝"的用例中，最初九例(A～I)皆可以说是有关成为天皇者应该具备的资质与信条的叙述。本论文将详考上述九例内容。

A如前所述，是神武天皇诏文中的一节，平定海内的大业已经完成，宣布对皇祖天神进行郊祀。这一行为便是"大孝"的体现。由此可见，天皇掌控霸权与作为"大孝"的郊祀有着紧密的联系。

B是关于神武天皇驾崩后其子神渟川耳尊(后来的绥靖天皇)思慕亡父、一心服丧的记载。此处主张与庶兄手研耳命违背仁义的行为形成对比，神渟川耳才是王位继承者的最佳人选。关于此段内容，在前述大馆真晴的论文中有详细的分析。

C见于景行天皇讨伐熊袭的记述。景行天皇迎娶了熊袭枭帅的两个女儿市乾鹿文与市鹿文并佯装进行宠幸后，市乾鹿文主动提出并实行了对其父熊袭枭帅的暗杀行动。C记述了景行天皇对此行为的反应。他认为市乾鹿文杀父的举动极为不孝，于是下令诛杀了市乾鹿文。虽然，充分利用市乾鹿文后，暗杀熊袭枭帅并顺利翦除市乾鹿文这一做法显得有些无情，但从天皇的伦理观来讲，杀父这种不孝行为应当是绝对无法容忍的举动。这段记述强调了只要得到宠爱、杀害父亲也无妨的熊袭式伦理观，与即使无情也要重视"孝"的天皇的伦理观形成对比。

D 记述了应神天皇的皇太子菟道稚郎子在应神天皇驾崩后，规劝其兄大鹪鹩尊（后来的仁德天皇）代替自己继承皇位的一段话语。其中可以发现，作为成为王者的条件，"孝"是与"仁"并举的。

E 是仁德天皇驾崩后，在群臣协商两位皇子中哪一位更适合继位者时，表达雄朝津间稚子宿祢尊（后来的允恭天皇）更能胜任的言论。其判断依据仅是允恭较为年长且"仁孝"此两点。由此可见，"孝"是非常重要的。

此外，F 可见允恭针对群臣判断的一番发言，其中提及了允恭的亡父仁德生前的话，指责体弱多病的允恭若是继续这样下去无法承担皇位便是"不孝"。

G 是雄略天皇遗诏的一节，指出皇太子（后来的清宁天皇）作为继承人没有不足之处。

H 是显宗天皇所言一节，主张要掘起杀父仇人雄略天皇的坟墓并将遗骨粉碎为亡父报仇。所引内容之前，此处使用《礼记·曲礼上》及《礼记·檀弓上》中的言论，使该主张成为依据儒教伦理的内容。以下所引是包含这一部分的显宗天皇之言的全文：

> 吾父先王无罪。而大泊濑天皇射杀，弃骨郊野，至今未获。愤叹盈怀。卧泣行号，志雪仇耻。吾闻、父之仇不与共戴天。兄弟之仇不反兵。交游之仇不同国。夫匹夫之子、居父母之仇，寝苫枕干不仕。不与共国。遇诸市朝，不反兵而便斗。况吾立为天子，二年于今矣。愿坏其陵，摧骨投散。今以此报，不亦孝乎。

加点处就是对《礼记》的引用部分（实际可能参考了《艺文类聚·卷三三·人部十七·报仇》①）。由于有"吾闻"两字，可以断定此为有出典依据的一段内容。这种对儒教经典的利用，与单纯作为修饰文辞而

---

① 小岛宪之『上代日本文学と中国文学 上』（塙书房、1962 年）第三编第三章。或许也有可能依据了《修文殿御览》《华林偏略》等书籍。

借用汉籍的表达方法是截然不同的。

众所周知,《日本书纪》中最初出现"经典"一词的是应神天皇十五年八月六日的记述。记述的内容是:由百济王派遣而来的阿直伎因为拥有大量经典的知识而成为皇太子菟道稚郎子的老师,后来为了求取更加优秀的博士,日本又从百济特地招来了王仁。《日本书纪》应该是通过上述内容将其定位成了经典传至日本的起始点。因此,《日本书纪》的叙述表达了这一点,日本在显宗天皇之时已通过典籍接受了儒教伦理,这样的叙述是合乎情理的。确认了以上内容后,我们应当注意的是,H 所记载的显宗天皇的话中提到:既然我成了天皇("况吾立为天子,二年于今矣")那么这样的举措也就是孝("今以此报不亦孝乎")。对儒教典籍的引用体现了对儒教的逐渐接纳,而"孝"是关系到坐拥王权者资质的理念,这一点则又与 A 之后的各例相通。

I 是由于直系皇族无继承人,群臣议论应当由谁来继承皇位时大伴金村的一段发言内容。作为其主张大迹王(后来的继体天皇)最符合继承资格的依据,这里(与仁慈一同)举出了孝顺这一点,与 D 之类的例子是相同的。

四、"孝"以前的"孝"

通览了前述各例之后,需要重新强调的是 A 中记述的内容是神武天皇之言(诏)这一点。不同于 B 这类叙述说明的形式,因为 A 记述的是神武所说的内容,那么该条也就反映了"孝"的理念在儒教传入日本之前就已存在于日本本土了。大馆真晴《神武纪四年二月条所见皇祖天神祭祀的记载意图:以"大孝""郊祀"用词为线索》[①]一文中详细论述了如 A 这样将郊祀与"孝"相结合的理解方式正是源于汉籍的知识。虽然的确如此,但 A 中出现的"郊祀天神"这一表达在汉籍中并没有与

---

① 大館真晴「神武紀四年二月条にみる皇祖天神祭祀の記載意図—「大孝」・「郊祀」という表現を手掛かりに—」(『野州国文学』44、2003 年)。

之完全相同的表述。汉籍史书中有关郊祀多是以下两种类型：

　　a　郊祀上帝。（成帝本纪二年正月等）

　　b　郊祀高祖以配天。（平帝四年正月等）

　　上述为具有"郊祀志"分类的《汉书·本纪》中的任意两例。a 类是通过郊祀以祭祀上帝（天帝）的。这种类型的记述很明确地指出，所谓郊祀即是对保证天子王权正当性的天帝（上帝）的祭祀活动。于此相对，b 类表示的是对汉高祖（刘邦）的祭祀活动。从郊祀活动的本来目的来说，虽然其对象看似有所偏差，但实质上皆遵循了"万物本乎天，人本乎祖，此所以配上帝也"（《礼记·郊特牲》）的思想。b 类中紧接着"郊祀高祖"后的"以配天"便如是说明。而郊祀与"孝"的理念能够相结合的缘由也正是有 b 类所示的实际状况作背景。但是在 A 中郊祀的对象"天神"等同于之前的"我皇祖之灵"，如果对照上文《礼记·郊特牲》的叙述，那么，"上帝＝祖"的关系也是成立的。也就是说 A 体现了将天子（天皇）与天（天神）直接通过血缘联系到一起的基于日本独特的王权存在形式的祭祀内容，同时又表明了其理念建立在"大孝"之上。

　　C 虽然同样是单纯的记叙文，但由于其叙述了景行天皇对事态的判断，因此，若不以景行天皇自身已有对"孝"这一理念的认识作前提，便不会出现这样的记述。《日本书纪》本来就是使用汉文书写的，因此，前述论证有一个大前提，即《日本书记》是将上古日本发生的各类事情翻译成作为外文的汉文的书。因而，如果更准确地说，那就是神武以来的历代天皇所拥有的一种理念，原本不知如何去表述它①，翻译成汉文时只能将其译为"孝"。而与"孝"相关的 A～I 诸例正是体现了那些被继承下来的只能称之为"孝"的与天皇的资质相关的理念和认识。正如大馆真晴在论文中②反复指出的，虽然将"孝"作为天子应该具备的重要资质之一这一点与汉土一致，但儒教中孝是普遍的伦理道德。正如本文第一节指出，为了奖励"孝"的实践并促进其确立，八世纪初的诸多政

---

①　神武纪中的"大孝"在宽文版本的训读是"オヤニシタカフコト"，热田本是"オホヲヤニシタカフコト"。

②　参见本文注释所示大馆真晴氏诸论著。

策才得以制定。而在《日本书纪》A～I条的范围内，作为普遍伦理道德的"孝"的理念并未出现这一特征是我们需要掌握的。

五、构建"孝"理念历史发展的《日本书纪》

第三节中提到，从 H 中可见其与传入的儒教思想的融合。但是如前所述，在《日本书纪》的内部，儒教经典的传入是在应神天皇的时代，目的是为了菟道稚郎子的教育。那么，在记述了菟道稚郎子话语的 D 中，与儒教理念的融合就可能已经发生，在 D 中首次出现"仁孝"这样纯熟的表达，之后 E、G、I 中"仁孝"的反复使用（I 虽然是"慈仁孝顺"，但如第一节中所指出的"孝顺"的"孝"与"顺"属同类伦理一样，"慈仁"也可以按照同样的方式理解。因而"慈仁孝顺"可以理解为与"仁孝"基本相同。）也应该是由于在 D 的时期"孝"的理念上出现了划时代的分割点。大馆真晴的《〈日本书纪〉所见仁德天皇像——从"仁孝"的视角来看》①一文关注了"仁孝"一词，并指出这个词在汉籍史书等对王权继承者应有伦理的记述中也可见到。值得注意的是，D、E、G、I 都是记录事件时人物言语的部分，而这种记述体现了那个时代的人物自身就已经有了对"仁孝"理念的认识。这一点可以说与 A 条在神武所言中出现"大孝"是相同的记述方法。由此可以说，《日本书纪》积极记录了各个时代对"孝"这一理念认识的历史情况。

那么余下的三例（J～L）又是怎样的情况呢？

J 描述的是百济圣明王因为孩子（余昌）在对新罗战役的前线而无法与其交流，心中感到担忧。由于该条反映的是百济王所想，因此也可以理解为讲述了作为王族的资质，但这里还是应该将之作为一般的父子之爱的表现更为妥当。以"子孝"与"父慈"相对，"慈"在《日本书纪》中可见于言及天皇的资质之时（例如"仁德即位前纪"中对仁德的记述

---

① 大館真晴「『日本書紀』にみる仁徳天皇像—「仁孝」という視点から—」（『国学院大学大学院紀要・文学研究科』34、2003 年）。

是"幼而聪明睿智。貌容美丽。及壮,仁宽慈惠"),但并非仅限定于此
(例如"履中即位前纪"中的"于己君无慈之甚矣"即指暗杀住吉仲皇子
的刺领巾没有对主君住吉仲皇子的"慈"心)。"父慈""子孝"是《礼记·
礼运》中列举的十种"人义"①的最初两条。J的记述表明到了钦明天皇
的时代,在百济已经有了对这种儒教式道德的认识。对于将儒教经典
传至日本的百济来说,这种情况也是理所当然的。

K记述的是因谗言而被疑谋反的苏我仓山田麻吕在藏身处山田寺
做好自尽觉悟时的一番话。在此提出"孝"是为了规劝一起逃脱的儿子
(兴志)一同自尽。该条说明了此时日本已经接纳了作为普遍伦理道德
的"孝"。最后一条L则一目了然是人名,即新罗人通报姓名。

在A～I中,"孝"都是在与天皇的资质、信条相关的内容中出现,
与此相对,在年代上较为靠后的J～I则与天皇的资质、信条并不直接
相关,似乎是一种象征性的表达方式。这其中究竟有多少是积极的构
思在发挥作用虽然很难判断(例如L这类人名的例子,只能认为是历
史上拥有此名的人物作为新罗使来到了日本),但如K中"孝"第一次
作为臣下的理念、信条成为话题那样,可以说"孝"的理念本身已经到达
了与之前不同的层次。

总结以上内容即是说:

在《日本书纪》里出现的包含"孝"字的全部十二例中,最初的九例
都是与天皇的资质、信条相关的。其中,前三例是本来存在于日本的
"孝"的理念,其余六例特别是"仁孝"是与儒教思想融合之后的理念。
最后三例(尤其是K)则意味着"孝"的理念已经涉及到了天皇以外的阶
层。虽然上述十二例并没有清楚地显现历史叙事的情节,但是,我们可
以从中看出层次鲜明地围绕"孝"而展开的历史性构思。

---

① 十种"人义"即:父慈、子孝、兄良、弟弟、夫义、妇听、长惠、幼顺、君仁、臣忠。

六、结　语

如果将《日本书纪》内部的"孝"的展开与其最终成书的八世纪初的"孝"这一理念的实际状况联系起来看，又是怎样呢？首先，就像在本文开头提到的那样，《大宝律令》正式施行后，为了将"孝"作为重要的理念确立于世，当权者采取/进行了各种各样的尝试。然而《日本书纪》中并没有体现向广大社会阐释"孝"的有效性而促使其确立的举措。但是在《日本书纪》的内部，有关针对广大官员和民众进行启蒙的记述却并非没有。其中较具有代表性的有圣德太子的《宪法十七条》（推古天皇十二年）和有关大化改新的一系列诏书（大化二年）等。这些记述虽然提到了不同的伦理，但终究没有提及"孝"的理念①。另外，持统天皇三年六月虽然有对颁赐条令（净御原令）的记述，但与《大宝令》不同，并没有与"孝"相关的政策同时出台。虽然我们看到的历史叙述如此，但是，从结果来看，《日本书纪》反映的是与其最后成书时的"孝"的现实状况明显不同的、处于前一历史阶段的"孝"。《日本书纪》之中有关"孝"的记载，其记录的事件的最终时间与编纂完成时间点的现实之间存在着明显的层次差异。

《日本书纪》本身并不是一本以记述在日本"孝"的理念变迁为目的的书籍。但至少可以说，在八世纪初进行编纂时，在以"孝"理念的确立为重要课题的背景下，《日本书纪》是一种关于如何构想此前"孝"的理念发展状况的历史叙述。

（林宇　译）

---

① 宪法十七条第一条的内容是"以和为贵，无忤为宗。人皆有党。亦少达者。是以或不顺君父。乍违于邻里。然上和下睦，诣于论事，则事理自通。何事不成"。"不顺君父"言及对父亲态度。但其并非指应当顺从父亲，而是主张人虽与各种不和相伴，但是，因践行"以和为贵、无忤为宗"的伦理，包含亲子关系在内的人际关系也自然会秩序井然。这其中还未体现"孝"的理念。

汉语词汇"人子"与和语词汇
"人(ひと)の子(こ)"

——以古代日本对"孝"相关汉语词汇的受容为中心

三木雅博

序　论

随着儒教文化的势力在东亚的发展,孝思想也在东亚各国渐次生根、发芽。人们认为,在日本,在应神天皇统治的时代,《论语》等儒教经典从朝鲜半岛的百济传来(见《古事记》应神天皇条),而在继体天皇和钦明天皇统治的时代,百济则向日本派遣了五经博士(见《日本书纪》继体天皇七年条、钦明天皇十五年条),这使得儒教比佛教更早传入日本。随着儒教被用于治国理政,孝思想也逐渐为日本社会所广泛了解。

在综合研究孝思想在古代日本社会中的影响范围和传播方式的书目当中,田中德定著有《孝思想的受容与古代中世文学》(新典社,2008年)一书。其中的"第一部　古代日本的孝思想受容"又分为"第一章《日本书纪》中的天皇与孝思想""第二章　从孝子表彰看孝思想""第三章　古代日本的祖先祭祀和孝思想""第四章　报恩、追善与孝"和"第五章　不孝—宗教意义上的罪恶"五个章节,主要从制度、仪式、祭祀和宗教这几个方面讨论了古代日本社会中孝思想的定型和传播问题。

本文采用了与田中氏著作中不同的视角,主要考察日本在接受孝思想的过程中逐步开始使用的"词汇"的情况。具体来说,就是考察汉语词汇"人子"与其日语训读即和语词汇"人の子"的使用情况。"人子"一般理解为"孩子"，但正如后文所述，在古代中国，这个词语多数时候都是一个与向父母尽"孝"相关的、用法特殊的词汇。在日本的古代文献资料中也可以看到汉语词汇"人子"的用例，其用法也明显带有中国文献中"人子"一词用法的痕迹，多用在与向父母尽"孝"相关的文章当中。而且，在日本，汉语词汇"人子"被训读为"人の子"，并逐渐渗透到和歌等和文文学作品当中。"人の子"也不仅仅是"孩子"的意思，而是仍被应用在与向父母尽"孝"相关的语境当中。

本文在观察汉文"人子"的接受情况、"人子"的训读以及和文词汇"人の子"用法的同时，希望通过一个"词语"，管窥古代日本孝思想的根源所在。

一、"人子"在中国古代的用法

1. "人子"在《礼记·曲礼》中的用法

在中国，"人子"是从很早之前就开始使用的词汇，一般来说可以单纯理解为"孩子"的意思。下面，就具体列出中日两国较具代表性的大辞典对"人子"一词的解释。

《汉语大词典》：

1. 指子女。《礼记·曲礼上》："凡为人子之礼，冬温而夏清，昏定而晨省。"

2. 耶稣的自称。

《大汉和辞典》：

人子。孩子。又指别人的孩子。

《礼记·曲礼上》"百年曰期颐"疏：

"人子用心，要求亲之意，要尽养道也。"

《左氏·宣十二》：

"不以人子,吾子其可得乎。"

《中文大辞典》:

"人之子也。又他人之子也。"(举例与《大汉和辞典》相同)

以《辞海》为代表的很多小辞典大多都未设置"人子"这个词条。由于《中文大辞典》延续了《大汉和辞典》的词解和用例,因此我取中日两国的代表性辞典《汉语大词典》和《大汉和辞典》的解释来进行说明。这两者都是将"子女""人子、孩子"作为"人子"的第一语义(《大汉和辞典》将"别人的孩子"作为第二语义,举的是其《左传》当中的用例)。但另一方面,只是将"人子"解释为"子女"或"孩子"的话,又不能充分说明这个词语在古代中国所表达的意思。

有关"人子"用例的话,在《汉语大词典》中举出了《礼记·曲礼上》的文章,而在《大汉和辞典》中也举出了《礼记·曲礼上》的文章的"疏"的内容。首先,《汉语大词典》中所列举的《礼记·曲礼上》内"凡为人子之礼,冬温而夏清,昏定而晨省"一句,意为"但凡为人子女(对待父母)的规矩是,要保持(父母的住处)冬暖夏凉;夜里要注意帮父母铺床叠被,白天必须要询问父母身体是否有恙"。这个是讲述"人子之礼"的,即作为孩子日常应该如何照顾父母的礼法。《大汉和辞典》中举出的《礼记·曲礼》的"疏"中则说,对于"颐"(为"养"之意),"人子"应做到即便父母已有百岁高龄,也要苦心竭虑地揣摩父母的想法,全心全意地赡养父母。

不论是《汉语大词典》还是《大汉和辞典》,所举的"人子"的古代用例都来自《礼记·曲礼上》—《大汉和辞典》字典中所举的为其"疏"—这并非偶然,因为在《礼记·曲礼上》中,除这两例之外,也集中出现了其他"人子"的用例。

a. 夫为人子者,三赐不及车马。故州闾乡党称其孝也(下略)。

b. 夫为人子者,出必告,反必面,所游必有常,所习必有业。恒言不称老。

　　c. 为人子者,居不主奥,坐不中席,行不中道(中略)听于无声,
视于无形。

　　d. 为人子者,父母存,冠衣不纯素。

　　a句讲的是,"人子"侍奉君王,君王先赐予官职,再赐予官职相符
的衣服,三赐予位阶和车马。但因为获赐车马后,人子就成了安乐享福
之人,和父母的身份相齐平,因此人子不接受车马,以防超越父母的身
份(由此乡党赞赏其孝行)。b句则是人子顾虑父母而制定的一系列细
致的礼法,比如,人子在离开家时一定会告知父母自己的去处,回家后
一定会拜见父母确认他们是否平安,而游玩和学习也必定遵照规矩去
做;与人说话时总会顾及父母的心情,因此不会称自己"老"等等。和b
一样,c讲的是人子以父母为中心行事的种种礼法。例如,人子在采取
种种行动时会避开中心的位置;在父母将自己的意志用言辞和形色表
达出来之前,就应察觉到他们的想法,进而采取行动等等。d则说的是
(人子)着装的规范,即父母在世时,不应穿着与父母死时所着丧服颜色
相近的素服(白绢织制的衣物)。

　　在《礼记》中,除了上面所列举的《曲礼》之外,《大学》之中也能看到
"人子"的用例。

　　　e. 诗云"穆穆文王,于缉熙敬止"。为人君,止于仁。为人
臣,止于敬。为人子,止于孝。为人父,止于慈。为国人交,止
于信。

　　在这里,与"人君""人臣""人父"并列的是"人子"。文中一一列举
出与这些身份相应的道德准则,其中给"人子"规定的是"孝"。

　　《礼记·曲礼上》中,"人子"一词几乎都用在描述尊敬、服侍、赡养
父母时,与人子应如何行事的相关礼法的文脉当中。进而,如a例所
示,不论是世人称赞遵照礼法行事为"孝",还是《礼记·大学》中指出
的"人子"必须行"孝"等等,显示出"人子"一词和"孝"密不可分的
关系。

　　此外,在《礼记·曲礼》集中使用的"人子"用例中(除此之外,"人

子"一词仅分别在《十三经》中的《春秋左传》《公羊传》和《孟子》中各有一例①），"人子"常常以"为人子"这种强烈地意识到"父母"存在的形式出现。如出现在"（对父母来说）为子女者，应该……"这种文章脉络当中。

从上述情况看来，在中国古代，可以说"人子"一词在儒教的根本经典《礼记》之中，是被当作一个与子女向父母行"孝"有关的、特殊的词语来使用的。

2. 与"孝"结合的人子及其传播

这之后，"人子"与"孝"结合在一起，开始出现在经书以外的各类文献之中。比如说在史书之中，出现了以下一些"人子"的用例：

> 扶苏为人子不孝，其赐剑以自裁。（《史记·李斯列传》）
>
> 为人子言依于孝，与人弟言依于顺，与人臣言依于忠，各因势导之以善，从吾言者，已过半矣。（《汉书·列传四二》）
>
> 与人父言，依于慈，与人子言，依于孝。（《晋书·列传二〇》）

正如前面所举的《礼记·大学》中出现的"人子""人弟""人臣""人父"等等，依据各种身份而举出的必备道德标准的例子十分引人注目。

另外，值得注意的是，在并非经书、史书这类知识人的读物，而是作为童蒙书如为了向孩子讲述"孝"的重要性而被编成多种《孝子传》中，也可以见到下面这样的例子。

> 船桥本《孝子传》原谷（在中国通常写作"原毂"）
>
> （原谷的父亲是个不孝子，他命令原谷将自己的父亲[即原谷的祖父]丢到山里。原谷按照他说的，用步辇载着祖父来到山里，

---

① 其他用例如下：

· 季氏以公鉏为马正，愠而不出。闵子马见之，曰："子无然。祸福无门，唯人所召。为人子者，患不孝不患无所。敬共父命，何常之有？若能孝敬，富倍季氏可也。奸回不轨，祸涪下民可也。"（《左传·襄公二十三年》）

· 许人臣者必使臣，许人子者必使子也。（《公羊传·襄公二十九年》）

· 为人臣者，怀仁义以事其君，为人子者，怀仁义以事其父，为人弟者，怀仁义以事其兄（《孟子·告子下》）

但又把步辇带回了家里。)原谷走还,赍来载祖父辇。(父)呵责云,何故其持来耶。原谷答云,人子老父弃山者也。吾父老时,入之将弃。不能更作。爰父思惟之更还,将祖父归家。

这个是与"(对父母来说)为子女者,应该……"这个文章脉络中所用的"人子"一词正好相反的一种用法,是用"人子应将年迈的父亲丢在山中"这句话来警示父亲,(如果将爷爷丢到山里的话)自己也将学习父亲这种不孝的行为。

同上姜诗

(姜诗的母亲喜欢江水和鱼脍,因此,夫妻俩每天奔去六十里外的江边汲取江水,捕捞江鱼)孝敬所致,天则降恩,甘泉涌庭,生鱼化出也。人之为子者,以明鉴之。

划线处与前面所举的《礼记》中"为人子者"的意思相同,用以表示世间(父母的)子女,都应将姜诗的孝行作为学习的典范。

由此我们可以想象,通过《孝子传》这样教育儿童"孝"的道理的幼儿启蒙读物,即便是无法阅读经书和史书的普通民众及初学者,也会渐渐受到"人子"以及这个词语含义的影响。

二、汉语词汇"人子"在古代日本的用法

1. "人子"在古代日本诏书中的用法

在中国古代,"人子"一词最初集中出现在《礼记》等经书里,随后出现在继承《礼记》源流的《史记》和《汉书》等史书,以及《孝子传》等幼儿启蒙读物中。这些书籍通过以遣唐使为代表的多种途径,于8世纪初的奈良时代传入日本。正如"序言"中所述,孝思想随着儒教一起传入日本,在奈良时代和佛教相融合,这不仅对上等阶层产生了影响,而且也广泛地渗透到了平民中间。其中,"人子"一词也渐渐得以应用。在日本,最为引人注目的当属多见于史书(六国史)中"诏书"部分的"人子"用例。

165

《续日本纪》(菅野真道等撰。延历十六年[797]成书。记录文武天皇元年[697]至桓武天皇延历十年[791]九十五年间的历史):

> 养老六年(722)二月甲午　诏曰。去养老五年三月二七日兵部卿从四位上阿倍朝臣首名等奏言,"诸府卫士,往往偶语,逃亡难禁。所以然者,壮年赴役,白首归乡。艰苦弥深,遂陷疎网。望令三周相替,以慰怀土之心"。朕君有天下,八载于今,思济黎元,无忘寝膳。向隅之怨,在余一人。自今以后,诸卫士仕丁,便减役年之数,以慰人子之怀。其限三载,以为一番。依式与替,莫令留滞。

这是圣武天皇的诏令,内容是说,被朝廷招来做卫兵的地方百姓,由于只有年老后才能返乡,有很多人厌恶长年的徭役而逃跑,因此下令规定服役时间为三年,一旦到期必须立刻轮换,不得延误。其中"以慰人子之怀"的"人子之怀",大致是指被迫离开故乡前往都城的卫士们对"(留在故乡的)父母的思念之情"吧。这里"人子"的用法意在表现子女对父母的"怀"的情感,很好地利用了中国"人子"一词对"父母"具有强烈意识的用法。

> 天平宝字二年(758)八月庚子朔　高野天皇让位于太子,诏曰:"……朕久居皇位,管理天下政事,事务越发繁重,时间越发长久,责任重大,但朕已无力承受,不堪重负。加之无法向母亲皇太后尽人子之理,行定省之礼,朕因此日夜不安。因此,朕决定退位,行人子之理,侍奉母亲皇太后,如此所想,定下嗣君,传位于皇太子。宣天皇御令,众卿听命①。"

与前面圣武天皇四字句为基础的汉文体诏书相对的是,孝谦天皇(女皇)的则是由和汉混交的"宣命体"所作的和文诏书。内容是说,高野天皇(孝谦)因为政事操劳,久居天皇之位,渐至于为政所累,不堪重负。加之无法伺候母亲皇太后(即圣武天皇皇后,光明皇太后),心情也

---

① 　译者注:如无特殊说明,所引用例均为译者自译。后文中部分引文引用其他现有译著,将进行特别说明。

由此"日夜不安",因此,为了退位成为"闲人"来照顾母亲,而让位给皇太子。文中将天皇无法伺候母亲皇太后表达为无法行"定省"这个"人子之理"。由于这是和文诏书,因此"人子"在口述时会被训读作和文的"人の子"。但这一处用法明显是基于1-1中所举的《礼记·曲礼》中"凡为人子之礼,冬温而夏清,昏定而晨省"一句,由此可知"人子"是在中国孝思想的熏陶之下而开始使用的词语。

> 天平宝字三年(759)六月庚戌　天皇驾临内安殿。命各司主典觐见。诏曰:"……大抵人子远离祸端获得福分,是为父母所为。应将天大的福分送给亲王(此处指淳仁天皇父亲舍人亲王)才是。因此,自今日起追赠皇舍人亲王为崇道尽敬皇帝,当麻夫人为大夫人,兄弟姐妹亦尽称亲王。宣天皇御令,众卿听命。"

这个诏书讲的是,光明皇太后命令即位的淳仁天皇,给父亲舍人亲王追赠"天皇"尊号,改称母亲当麻夫人为"大夫人",兄弟姐妹为"亲王"。淳仁天皇对此有所推辞,光明皇太后则教育他说,身为"人子"应为父母去祸得福,而这样做(追赠天皇称号)则是将莫大的福分全部赠与父亲的一种手段,淳仁天皇听了之后便照做了。这之后,天皇发布了追赠父亲舍人亲王"崇道尽敬皇帝",母亲当麻夫人"大夫人",兄弟姐妹"亲王"称号的诏书。在这个例子中,淳仁天皇追赠父亲舍人亲王"天皇"称号的事情被解释为"人子"对父亲应尽的义务,这自然也是"人子"与向父母尽孝有关的用法。

> 天应元年(781)四月癸卯　天皇驾临大极殿。诏曰:"朕闻人子欲得福,应为父母做事。由此,朕决定称生母高野夫人为皇太夫人,追赠官位。(下略)"

这和上文中淳仁天皇为父亲追赠天皇称号一例类似,光仁天皇听闻"人子"得福全为父母,因此下诏追赠自己的母亲高野夫人"皇太夫人"的称号和冠位。由此可见,使用"人子应做为父母积福之事"已成为天皇想要追赠父母尊号时惯用的理由。

167

平安时代，都城迁至京都之后，诏书之中仍继续应用"人子"一词。

《续日本后纪》（文德天皇下命编纂，于贞观十一年［869］成书。记录了从仁明天皇天长十年［833］到嘉祥三年［850］之间的十八年历史）中记载：

> 承和七年（840）五月辛巳　后太上天皇顾命皇太子曰、予素不尚华芳。况扰耗人物乎。敛葬之具、一切从薄。朝例凶具、固辞奉还。（中略，大体为控制追善法事和陵墓祭祀规模的指示）夫人子之道、遵教为先。奉以行之、不得违失。

太上天皇在给皇太子留下自己的葬礼和祭祀务必从简的遗言后，严命皇太子，道："所谓'人子之道'，就是将遵守（父母的）教诲放在第一位，因此务必按照我说的去办，不得违背。"

《日本文德天皇实录》（清和天皇下命编纂，元庆三年［879］成书。记载了文德天皇嘉祥三年［850］至天安二年［858］八年间的历史）中记载：

> 嘉祥三年（850）四月甲子　天皇于大极殿即位，策命："……天皇朝庭，众卿襄助侍奉。宣天皇御令，众卿听命。凡人子欲得福，应为父母所为。因此，朕追称母亲藤原氏为皇太夫人。"

与《续日本纪》中天平宝字三年、天应元年的例子相同，天皇在追赠母亲藤原氏"皇太夫人"尊号时，使用了"人子"应对父母所尽义务这个惯用的理由。

《日本三代实录》（延喜元年［901］成书。记载清和、阳成、光孝三代天皇从天安二年［858］至仁和三年［887］三十年间的历史）之中，也多见"人子"的用例，但均与前文所述《文德实录》中的用法一样，都用在天皇下诏将尊号赠与母亲等近亲的场合，就连表达方式也较为相似。正是如此，奈良时代末期以后，在诏书中所使用的"人子"惯常地用于天皇赠与近亲尊号的场合，"人子"应对父母尽孝也成为了促使赠与行为正当化的理由。再者，由于多数诏书是用和文宣读的，因此"人子"一词实际上是以"人の子"这种和语词汇的形式传达给臣子们的。因此当我们后面继续考察"人の子"的用法时,我希望大家能回想起诏书当中的多数的"人子"是以其和语训读"人の子"的形态存在的事实。

2. 诏书之外的汉语"人子"的用法

除天皇所发布的诏书之外,汉语词汇"人子"一词也出现在与官员有关的文章之中,有下面的一些用法。

首先在法令方面,"人子"在《律令》中的《令》(养老令)的注释《令集解》(惟宗直本撰。九世纪中叶成书)中有所使用。在《假宁令》中的《定省假条》记载:

> 凡文武官长上者,父母在畿外,三年一给定省假。

对于这个条文的注释如下:

> 谓定省者,孝子事亲,昏定晨省是。既云文武官长上者……曲礼上曰,凡为人子之礼,昏定而晨省。郑玄曰,定安其床衽也。省问其安否何如也。

划线部分已见于前面所引《礼记·曲礼上》的引文,这段话如前所见是中国文献中的著名的用例,并非出自日本文献,不过,《定省假条》一文是与2-1中所举的第一个使用了"人子"一词的诏书,即《续日本纪》养老六年诏书有关的法令。法令规定,为了方便官员照顾父母,三年给予一次名为"定省假"的假期。注释中为了说明"定省"一词的意义,引用了《礼记·曲礼》的正文和郑玄的注释,表示"定省"一词意为人子应向父母所尽的一项义务。

再者,平安时代初期的敕撰汉诗集《经国集》(淳和天皇下命编纂,天长四年[827]成书)中,在决定文官录取与否的"对策文"部分有下面的这个例子。

> 延历二十年(801)二月二十五日监试
> 问者:大学少允菅原清公,对者:文章生栗原年足。
> 问"宗庙禘祫":阐述宗庙由来和祭祀礼仪。

对。窃以，遐观囊册想太易之初，历讨绵书寻混元之始。……
夫孝者发于深衷，本于至性。行之在己，外无因物之劳。体之由
心，内有徇情之逸。万德虽舛以道为宗、百行虽殊以孝为大。施之
于国则主泰，用之于家则亲安。既可以施于一人，又可以移于四
海。舒之则盈宇内，卷之则发怀中。圣人之德无加于孝，人子之德
无加于孝。人子之道可不钦哉。是以千帝百王，慎终追远。前贤
往哲，事死如生。（以下略）

回答者将宗庙的起源归结到表露孝心之中，用以说明"孝"的功德
的伟大之处。其中有"圣人之德与人子之德无过于'孝'"一句，论述的
是"人子之道"，即从子女应珍视孝道的想法派生出帝王追忆和侍奉祖
先的行为。在"下略"的部分之中，回答者又阐述了这些行为和宗庙祭
祀之间的联系。

这篇对策文的作者栗原年足并不以文人、学者身份扬名，估计应该
是以一名普通文官的身份了却一生的人物吧。不过，在平安初期大学
寮还未十分完备之时，一名平凡的文章生便能论述宗庙祭祀由"孝"发
源，并将这种"孝"归结到"人子"想法的反映之上。由此可见，有意成为
官员的人们对"人子"一词是与"孝"结合起来理解的，并且，把"人子"一
词运用在他们用汉文写作的文章中。

在古代日本，汉语"人子"多用于天皇追赠近亲尊号的诏书之中，这
可以说是这个词汇用法的最大的特点了。但同时，官员们在《律令》或
者对策等实用性的文章中，遇到与"孝"有关的问题时，也可以使用这个
词汇。我们不难想象，这些汉语词汇"人子"的用法，主要还是受到 1 中
所举的经书《礼记·曲礼上》部分中一连串的用例的巨大影响。除此之
外，自奈良时代起的幼儿启蒙读物《孝子传》等书籍①对于初学者将

---

① 有关日本奈良时代《孝子传》的受容情况，可参照小岛宪之『万叶以前—上代びとの表现』
（岩波书店、1986 年）第六章「上代官人の『あや』その一——外来说话类を中心として—」、
东野治之『日本古代史料学』（岩波书店、2005 年）第一章「编纂物」5「律令と孝子伝—汉
籍の直接引用と间接引用—」、黒田彰『孝子伝の研究』（思文阁出版、2001 年）Ⅰ－三「令
集解の引く孝子伝について」等文。

"孝"和"人子"等汉语联系在一起理解大概也有一定的影响。

三、和语词汇"人の子"在古代日本的用法

1. 和语词汇"人の子"在《万叶集》中的用法

在 2-1 中，我已指出，日本古代天皇发布的诏书中多见汉语词汇"人子"一词，这也是汉语词汇"人子"较有特点的用例。在这种情况下，由和语训读而成的诏书中，"人子"有可能被训读为和语的"人の子"。但是，在本来就由和语构成的《万叶集》的和歌中，和语"人の子"也有很多用例。

不过，其中多数用例属于如下所示的情况。

卷十一·2486、作者未详歌

珍海　浜辺小松　根深　吾恋度　人子姤（原文）

千沼の海の　浜辺の小松　根深めて　吾恋ひ渡る　人の児故に（训读释文）

（中译：千沼海岸小松，扎根深；我为人妻，一片苦恋心①。）

卷十二·3017、作者未详歌

足桧之　山川水之　音不出　人之子姤　恋渡青头鸡（原文）

あしひきの　山川水の　音に出でず　人の児故に　恋ひ渡るかも（训读释文）

（中译：山溪水，默默流；因是他人女，暗相恋，莫出口。）

1-1 中所举的《大汉和辞典》中汉语词汇"人子"的语义一般为"孩子"，但作为第二种用法也举出了"别人的孩子"这个语义，作为用例举的是《左传·宣公十二年》"不以人子，吾子可得乎"。但是，在日本古代，和语"ひとのこ"（人之子）一般却指代"别人的孩子"。而且，这种指

①　译者注：译文引自赵乐甡译《万叶集》，译林出版社，2002 年。如无特殊说明，本文中《万叶集》和歌翻译均引自该书。

代几乎如上面所举的两首和歌一样，存在着某种特定的倾向，即诗人为男性，而"ひとのこ"则指的是自己心爱的、在别人保护之下的女性。这时，"こ"(子)就并不是"孩子"的意思了，而是对爱慕着的女子的爱称。"ひとのこ"则是指，被父母严密监视的女儿、有丈夫的妻子等等，这种用法成为相闻歌(恋歌)中男方咏唱爱上无法得到的女性之苦情时所常见的定型用语。

其中，与上述用法界限分明的则是，两首使用了与本文主题"孝"相关的汉语词汇"人子"的关联语"ひとのこ"的和歌。这之中，一首便是卷十六中选取的长歌《竹取翁歌》(3791)附带的《娘子等和歌九首》中的一首。首先，长歌《竹取翁歌》的题词是这样写的：三月，竹取翁在郊外登高远眺，遇到了九个煮汤菜的美女(即娘子等)。美女拜托他帮忙煮饭，因而也坐下来一起闲聊，最后，美女们开始嫌弃竹取翁。竹取翁为了补偿过于亲近美女们的罪责，而作了一首长歌。长歌的内容和唐诗《代悲白头翁》比较相似，竹取翁在长歌中慢悠悠地讲述道，自己年轻时也是一个多么令人惊叹的美少年，又是如何受女人们喜爱的。末尾又向女人们倾诉道："我过去是多么受欢迎呀，难道今日你们就可以如此轻慢我这个老翁吗？"最后好像还不忘再打美女们一棒子似的，又做了一首长歌：

> 如是所为故为　古部之　贤人藻　后之世之　坚监将为迹
> 老人矣　送为车　持还来（原文）

> 是の如为られし故し　古への　贤しき人も　后の世の　鑑
> に为むと　老人を　送りし车　持ち帰りけり（训读释文）

> （中译：事实诚如此，因以思古贤。昔时有圣训，应为后世鉴。且将弃老车，返家接回还。）

长歌的最后所咏的"过去的贤人们为了给后世做表率，也将载着老人的车子送了回去"，指的就是 1-2 中所举的《孝子传》中原毂（日本写作原谷）的故事。"过去的贤人"指的就是原毂，"将载着老人的车子送了回去"指的是，嫌弃年老父母的父亲命令儿子原谷将自己的父亲放在步辇上丢进山里，但原谷只是将步辇带了回来并说，"所谓人子，就是抛弃老父亲的人"。父亲一想到自己老了以后也会被儿子嫌弃，进而遭受同样被抛弃的命运，因此就反省了自己的行为，把父亲接回了家。也就是说，被美女们嫌弃的竹取翁是(通过这个例子)在向美女们进行反击："做那样的事的话，等你们老了以后，也会和我一样被年轻人嫌弃哦。"在这首长歌之后的两首反歌中，竹取翁讲道："若是年老，你们也一定会生出白发的""等你们长出白发之后，也会如我一般被年轻人骂的吧"，很好地呼应了长歌末尾引用的原谷故事的训诫："嫌弃老人的人，等他自己年老时，也一定会被后代所嫌弃的(所以不应该嫌弃老人)。"①

在竹取翁的这首反歌之后记录了九名女孩各自吟诵的和歌，大家都反省了自己嫌弃竹取翁的行为，表明了自己亲近竹取翁的态度。其中，值得注意的是下面这首第六名女子的和歌(卷十六·3799)：

  岂藻不在　自身之柄　人子之　事藻不尽　我藻将依(原文)
  岂もあらぬ　己が身のから　人の子の　事も尽くさず　我も寄りなむ(训读释文)

(中译：吾亦非良妇，未尽人子事，我亦侍阿翁②。)

事实上，现在多数《万叶集》的注释书都将这首和歌中的"人子之事藻不尽"训读为"人の子の　言(こと)も尽くさじ"，例如"如别的女孩子一般没法很好得表达出来""如别的女孩子一样说不出话来"等表达，这些注释将"人の子"解释为"其他的女孩子(即其他的姐妹)"，将"事"解释为"言"(在和语词汇中，"事"和"言"都训读做"こと"，将二者视作同根词)。但是，如果将"人の子"理解为"在一起的其他姐妹"之意的话，就与前面所说的，万叶和歌中"人の子"多指"在他人保护下的女性"之意产生了巨大的分歧。而且，如果要表达"言も尽くさじ"的意思的话，那么为

---

① 有关《竹取翁歌》的构想和结尾所引用的《孝子传》中原谷故事之间的关联，可参照三木雅博「『竹取翁歌』臆解—現存の作品形態にもとづく主題の考察—」(『井手至先生古稀記念論文集　国語国文学藻』和泉書院、1999 年)。

② 此处为笔者自译。

何原文不一开始就用"言藻不尽"来表示呢，这又产生了一个疑问。也就是说，应按照原文的表记方式，将"事"当作"事"的本意来理解。这里的"人の子"也不应解释为"被他人所监护的女性"，而应将其作为本文所讨论的与"孝"相关的汉语词汇"人子"一词的训读"人の子"，也就是说要以与2-1中所举的诏书之中的"人子之理"、"人子乃"中训读为"人の子"的词汇放到一起，采取同样的角度来理解。也就是说，"人（ひと）の子（こ）の事（こと）も尽（つ）くさず"指的应是"没有充分尽到作为人子应尽的义务"，也就是说这是反省作为子女尽的孝行还不够的语句。竹取翁的长歌的末尾引用了《孝子传》中原谷的故事，而这篇文章中也存在着包含"人子"一词的《孝子传》的文本，从这两者之间的关联来看，这么考虑也是比较自然的。

这是《万叶集》第一首使用与"孝"有关的"人の子"的和歌，还有一首是卷十八中大伴家持所作的《贺陆奥国出金诏书歌》（4094）。天平二十一年（794），陆奥国采集到了黄金，当时，圣武天皇正为东大寺大佛镀金所需黄金不足的情况而烦恼，听闻此事后大喜，一方面发出了命令东大寺发布感谢文书的诏书，另一方面也下诏也要将这份喜悦与民众同享。在后面这份诏书当中，天皇赞赏了大伴和佐伯两个氏族代代作为武士侍奉天皇家的忠节，为了感谢天皇的赏识，大伴家持便吟诵了下面这首长歌。其中，描述大伴氏和佐伯氏继承了先祖效忠天皇的誓言的部分使用了"人の子"的表达。

（前略）大伴等　佐伯乃氏者　人祖乃　立流辞立　人子者
祖名不绝　大君尔　麻都吕布物能等　伊比都雅流　许都能都可
左曾（后略）（原文）

大伴と　佐伯の氏は　人の祖の　立つる言立　人の子は
祖の名絶たず　大君に　まつろふものと　言ひ継げる　言の官
そ（训读释文）

（中译：噫我大伴与佐伯，二氏并比，为之祖父，其先训是稽，为之子孙，其祖名是维，以事我大君。①）

---

① 译者注：译文引自钱稻孙译、文洁若编《万叶集精选》，上海书店出版社，2012 年。

这里的"人の子"，当然并非万叶和歌中一般所指的"在他人保护下无法得到的女性"。但是，现在几乎所有的注释书都将只是"人の祖"解释为"祖先"，将"人の子"解释为"子孙"，再没有超出以上范围的解释。在江户时代后期具有代表性的《万叶集》注释书，鹿持雅澄的《万叶集古义》（文政十年［1827］左右成立）中有如下记录：

　　人の祖は、ただ祖にて祖先なり。凡て古へは、ただ祖を人之祖、ただ子を人之子と云ることあり（原文）

　　（中译："人の祖"和"祖"同意，指的是"祖先"。大概是因为古时候，人们称"祖"为"人の祖"，称"子"为"人の子"。）

正是继承了这个解释，现代的注释书也将"人の子"中的"人の"视作没什么意义的、只起装饰作用的修饰语。

但是，同属江户时代的注释书，北村季吟的《万叶拾穗抄》（元禄三年［1690］刊），对于"人の子は祖の名絶たず"（为之子孙，其祖名是维）一句却有如下解释：

　　亲の忠节の名を子孙まで绝さずと也。身をたて道ををこなひ、父母の名をあぐるは孝の终也と孝经にいへる心にや（原文）

　　（中译："子孙不得辱没先祖忠节的名声"之意。与《孝经》中所说的"立身行道，扬名于后世，以显父母，孝之终也"表达了同样的情感。）

正如解释中所说，这里（季吟）认为这首歌是家持是在意识到《孝经》开宗明义章中"立身行道，扬名于后世，以显父母，孝之终也。夫孝，始于事亲，中于事君，终于立身"一句后吟诵的。这里自然也是想到了与"孝"有关的汉语词汇"人子"才会使用"人の子"这个词吧。

如上所述，在《万叶集》中出现的和语词汇"人の子"当中，尽管数量较少，但仍然存在意识到与"孝"有关的汉语词汇"人子"一词后进而被使用的例子。而现在的注释书并没有考虑到这个情况，只是将"人の子"一般化地解释为"别人的孩子"，结果仅仅被解释为与"子"相同的意思。但正如2-1和2-2中所述,在古代日本,从与"孝"有关的汉语词汇"人子"得到相当广泛地应用这点来看,即便存在和语词汇"人の子"沿用汉语词汇"人子"语义用法的情况也并不奇怪。

四、与"孝"有关的和语词汇"人の子"的普及

正如第三节中所述,在古代日本,与"孝"相关的汉语词汇"人子"及其训读和语词汇"人の子"分别出现在诏书和万叶和歌当中。进入公元9世纪后的平安时代,不仅是汉字,假名也开始用于书写日语的文字,用假名创作的和歌与物语也在世间流传开来。这些初期假名文学作品当中,有一部非常有名的作品运用了与"孝"有关的和语词汇"人の子",这便是下文中《伊势物语》84段的母子赠答歌。

从前有一个男子。官位低微,但他的母亲是皇女。母亲住的地方在叫做长冈的地方,儿子则在官中当差。他时时想去探望母亲,然而总不能常常去访。母亲只有这么一个儿子,很是疼爱,常常想念他。这样地分居两地,到了某年十二月,母亲派人送给他一封信,说是很紧急的。他大吃一惊,连忙拆开来看,其中并无别的文字,只有一首诗:

残年生趣尽,死别在今朝。

望子归来早,忧思日日增。

儿子读了这诗,来不及准备马,急急忙忙步行到长冈,一路上淌着眼泪,心中咏这样一首诗:

但愿人世间,永无死别忧。

慈母因有子,延寿到千秋。①

---

① 译者注:译文引自丰子恺译《伊势物语》,译文出版社,2011年。其中的两首诗原文为以下两首和歌。
　　1. 母亲所咏和歌:老いぬれば避らぬ別れのありといへば　いよいよ見まくほしき君かな
　　2. 儿子所咏和歌:世の中に避らぬ別れのなくもがな　千代もと祈る人の子のため

文中的"男子"指的是阿保亲王的儿子、著名歌人在原业平(825—880),"母亲"则是指桓武天皇的第八皇女伊都内亲王(生年不详—862年)。这首歌流露出了儿子祈祷年老体弱的母亲永远不要死去的坦率而直白的心情。这首歌中的"人の子"自然指的并不是万叶和歌中常用的"在他人保护下的、爱慕着的女性",而是强烈意识到父母存在的"孩子"的意思。

男人是受母亲宠爱的独生子。成人后,为了报答母亲的养育之恩,自然应当如1-1中所引的《礼记·曲礼上》中所述的"凡为人子之礼,冬温而夏清,昏定而晨省"那样,早晚都在母亲身边尽孝才是。然而,母亲隐居在都城的郊外,而男人自己又在宫中任职,公务繁忙,无法长伴母亲左右。男人能做的,仅仅是祈祷母亲长寿、永远不要死去。对于男人来说,这是他能够为母亲尽的身为"人子"的最起码的义务,也是他尽"孝"的方式。因此,在这个章节当中,仅仅在吟诵和歌时不再称他为"男(おとこ,意为"男子")",而特意将他的称呼换为"その子(其子)",这可以说是起到了为和歌中使用"人の子"埋下伏笔的作用。

如此一来,随着对物语故事解读的深入,这首《伊势物语》和歌中"人の子"的用法可以说还是继承了与"孝"有关的汉语词汇"人子"的源流。不过,即便没有意识到这个发展路径,我们也能很自然地感受到孩子惦念父母的心情,因此在这首和歌中,和语词汇"人の子"可以说毫无痕迹地融入了和歌当中。和歌的作者在原业平是以把当时日本刚开始流行的白居易诗歌为代表的、各种各样的汉诗题材以及表现手法巧妙地融入和歌当中而出名。这首和歌中,业平也活用了"人の子"来源于与"孝"有关的"人子"一词的属性,将其放入了寄托祈祷母亲长寿愿望的诗歌当中。自从被用到《伊势物语》中业平的名歌里之后,"人の子"一词逐渐开始为人所知,其意相对于万叶和歌中普遍所指的"在他人保护下"的女性,更多地被理解为与父母有关的"孩子"的意思。

结　语

上文考察了古代日本对汉语词汇"人子"的接受情况，以及在汉语词汇"人子"影响下的和语词汇"人の子"的使用情况。总结上文所述的要点如下：

其一，在中国古代，"人子"一词首先集中出现在《礼记·曲礼》中，大多用在"(对父母来说)为子女者，应该……"这个特定的文章脉络当中，其用法与对父母尽"孝"相关。在这之后的史书和幼儿启蒙读物《孝子传》之中也出现了同样形式的用法。

其二，在日本古代，从奈良时代开始使用汉语词汇"人子"一词，但用例主要集中在天皇所发布的诏书当中。这其中多数是天皇在颁布追赠近亲尊号的诏书时，为了将赠与尊号的行为正当化、把"人子"对父母应尽的义务作为追赠的理由，而将这个词语使用在文章脉络之中的。此外，《律令》的注释中也引用了《礼记·曲礼》的中"人子"的用例，而文章生的"对策文"当中也可以看到"人子"的用例。官员们也将"人子"一词与"孝"联系到一起考虑，并将其划入常用词的范畴内。同时，使用和语诵读诏书时，"人子"常被训读为"人の子"，因此，和语词汇"人の子"也逐步得到了应用。

其三，在日本古代，和语词汇"ひとのこ"为"在他人保护下无法得到的女性"之意，是《万叶集》恋歌中常用的词汇。但是，在《万叶集》的和歌当中，尽管数量比较少，也有与诏书中使用的汉语词汇"人子"的训读"人の子"意义相通的用例。平安时代的《伊势物语》中在原业平的名歌里所用的"人の子"也来自于与"孝"有关的汉语词汇"人子"。在这首名歌中所用的"人の子"并非是《万叶集》中所用的"在他人保护下的女性"，而是意识到父母存在的"孩子"的意思，这个事实也渐为人知。

正如前言部分所述，日本古代，从中国传入的"孝"文化在制度、仪式、宗教等各种各样的领域给予了日本文化莫大的影响。与仪式、制度和宗教等领域相比，本文中所论述的汉语词汇"人子"的接受和来源于

"人子"的和语词汇"人の子"的用法，作为"孝"文化的影响也许是一个很小的例子。但是，纵观这一个汉语词汇以及其和语化的过程，我们才有可能具体、直观地捕捉到古代日本人是如何通过语言来吸收"孝"这个外国文化的。除了"人子"这个词之外，也存在很多正被使用的、与"孝"有关的词语。如果能编织出日本对这些词语的接受史的话，那么也许有一天，我们可以描绘出一个"由词语管窥日本的'孝'文化受容史"。

（秘秋桐　译）

山上忆良与"孝"

赵秀全

一、引 言

山上忆良的作品主要集中于《万叶集》第 5 卷,其作品多由汉文序与和歌构成。众所周知,忆良的作品多以父母与子女为素材,以对家人的爱作为创作主题,这是他的创作风格。纵观《万叶集》中收录的忆良的所有作品,其创作背景大都离不开儒教伦理的范畴。而更需一提的是,儒教伦理之一的"孝"也是其作品的重要元素之一。不过,通过分析我们可以清楚地看到,其汉文序中所提及的"孝"与和歌中所阐释的"孝",在文字处理和运用上各有不同。本文旨在先行研究的基础上,分析并比较忆良的汉文序以及所咏和歌中的"孝"。

二、《令反或情歌》与"孝"

神龟 5 年(728),山上忆良为了向歌者大伴旅人表达对其妻子逝世哀悼的,向旅人献上了无题汉诗文——《日本挽歌》。大伴旅人此时被朝廷任命为大宰府守,正欲前往筑紫地方赴任。从此,山上忆良与旅人的友谊也因这首挽歌而诞生了。此后,他们的这种友谊拉开了后人称之为"筑紫文学圈"的序幕。在献上挽歌之后,忆良似乎也难以抑制内心的哀伤。于是,在同一年的 7 月 21 日,他又一口气创作了《令反或情歌》《思子等歌》《哀世间难住歌》等三部作品。这三部作品即所谓的"嘉摩郡三部作"。中西进氏评论这三部作时,指出:"其主题分别为世间的困惑、人与人的爱,以及世事无常。忆良的生涯主题也是从这里出发的。从忆良分别阐述上面的三个主题来看,可以说这三部作不单单是同时期的作品,而且也是内容紧密相连的三部作。"①以下,笔者将通过《令反或情歌》这部作品,试论该作品前言的"序"与与正文的"和歌"中所表达的"孝"。

　　令反或情歌一首②并序

　　或有人,敬知父母,忘于侍养,不顾妻子,轻于脱屣,自称倍俗先生。意气虽扬青云之上,身体犹在尘俗之中。未验修行得道之圣,盖是亡命山泽之民。所以指示三纲,更开五教,遣之以歌,令反其或。歌曰:

　　父母を　見れば尊し　妻子見れば　めぐし愛し　世の中は　かくぞ理　もち鳥の　かからはしもよ　行くへ知らねば　うけ沓を　脱き棄るごとく　踏み脱きて　行くちふ人は　石木より　生り出し人か　汝が名告らさね　天へ行かば　汝がまにまに　地ならば　大君います　この照らす　日月の下は　天雲の　向伏す極み　たにぐくの　さ渡る極み　聞こし食す　国のまほらぞ　かにかくに　欲しきまにまに　然にはあらじか

　　(试译:每见父母,便感父母之尊贵;每见妻儿,便觉妻儿之可爱与宝贵。这不正是人世常情吗?如此想来,自己如同粘在黐胶上的鸟儿一样,无论如何挣扎都难以逃脱。真是令人烦恼。这都缘于我对父母、对妻儿的无止境的爱。好似脱去破旧鞋子一样,想要逃离尘世的人啊,难道你是从岩石树木中出世的吗?你到底是何方人士,快快报上名来。如若你能逃至天上,那便随你去吧。倘若你还留在大地上,则不可随心所欲。因为,日月同辉的天下,无论天上的云飘向何方,无论蛙所到的天边,皆是我

---

① 中西进《万叶集论集》第 8 卷,讲谈社,1996 年。
② 《万叶集》原文引自《新编日本古典文学全集　万叶集》,小学馆,1994—1996 年。

君主之疆土。)

(《万叶集》卷5·第800首)

（反歌）ひさかたの　天道は遠し　なほなほに　家に帰りて業をしまさに

（试译：天路迢迢不可取，归家守业莫迟疑。）

(《万叶集》卷5·第801首)

如上所示，《令反或情歌》以汉文序作为了该作品的开篇词。在《万叶集》中，和歌之前作序共有8例，而其中的7例出现于忆良的作品之中。这可以看出钟情于汉文序创作的忆良本人具有相当高的大陆文化素养。上文揭示的汉文序的内容大体如下：有一人虽知敬父母，但忘却孝敬父母，而其不顾妻与子，视妻子如履，自称"倍俗先生"。忆良所指的倍俗，即指志在隐遁，而又身处世间，但又无法如圣人一样的顿悟之人，他们不过是一些亡命于山谷的民众。针对这样的民众，忆良想通过这部作品给予教诲教化。在位于和歌前的序文当中，忆良运用了"三纲""五教"等儒教伦理来教化"倍俗先生"一类的民众。

汉文序中提到的"三纲"是儒教社会的根本，即君臣、父子、夫妇之道；"五教"也是儒教所示的人们必须遵守的大纲，即父义、母慈、兄友、弟恭、子孝。在开篇的序文中，忆良利用了儒教伦理，以教化民众。而更应该指出的是，忆良运用的"五教"文字与《日本律令》之"户令"的内容密切相关。关于这一点，亦有诸多先行研究曾提及过。[1]

凡国守。每年一巡行属郡。观风俗。问百年。录囚徒。理冤枉。详察政刑得失。知百姓所患苦。敦喻五教。劝务农功。部内有好学。笃道。孝悌。忠信。清白。异行。发闻于乡间者。举而进之。有不孝悌。悖礼。乱常。不率法令者。纠而绳之。（以下略）[2]

《日本律令》"户令"第8·33条

---

[1]　例如有土屋文明氏著《万叶集私注》、洼田空穗著《万叶集评释》等.
[2]　"户令"原文引自《日本思想大系3　律令》，岩波书店，1997年。

　　"户令"指出,各地方国长官要每年巡察所辖各郡一次。在巡察期间,利用儒教的"五教"来教化民众。这是他们的职责所在,更是国法所规定的义务。忆良时任筑前国的国守,所以他作为一方的长官创作《令反或情歌》一首,这也正好适合他所处的这个时期。并且,其实在早于此的灵龟2年(716)年4月,当时的山上忆良曾身居伯耆国的长官。可以说,忆良早已经有作为地方长官的经历。由此我们可以推测,作为一国之守的地方长官的忆良,将"户令"中的"三纲""五教"等儒教伦理的文字词句挪用到《令反或情歌》序之中也可谓合情合理。

　　关于序中的"亡命山泽"的民众,如诸多学者所指出的,其出自《续日本纪》(第4卷)庆云4年(707)7月17日元明天皇即位的诏书。即,"亡命山泽,挟藏军器,百日不首,复罪如初"(和铜元年[708]正月11日的诏书中也有相同记录)。① 也就是说,所谓的"民"即那些为了逃避课税和赋役,而抛弃生计、逃进深山沼泽之中的民众。而山上忆良作为一国之守,为了维持社会秩序,认定上述的"民"具有逃离社会的谋反罪。因此,依据序文中的"三纲""五教"等字句,足可以看出作为一国之守的忆良的用词良苦。众所周知,忆良曾作为遣唐少录出使唐朝。他作为日本律令时期的官员,其思想基础自然离不开本人的儒教素养。关于这一点,也是毋庸置疑的事实。

　　序中的"敬知父母,忘于侍养"一句,可以看出"倍俗先生"即"户令"中的"不孝悌、悖礼"之人。所以,山上忆良要利用儒教伦理对此类人进行教化,以求让其悔改。而紧接汉文序之后的长歌中,针对子对父母的不孝,是否也同样运用儒教伦理来表述呢? 长歌中有"父母を 見れば尊し 妻子見れば めぐし愛し 世の中は かくぞ理"(每见父母,便感父母之尊贵;每见妻儿,便觉妻儿之可爱与宝贵。这不正是人世常情吗?)一句。这句的确承接了前面的汉文序。对父母尊敬之情和对妻与子的爱虽说是世间之常理,但这种关系被忆良比喻成"もち鳥"(黐胶上的鸟

――――――――――

① 《续日本纪》原文引自《新日本古典文学大系12续日本纪一》,岩波书店,1989年。

儿）。也就是说,这种关系好似被牢牢粘在一起的鸟一般。"うけ沓を脱き棄るごとく 踏み脱きて 行くちふ人"（好似脱去破旧鞋子一样,想要逃离尘世的人）一句也承接了前面的序,忆良将那些斩断家族羁绊的人比作木石之人。长歌中的表现运用了鸟、木、石等具体的自然之物。而序则运用了抽象的儒教伦理,二者的表达方式迥然不同。

随后,对那些舍弃父母恩情、抛妻弃子之人,忆良又劝诫道"天へ行かば 汝がまにまに 地ならば 大君います"（如若你能逃至天上,那便随你去吧。倘若你还留在大地上,则不可随心所欲）。如果可以升天,那请自便。但是如果肉身依然存于君主统治的大地上,那么舍弃对父母以及家人的爱则不可取。换言之,汉文序中,忆良教化"倍俗先生"运用的是儒教伦理的"三纲""五教",而在后面的长歌中将地上的社会秩序换成了日本的"大君"的世界,完成了从"汉"到"和"的转变。显然,忆良在汉文序与和歌的创作上,进行了区分处理。

在长歌之后的反歌中,忆良也认为远离"大君"统治的朝天之路路途遥远,与其这样不如本本分分的回归家园,坚守家业。当时,鼓励民众生计以及增加户籍人口是各地方国长官的重要任务之一,而这首和歌正好也反映了当时的政治立场。但与此同时,和歌本身的儒教色彩也淡出了视线。通过汉文序与和歌的对照,可以看出无论是序还是和歌都有敬父母的要素,二者的内容也是有机的联系在一起。尽管如此,长歌与反歌的文字表达之中都没有明确的"孝"的词句。无疑,二者的内在均蕴含着儒教伦理的"孝"。但在实际的作品创作中,忆良并没有将"孝"字本身套用于和歌,而是将其隐藏其文字的深层。这或许正是忆良在和歌中对"孝"的阐释方式和处理方式。

村山出氏在其论著中指出忆良是"言志"歌人,认为忆良用汉文序来言"志"、利用长歌叙事性地吟诵人间之苦,而后又在反歌中导出自己的结论或理念。村山氏最后指出这些就是忆良作品的基本构成。① 按照村山氏的说法,长歌以及反歌中不去特意用儒教式的文字,可以说这

---

① 村山出《山上忆良研究》,樱枫社,1976 年。

正是忆良的吟诵态势。虽然如此,如果再次概括《令反或情歌》中和歌部分表达的对父母之情,我们也可以认为这种情感就是敬亲之情。进一步说,和歌部分的内在之中也存在"孝"的元素。长歌中有一句"父母を見れば尊し"(每见父母,便感父母之尊贵),这也是缘于敬亲的情感。但是,在长歌中,忆良并没有从正面批判忘记侍养父母(親の侍養を忘れ)的"倍俗先生"。忆良的这种在和歌的表现手法,也同样被后来的歌者大伴家持所继承。家持在其作品《教喻史生尾张少咋歌》中曾这样咏道:

> 大汝 少彦名の 神代より 言ひ継ぎけらく 父母を 見れば貴
く 妻子見れば かなしくめぐし うつせみの 世の理と かくさま
に 言ひけるものを 世の人の 立つる言立て
>
> ……
>
> (试译:自神代以来,就有"每见父母,便感父母之尊贵;每见妻儿,便觉妻儿之可爱与宝贵。此为世间之道理"一说。世上之人把这个流传下来的说法常挂于嘴边,作为自己的誓言。)

(《万叶集》第 18 卷 · 第 4106 首)

划线部分正是沿袭了忆良长歌中"父母を 見れば尊し 妻子見れば めぐし愛し 世の中は かくぞ理"(每见父母,便感父母之尊贵;每见妻儿,便觉妻儿之可爱与宝贵。这不正是人世常情吗?)一句。在这里,家持利用"孝"的伦理来教化尾张少咋。而且,该作品前面的序中的也援引了《大宝令》和《唐令》等令文中的字句。但是,紧随其后的长歌以及反歌 3 首中,关于律令制度的字句也同样没有出现,而是假托自然景物把世间的道理以抒情的方式进行了阐释。从这一点来看,家持与忆良在吟咏手法上有着相通之处。或者也可以认为家持继承了忆良的创作手法。

然而,《令反或情歌》的序文援用的儒教式文句、《续日本纪》的"亡命山泽"文句等,这些都反映了当时的世风。但是,正如诸多学者所指出的一样,这些文句的运用绝不单单以教化同一时代的民众为目的,其中也掺杂着歌者本人的私人情感。那么,忆良本人想要劝诫的"倍俗先生"到底何许人物呢?

原田贞义氏认为《嘉摩郡三部作》与《日本挽歌》在同一天被呈献与大伴旅人,汉文序中所提"意气虽扬青云之上"的人物以及"亡命山泽之民"的"民"即是旅人本人。还指出旅人在其作品《赞酒歌十三首》(第338首—第350首)中也回应了《嘉摩郡三部作》,达到了一唱一和的目的。[1] 之后,森淳司氏也同样论证了忆良歌中所指的"倍俗先生"即是大伴旅人。[2] 此外,原田氏在另一论著中指出认为旅人吟诵赞酒歌的动机,其一半就是在歌颂晋朝时期的阮籍、嵇康等"竹林七贤",而正因此,忆良借自己的作品对志向于山林隐居的大伴旅人加以了讽喻。[3]

《日本挽歌》左注中有一句"神龟五年七月廿一日、筑前国守山上忆良上"。在《嘉摩郡三部作》最后也有一句左注为"神龟五年七月廿一日、于嘉摩郡撰定。筑前国守山上忆良"。从两个几乎完全一致的左注内容,可以认为这几首作品都是为献予大伴旅人而作。也许某种缘由,忆良在进献《日本挽歌》时,同时将《嘉摩郡三部作》也献给了旅人。如前所述,忆良一面在《令反或情歌》的汉文序中揭示"三纲""五教"的儒教伦理,而一面又在后面的和歌中以抒情的手法将这些儒教伦理隐于其中,以达到讽喻志向老庄思想的"倍俗先生"。即使当时的世风要求必须用"三纲""五教"的儒教伦理,或者以和歌的形式来教化一些亡命山野之民众,这也有一定的局限性。也就是说,用和歌的手段来教化民众或许有些不现实,同时也很难达到预期效果。

如前所述,"忘于侍养、不顾妻子"的"倍俗先生"的行为可以认定为《户令》中所列出的"不孝悌、悖礼"。但是,从忆良想要讽喻的人物是志向隐居的大伴旅人。虽然忆良的目的在旅人本人身上,但他并没有在

---

[1] 原田贞义『酒と子等と―大伴旅人の「讃酒歌十三首」をめぐって』,(东京大学国语国文学编『国語と国文学』第69期,1992年2月)。

[2] 森淳司『山上憶良と子等』(上代文学会编『憶良 人と作品』万叶夏季大学第17集,笠间书院,1994年)。

[3] 原田贞义『貧士と窮者と―『令反或情歌』から『貧窮問答歌』へ―』(『森淳司博士古稀記念論集 万葉の課題』翰林书房,1995年)。

和歌中正面运用"孝"来教诲旅人。

三、《熊凝哀悼歌》与"孝"

从"孝"的角度来考察忆良的作品,《熊凝哀悼歌》是备受学界关注的最具代表性的一篇。

敬和为熊凝述其志歌六首并序　筑前国守山上忆良

大伴君熊凝者,肥后国益城郡人也。年十八岁,以天平三年六月十七日,为相扑使某国司官位姓名从人,参向京都。为天不幸,在路获疾,即于安芸国佐伯郡高庭驿家身故也。临终之时,长叹息曰,传闻,假合之身易灭,泡沫之命难驻。所以千圣已去,百贤不留。况乎凡愚微者,何能逃避。但我老亲,并在庵室。待我过日,自有伤心之恨;望我违时,必致丧明之泣。哀哉我父,痛哉我母。不患一身向死之途,唯悲二亲在生之苦。今日长别,何世得觐。乃作歌六首而死。其歌曰:

うちひさす　宮へ上ると　たらちしや　母が手離れ　常知らぬ　国の奥かを　百重山　越えて過ぎ行き　いつしかも　都を見むと　思ひつつ　語らひ居れど　己が身し　労はしければ　玉桙の　道の隈廻に　草手折り　柴取り敷きて　床じもの　うち臥い伏して　思ひつつ　嘆き伏せらく　国にあらば　父取り見まし　家にあらば　母取り見まし　世の中は　かくのみならし　犬じもの　道に伏してや　命過ぎなむ〈　一に云ふ、「我が世過ぎなむ」〉

(试译:为了赶赴京城,我告别了母亲。穿过偏僻的国境,越过重重的高山,与我的同仁们畅谈着早日到达都城的迫切心情。然而,我身染重病躺在路边,躺在用草和树枝做成的床上悲伤哀叹。如果,此时我在家中,父亲一定会执手相看,我的母亲也会如此。这世上的事如此不遂人心,难道我要像野犬一样倒在路上死去吗?)

(《万叶集》卷 5 第 886 首)

たらちしの 母が目見ずて おほほしく いづち向きてか 我
が別るらむ

（试译：见不到养育我的母亲，我就要死去。心中忧郁的我该
向何方而去呢？）

（同上·第887首）

常知らぬ 道の長手を くれくれと いかにか行かむ 糧はな
しに（ 一に云ふ、「干飯はなしに」）

（试译：在如此黑暗的夜里，我将如何行走在这与往日不同的
长长的路程上呢？）

（同上·第888首）

家にありて 母が取り見ば 慰むる 心はあらまし 死なば死
ぬとも（ 一に云ふ、「後は死ぬとも」）

（试译：如果在家中，母亲一定会在床边照顾我。即便那样死
去，我也会感到心情舒畅。）

（同上·第889首）

出でて行きし 日を数へつつ 今日今日と 我を待たすらむ
父母らはも（ 一に云ふ、「母が哀しさ」）

（试译：从我离家启程之日，父母一直在屈指在算吧，我的孩子
今天就要回来了。）

（同上·第890首）

一世には 二度見えぬ 父母を 置きてや長く 我が別れなむ
〈 一に云ふ、「相別れなむ」〉

（试译：父母一世情，我就要死去了，再也看不到我的父母了。）

（同上·第891首）

由歌题可知，忆良吟诵的系列和歌与大宰府大典麻田阳回春所吟
诵的第884首歌、885首歌一唱一和。《熊凝哀悼歌》中讲述，大伴君熊
凝作为国司的侍从，从肥后国益城郡前往京师奈良途中，不幸在安艺国
染病，年仅18岁便客死他乡。忆良在该作品中代替熊凝，陈述了熊凝

临终之际对父母的情意。这首哀悼歌由汉文序、长歌以及 5 首短歌构成。

在汉文序的前半,忆良对熊凝这个人物进行了介绍,并描述了他客死异乡的经过。如文中"假合之身易灭。泡沫之命难驻。所以千圣已去,百贤不留。况乎凡愚微者,何能逃避"一文所示,序文的后半从佛教的角度阐述了熊凝临终时的心境。首先熊凝承认身为肉身,生老病死不可避免。而"但我老亲,并在庵室。待我过日,自有伤心之恨;望我违时,必致丧明之泣"一句,话锋一转,又把自己退回到现实的凡尘之中,把中心落在为自己而心痛的父母身上。汉文序中,完成了从佛教式不可逆转的法则到儒教伦理的"孝"的转换,最终以"不患一向死之途,唯悲二亲在生之苦。今日长别,何世得觌"结句。纵观该汉文序,可以看到,熊凝虽然承认佛教式的自然法则,但想到自己再不能孝养父母,所以悲哀不已。可以说,忆良在开篇的序中将儒教伦理的"孝"表达得淋漓尽致。

说起《熊凝哀悼歌》的创作动机,现在最有力的观点是为了称扬"孝悌"而作。例如,久保昭雄氏在论著中将《熊凝哀悼歌》与麻田阳春的挽歌联系在一起,并进行了分析。久保氏指出该作品的创作动机来自同一时期《续日本纪》第 6 卷和铜 7 年(714)11 月 4 日的"孝子顺孙记事"以及该书中记载的与肥后地域相关联的祥瑞记录等,并指出向朝廷禀告管辖区域内的孝道事例才是各地方长官的真实意图。[1]

大宝二年(702)颁布的《大宝令》中首次颁布了孝行奖励政策。随后,表彰庶民孝道的记录出现在《续日本纪》之中。如《续日本纪》(和铜 7 年)中,有这样一则记载:

> 十一月戊子,大倭国添下郡人大倭忌寸果安,添上郡人奈良许知麻吕,有智郡女四比信纱,并终身勿事。旌孝义也。果安,孝养父母,友于兄弟。若有人病饥,自斋私粮,巡加看养。登美、箭田二

---

[1] 久保昭雄:『万葉肥後熊凝歌考』(熊本商科大学教养部『熊本学園創立 50 周年記念論集』1992 年 5 月)。

乡百姓,咸感恩义,敬爱如亲。麻吕,立性孝顺,与人无怨。尝被后母谗,不得入父家,绝无怨色。养弥笃。信纱,氏直果安妻也。事舅姑以孝闻。夫亡之后,积年守志,自提孩稚并妾子惣八人,抚养无别。事舅姑,自竭妇礼。为乡里之所叹也。

《续日本纪》中有 7 例表彰孝行的记录,总计 13 名孝子孝女受到表彰。孝道之人不仅可以免除课税赋役,官府还会在其家门及巷间贴上孝状以示褒奖。[①]

辰巳正明氏在论著中援引了以上《续日本纪》记录,并关注了《律令》的"户令"出现的"孝道""笃道者"制度。辰巳氏指出:忆良汉文序前段叙述带有的公文性性质,这正是推荐"笃道者"之时的报告书形式;而正是麻田阳春的《熊凝歌二首》以及举荐熊凝孝悌的报告书激发忆良创作了《熊凝哀悼歌》这首挽歌。[②] 针对以辰巳氏为代表的学者主张的"孝悌论",东茂美氏对照《孝经》的文句提出了不同的见解。[③] 东茂美氏认为忆良的创作意图不在于彰显熊凝的孝道。东茂氏认为熊凝只不过是一普通民众,客死他乡的景象映入忆良眼帘之时,让忆良感到悲伤,而熊凝的死既是随处可见的客死,仅此而已。

或许,山上忆良通过麻田阳春等人或其他途径知晓了熊凝客死他乡,但是在此基础上没有关于大伴熊凝的大片记录。熊凝是否为孝子,这个我们也无从可知。正如东茂美氏指出的那样,熊凝只不过是国司的一个随从,忆良也许没有想要彰显熊凝的意图。但是,如前所述,该汉文序的着重点不在前半,而是后半部分。在汉文序的后半部分着重描述了熊凝不能孝亲的悲叹。这种"孝"的情感通过忆良的文笔表达出来。不可否认,忆良在文中将自己视为熊凝,从而更加贴切地表达出客死他乡之人的心绪。如果说熊凝还不值得被称扬,那么想要孝敬父母的熊凝还是可以称其为孝子。正因为如此,所以也不可否认忆良想要

---

① 赵秀全『日本における「孝」と「孝経」の展開—奈良朝以前から平安朝まで—』(东京学艺大学国语科古典文学研究室『学芸古典文学』第 6 期,2013 年 3 月)。

② 辰巳正明『孝悌－熊凝悼亡歌序』(『万葉集と中国文学』,笠间书院,1997 年)。

③ 东茂美『熊凝の志を述ぶる歌－孝悌論存疑』(『山上憶良の研究』翰林书房,2006 年)。

描写的正是像熊凝这样的孝子,或者也可以推测忆良想借熊凝树立一个孝子形象。

那么,在紧接汉文序之后的长歌与短歌是怎样表现的呢? 如"母が手離れ 常知らぬ 国の奥かを 百重山 越えて過ぎ行き いつしかも 都を見む"(为了赶赴京城,我告别了母亲。穿过偏僻的国境,越过重重的高山。)一文,不仅表达了离开母亲的哀伤之情之一,也表达了期待自己尽早抵达京师的心情。"国にあらば 父取り見まし 家にあらば 母取り見まし 世の中は かくのみならし"(如果此时我在家中,父亲一定会执手相看,我的母亲也会如此。这世上的事如此不遂人心。),当熊凝在途中患病,扶床而卧时,他感叹道如果自己生病在家,父母都会前来照顾。这仅仅是他的哀叹,也是他的期望。在此处,与其说体恤父母,不如说他以自己为中心来抒发情怀。也就是说,长歌的焦点放在了熊凝表达自己的情感之上。通过长歌的形式,熊凝的意愿和希望浮于水面。而且,长歌中并没有前面汉文序中所表达的孝道。

那么,后面的短歌的表达是怎样的呢? 第 887 首歌把焦点放在了见不到母亲而感到内心暗淡的心情上,表达即将分离的痛苦。第 888 首歌表达了即将踏上远途的内心的不安。第 889 首歌沿袭了长歌中"家にあらば 母取り見ましを"(若我在家,母亲定会执手相看。)一句,表达了希望母亲来照顾自己的心愿。第 890 首歌中表达出尽早见到待自己归来的父母。第 891 首歌中叙述自己将要死去,将要丢下今生再不能相见的父母,自己将要与父母永久告别。综合短歌 5 首,从埋头于内在的吟唱(第 887 首歌),到认识到空间的宽阔的吟诵(第 888 首歌);从以小家这个空间为舞台的叙述(第 889 首歌)到认识到时间的宽广的哀诉(第 890 首歌),最后这些都归结到从生到死的超越时间、空间的哀叹(第 891 首歌)。由此可见,这 5 首短歌无论在主题的选择还是在顺序的排列先后上,都经过了一番推敲,这一点也正是这个短歌群的特点之一。然而,值得指出的是,长歌也好、随后的短歌 5 首也好,其中的孝道意识与汉文序相比相当微弱,或者说我们从文字中很难发现"孝"的踪迹。

综上所述,《令反或情歌》与《熊凝哀悼歌》的汉文序都将儒教伦理作为主调,表达了对父母的尽孝之情。而在随后的和歌部分,尽管以父母为媒介,但表达的是个人的主体情感。《令反或情歌》中有类似"父母を見れば尊し"(每见父母,便感父母之尊贵。)的词句,《熊凝哀悼歌》中也有思念父母的内容,这些看似与前文序中的"孝"相呼应。但是,从分析的结果来看,无论任何一首和歌,其突出的是个人的情感,而没有把"孝"作为吟诵的主题。不仅山上忆良如此,如前述,这种表现手法后来也得到了大伴家持的继承,而这种表现手法正是忆良作品的特点。

四、结　语

以上,笔者通过山上忆良的作品,分析了其汉文序与和歌中"孝"的存在形式。值得再次重申的是,无论是《令反或情歌》,还是《熊凝哀悼歌》,每篇作品的汉文序中表达出的浓郁的儒教伦理"孝"。但是,在其后的和歌中几乎捕捉不到"孝"。整个《万叶集》中,山上忆良的作品多以父母、家庭、子女为主题,与其他歌人相比,忆良的作品的确是一个特殊的存在。《万叶集》收录有 4 500 首以上的作品,其中以父母为主线,表达对父母情爱的作品并不多。忆良之外,由防人吟诵"防人歌"系列中的大部分的内容也多以父母情爱等为主题。但是,"防人歌"系列也仅收录于《万叶集》第 20 卷中。而在以父母等为主线的系列作品中,忆良别具一格。从这种意义上来讲,忆良相比其他文人,可说是另类的歌者。

众所周知,大伴家持曾为兵部省次官奔赴难波地区,同时担任由难波地区送往九州的边防士兵的征兵检查官。由于这个缘由,"防人歌"也被收录在《万叶集》中。正如第4331首歌的歌题"防人が悲别の心を追ひて痛み作る歌"(追痛防人悲别之心作歌一首)所示,家持对那些被征去边防的士兵以及士兵的家属表示出极大的同情。而且,家持在和歌中将自己的境遇融入到"防人歌"中。

《万叶集》的编撰过程中,"防人歌"在被送到家持手中之前和之后,可以推测经历了多次的改正与修改。"防人歌"中的很多作品表达出了对父母的思念之情,但这种心情也难说是对父母的"孝"。思念父母之情并不等于儒教伦理中的"孝",它仅是东国地区的民众的纯朴而又真挚的情感流露。在和歌中,忆良封印了汉文序中的儒教伦理,而这种创作手法后来成功地得到了大伴家持继承和发扬。

山上忆良作为日本律令时代的官员和文人,具备着一定的大陆汉文学的素养。毋容置疑,儒教思想和观念是其不可动摇的思想基础。忆良的所有作品中,汉文序占相当大一部分,序的存在不可小觑。而当和歌登场时,忆良却将序中的"孝"藏于身后,加以封印。这种区分式的创作手法体现了忆良的用心良苦。忆良追求的是真实表达内在情感的"和歌",或者也可以说他追求的"和歌"相对于"汉诗"是独立存在的。《令反或情歌》《熊凝哀悼歌》中的序与正文的长歌、短歌,三者交织融会,从而真实地展现了忆良以及忆良作品的与众不同。

日本平安朝对《孝经》的接受

後藤昭雄

一、《日本国见在书目录》中的记载

在平安朝,《孝经》不仅曾是律令制下"学令"所规定的大学寮必修课本,而且还曾为贵族阶层所广泛接受。"学令"规定《孝经》文本须使用孔安国注本或郑玄注本,不过平安朝时曾经有过诸多的《孝经》文本。九世纪末由藤原佐世(847—897)编纂的日本宫廷图书目录《日本国见在书目录》,就很好地反映了当时《孝经》的文本情况。书目中的"孝经家"一项,有下列表格中所示书目的著录。为了了解这些书在中国的传存情况,表中将其在《隋书·经籍志》及《旧唐书·经籍志》中有无记载的情况也一并做了统计(有记载的用圆圈表示,无记载的用叉符表示)。

《日本国现在书目录·孝经家》中的著录	《隋书·经籍志》	《旧唐书·经籍志》
孝经一卷孔安国注	○	○
孝经一卷郑玄注	○	○
孝经一卷苏拟注(1)	○	○
孝经一卷谢万集解	○	○
孝经一卷唐玄宗皇帝注	／	○
孝经集议二卷荀茂祖撰(2)	○	○
越王孝经二十卷希古等撰(3)	✕	○

（续表）

《日本国现在书目录·孝经家》中的著录	《隋书·经籍志》	《旧唐书·经籍志》
新撰孝经疏拾遗一卷	×	×
孝经疏三卷 皇侃撰	○	○
孝经述义五卷 刘炫撰	○	○
孝经去惑一卷 刘炫撰	×	×
孝经私记二卷 周弘正撰	○	×
孝经正义二卷	×	×
孝经抄一卷 孔颖达撰	/	×
孝经玄一卷	○	×
孝经策二卷	×	×
孝经疏三卷 元行冲撰	/	○
女孝经一卷 班婕妤撰	×	×
酒孝经一卷	×	×
武孝经一卷	×	×

注：(1)"苏拟"应为"苏林"；(2)"苟茂祖"应为"苟茂祖"；(3)"希古"应为"任希古"。另外，表中用斜杠表示的三部书是唐代的书。

此外，《日本国见在书目录》中还有一项集纬书的"异说家"，可见下列书目。

《日本国现在书目录·异说家》中的书名	《隋书·经籍志》	《旧唐书·经籍志》
孝经勾命诀六卷 宋均注	○	×
孝经援神契七卷 宋均注	○	×
孝经援神契音隐一卷	×	×
孝经内事一卷	○	×
孝经雄图三卷	○	×
孝经雌图三卷	○	×
孝经雄雌图一卷	○	×

以上是《日本国见在书目录》"孝经家"所举二十部以及"异说家"所

举七部①。其中有的书目,如《新撰孝经疏拾遗》《孝经去惑》《孝经抄》《孝经策》《孝经援神契音隐》等几部,不仅《隋书》和《旧唐书》没有记载,在其他中国的图书目录中也均无记载。《孝经去惑》和《孝经援神契音隐》,其名仅见于日本的文献中。

著录显示《孝经去惑》为刘炫撰述,刘炫传记见于《隋书》卷七十五"儒林传"中,记其著述九部,除上表中所见的《孝经述义》外,还有《论语述义》《春秋功昧》等。《孝经去惑》未见任何中国书目及史料记载,而在日本,则有以下文献记载。

首先,藤原赖长《台记》中"康治二年(1143)九月三十日条"记载了作者以前所见图书的目录,其中就有"同(孝经)去惑一卷 康治元年",意思是说作者康治元年读过《孝经去惑》一卷。而"康治元年三月二十日条"中可以找到与此呼应的记载:

> 孝经述义一部五卷见了。又孝经其或一卷见了。

"其或"乃是"去惑"之误。

其次,藤原通宪的《通宪入道藏书目录》(第十柜)有"孝经去惑一卷"。《二中历》第十"经史历"中亦有"古文孝经二十二章孔安国序 注^{述义五卷}_{去惑一卷}"。

再有,近年新发现了一部编述于日本镰仓时代的中国古典籍目录《全经大意》,藏于天野山金刚寺。它记载了经书及《老子》《庄子》等十三书的书目、注释书、解说等②,其中《孝经》条目里载有"去惑一卷刘炫撰"。

从以上资料可知,《孝经去惑》乃是曾经流布于我日本国平安末期至镰仓初期的一本书。

---

① 各书研究情况,参照阿部隆一《室町时代以前の御注孝経について―清原家旧藏鎌倉鈔本開元始注本を中心として―》(《斯道文庫論集》第四輯、1965 年)、矢島玄亮《日本国見在書目録―集証と研究―》(汲古書院,1984 年)以及新近出版的孙猛《日本国见在书目录详考》(上海古籍出版社,2015 年)。

② 参照後藤昭雄『『全経大意』』『『全経大意』と藤原頼長の学問』(《本朝漢詩文資料編》勉誠出版,2012 年)。

《孝经援神契音隐》也是中国文献中未见记载的书目，而其在《通宪入道藏书目录》（第十柜）中则同样有所记载，不过是作《孝经援神契意隐》。

如上所述，9世纪末的日本，曾流传过含中国散佚书目在内的诸多《孝经》文本。而这与我下一节要叙述的事情密切相关。

二、《古今集注孝经》

《日本国见在书目录》的编者藤原佐世，在《孝经》的接受史上也发挥过重要的作用，因为他曾经编纂过《孝经》的注释书。上文提到的《台记》，其"康治二年五月十四日条"中有如下记载：

> 大纳言伊通卿送使，为借古今集注孝经为写书，付使被送之。佐世我朝博士所选也九卷，其七卷佐世草本也，了皆有点也，世之宝物如之。第九卷奥以朱书云："宽平六年二月二日一勘了"。于时谪在陆奥多贺国府。

这段是说，某日藤原赖长派人去大纳言藤原伊通处，来借藤原佐世所撰《古今集注孝经》，以抄写并存留。说该书全九卷，第九卷末有朱笔的识语。本段记述还阐明了成书年代，即"宽平六年"（公元894）年。当时佐世任陆奥太守并居守地。

通过这段记载可知，藤原佐世曾编纂过一部九卷的《古今集注孝经》，可惜除了书名和卷数也无其他信息。既然叫做"集注"，当是先行古注集成。九卷这个规模，相比于《日本国见在书目录》所收注疏多为一卷或两卷而言，显得突出，但如果是诸注集成的话，这个规模则不奇怪。编纂这部《集注孝经》所用的资料，则一定源于《见在书目录》所著录的诸本。

总之由此可知，我日本国人在九世纪末曾撰述过《孝经》的注释书。

关于《古今集注孝经》，还有另外一件值得注目的事情。它记载于几百年以后室町时期的日记，即外记中原康富的《康富记》中。其"文安

五年(1448)五月二日条"中有如下记载:

> 同宇槐记,集注孝经伊通公借得给,有悦喜。又尚书正义,伊通公被借进之由,见宇槐御记了。彼集注孝经,佐世所作也。佐世,宇合七世孙,文章博士,右大弁也。莲花王院御宝藏,集注孝经被纳置。高仓院御时,件本被下大大外记殿爨糞,可点进之由有勅定。即大大外记殿被点进也。

"宇槐记"是《台记》的别称,意即"宇治大臣之记"。此段引文的前半部分,是依据上引《台记》的内容而来,借《尚书正义》给伊通之事,亦来源于《台记》。值得关注的是引文的后半部分,特别是《集注孝经》被收藏在莲花王院宝藏之事。

莲花王院,乃依后白河法皇敕愿,于长宽二年(1164)所建。其主殿现存于京都市东山区,即三十三间堂。该宝藏与宇治平等院的宇治宝藏、鸟羽胜光明院的鸟羽法藏齐名,收藏有众多的名品尤物①,涉及典籍、经书、佛像、绘卷、乐器、武具等,类别非常广泛。典籍包括汉籍(中国典籍)、本朝汉诗文、和书(和文书籍)等,汉籍有《毛诗》《唐书》《群书治要》,本朝汉文收有《怀风藻》《经国集》《圆珍和尚传》,特别是和书,藏有《土佐日记》纪贯之自笔本、《后拾遗和歌集》撰者自笔本、《千载和歌集》奏览本等极其珍贵的写本。还有近年被公诸于世②的东山御文库藏《莲花王院宝藏目录》,这是一部经典目录,所列书目包括空海、圆珍,以及藤原行成、藤原伊尹、藤原定信等书法名家书写之物。

如此名贵的宝藏里藏有《集注孝经》,说明它在当时被认为是一部非常重要的书籍。以往关于莲华王院宝藏的研究成果很多③,但从没

---

① 参照竹居明男《蓮華王院の宝蔵》(《日本古代仏教の文化史》吉川弘文館,1998 年)、田島公《中世天皇家の文庫・宝蔵の変遷—蔵書目録の紹介と収蔵品の行方》(《禁裏・公家文庫研究》第二輯,思文閣出版,2006 年)。

② 见田島公《中世天皇家の文庫・宝蔵の変遷—蔵書目録の紹介と収蔵品の行方》(《禁裏・公家文庫研究》第二輯,思文閣出版,2006 年)。

③ 如竹居明男《蓮華王院の宝蔵》(《日本古代仏教の文化史》吉川弘文館,1998 年)、田島公《中世天皇家の文庫・宝蔵の変遷—蔵書目録の紹介と収蔵品の行方》(《禁裏・公家文庫研究》第二輯,思文閣出版,2006 年)等。

有人提到过《古今集注孝经》。以后应该将其列入宝藏的藏品名录。

中原康富关于《集注孝经》的记载中，还提到了另外一件事情，即高仓天皇时期，"赖业真人"承命为该书加了训点。"赖业"即清原赖业（1122—1189），是活跃于平安末期至镰仓初期的一位明经道儒者，安元元年（1175）任明经博士，即为高仓天皇侍读。赖业起初为前文提到的赖长之近侍，是其经书讲义活动的成员之一①。经书中当然也包括《孝经》了，据《台记》载，在天养二年（1145）二月二十四日的《孝经》讲义之席上，赖业曾得到过"论议优美"的称赞。

高仓天皇（1168—1180 年在位）乃后白河天皇之子，直到最近，其文事才被研究整理，好文之帝王的形象也才得到了明确②。高仓天皇敕命为《集注孝经》加点一事，不仅反映了其创作诗文、主办诗宴等文学的一面，也反映了他对经学的关注。

上述《台记》和《康富记》中出现的有关《古今集注孝经》的记载，其年代比较接近。现整理如下：

康治二年（1143）五月　　赖长自伊通处借来《集注孝经》。

长宽二年（1164）十二月　莲华王院落成庆祝供养；《集注孝经》被
　　　　　　　　　　　　收入宝藏（具体时日不详）。

仁安三年（1168）二月　　高仓天皇即位；在位期间（不晚于 1180）
　　　　　　　　　　　　命为《集注孝经》加点。

以上情况说明，在那段时期，《古今集注孝经》作为一本珍贵的诸注集成，曾在上层贵族间被广为使用。

三、《孝经述义》

传入日本的《孝经》注释书中，具有重要意义的要数《孝经述义》。其编者与第一节中介绍的《孝经去惑》同为一人，即刘炫。《隋书》卷七

---

① 见桥本义彦《藤原赖長》（吉川弘文馆"人物丛书"，1964 年）。
② 见仁木夏实《高倉院詩壇とその意義》（《中世文学》50，2005 年）。

十五"儒林传",记其有"孝经述义五卷";《隋书》和《旧唐书》的"经籍志",以及《新唐书·艺文志》,亦可见该书著录。但该书在中国已经散佚不传,而在日本却传存至今,即属于所谓的"佚存书"。五卷之中,卷一和卷四的古写本由清原家的后裔舟桥家传存,现藏于京都大学附属图书馆①。该写本虽为残本,但作为孤本传世至今,实属珍贵。

而且,与此密切相关的是,《孝经述义》曾是当时日本倍加重视的一部《孝经》注释书。据《三代实录》,贞观二年(860)十月十六日,公布了清和天皇关于《御注孝经》的敕命,曰"盛传于世者,安国注、刘炫义也"。"安国注"即《学令》所规定的《孝经》注释书,注者孔安国;"刘炫义"即指《孝经述义》。由上述天皇之言可知,当时《孝经述义》曾被广泛利用。此外,该书在第一节里提到的《日本国见在书目录》和《通宪入道藏书目录》中亦有记载;在《弘决外典钞》《政事要略》《朝野群载》《三教指归注集》等书中,还可见《孝经述义》的引文②。第一节曾引过《台记》"康治元年三月二十日条"所载的"孝经述义一部五卷见了",而在"天养元年十二月二十四日条"中,还有如下的记载:

> 先令定安参大学所请批览书(五经正义、公羊解徽、穀梁疏、论语皇侃疏、孝经述义等),皆见之。

《孝经述义》在其后的镰仓时代也曾被使用。如第一节中已经提到过,《二中历·经史历》中有"古文孝经二十二章 孔安国序注(述义五卷、去惑一卷)",《全经大意·孝经》中亦列有"述义五卷",而且其说明文字有一半以上均引自《孝经述义》③。

综上所述,《孝经述义》是曾在我日本国被广为使用的《孝经》文本。

---

① 林秀一《孝経述義復原に関する研究》(文求堂書店,1953 年)录有该写本的影印。
② 以下论著中曾言及《弘决外典钞》《三教指归注集》:内野熊一郎《弘决外典钞の経書学的研究(二)》(《日本汉文学研究》名著普及会,1991 年。1950 年初出)、河野貴美子《『三教指帰』および『三教指帰注集』にみる『孝経』の受容》(《東アジア比較文化研究》14,2015 年)。另,《三教指归注集》乃成安于宽治二年(1088)所撰之注释书。
③ 详见後藤昭雄《『全経大意』》《『全経大意』と藤原頼長の学問》(《本朝漢詩文資料編》勉誠出版,2012 年)。

四、读《孝经》的场合

读《孝经》的场合，当然首推大学寮。而除此之外，还主要有释奠、汤殿读书、初读书这三种情况。

"释奠"是大学寮祭拜孔子及其主要弟子的活动，每年仲春（二月）和仲秋（八月）各举办一次。在这项活动中，会依次讲读《孝经》《礼记》《毛诗》《尚书》《论语》《周易》《春秋左氏传》这七个经典，即所谓的"七经轮转讲读"①，《孝经》即在其中。

"汤殿读书"是皇子诞生之际举办的沐浴礼仪之一②，内容是儒者们在汤殿外诵读《毛诗》《孝经》《史记》《后汉书》等经史书籍。由纪传道儒者二人和明经道儒者一人承担此任，早晚各一次，共诵读七日。《紫式部日记》中载有宽弘五年（1008）敦成亲王（即后来的后一条天皇）御汤殿读书的情景。

"初读书"是天皇或皇太子、亲王以及上流贵族子息初次接触学问的仪式，一般七、八岁时举办，内容是跟随儒者诵读汉文典籍。

上述活动均与讲读经书等汉文典籍有关，而《孝经》在这些活动中则经常被用到。依照惯例，释奠和初读书活动后，还会举办诗宴，宴席上创作出来的诗和诗序，则会收录在诗文集中。

下面我将各举一个具体的事例。

1. 初读书

尾形裕康曾对平安朝直至近世末的"初读书"进行过详细研究，且几乎涉猎了这一活动的所有问题③。在此，我仅就其与本论有关的《孝

---

① 参照弥永贞三《古代の釈奠について》（《续日本古代史论集》下卷，吉川弘文馆，1972年）。

② 详见申美娜《御湯殿読書の故実について—その成立過程と意義》（《中世政治社会论丛》东京大学日本史研究室，2013年）。

③ 尾形裕康《就学始の史的研究》（《日本学士院纪要》8—1，1950年）。另外，关于初读书的仪式规程，见林秀一《御読書始の御儀に就いて》（《孝经学论集》明治书院，1976年。1944年初出）。

经》文本使用情况加以介绍。

首先来看一则《三代实录》"贞观二年（860）十二月二十日条"的记载。

> 先是，从五位上行大学博士大春日朝臣雄继，以御注孝经奉授皇帝。今日有竟宴事。

这是清和天皇十一岁时跟随明经博士初读书的活动，所用文本是《御注孝经》。这是大约两个月前，十月十六日，天皇亲自"制"（命令）定的。由于记载较长，我在此仅录其要点大意如下：

> 我国学令规定，讲读《孝经》须用孔安国注本和郑玄注本，而世间盛用孔注及"刘炫义"（《孝经述义》）。唐开元十年，玄宗撰述了《御注孝经》，因郑玄注存在问题，孔安国注亦于梁末亡佚，今世可依仅隋刘炫也。如此看来，中国本土孔郑之注皆废，仅御注行于世。我国今后亦应依此注本教授。而学问之事不厌广博，尊重孔注、情有独钟者，许其兼而用之。

再补充一点，《孝经》分为古文和今文两种，孔安国注为古文孝经，郑玄注为今文孝经。而玄宗的撰述是以今文为主，在勘察诸注的基础上加以御注的。因而在我日本国，也决定在讲读《孝经》时要依据《御注孝经》了。两个月后天皇自己的初读书仪式上，将《御注孝经》作为文本也就是理所当然的事了。而此次天皇之命，在整个平安朝都一直起到了规制的作用。

尾形裕康的论文中，有平安朝初读书情况一览表，下面我将以此为基础，再加上自己的一些见解，来整理一下初读书所用文本的情况。

根据各种史料记载，自天长十年（833）四月二十三日皇太子恒真亲王的初读书，至仁安二年（1176）十二月九日皇太子宪仁亲王（高仓天皇）的初读书，一共是 36 次。其间所用的书籍文本如下：御注孝经 25、孝经 2、其他 6（千字文、蒙求、文选、周易、群书治要）、不明确 3。使用《孝经》以外的书籍，止于昌泰元年（898）二月醍醐天皇的初读书，而自延喜九年(909)十一月保明亲王(皇太子)的初读书以后,几乎都用的是《御注孝经》,例外只有一次。那一次例外是贞元二年(977)三月皇太子师贞亲王的初读书,其所用文本为"孝经",而结合其他场合来看,此文本为《御注孝经》的可能性也很大。由此可见,10 世纪以后,将《御注孝经》作为初读书仪式的文本,已经成为惯例。

初读书仪式上所作的诗文,主要有《本朝文粹》所收录的下列作品:

255①	听源皇子初学周易诗序(都良香)	贞观十八年(876)二月三十日,清和第一源氏源长猷。
264	第四皇子始受蒙求命宴诗序(都良香)	元庆二年(878)八月二十五日,清和天皇皇子贞保亲王。诗收于《扶桑集》卷九。
256	听第八皇子始读御注孝经诗序(菅原文时)	村上天皇皇子永平亲王。创作时间不详。
258	听第一皇孙初读御注孝经诗序(大江匡衡)	长保二年(1000)十二月二日,冷泉天皇皇子居贞亲王之子敦明亲王。
257	听第一皇子初读御注孝经诗序(大江以言)	宽弘二年(1005)十一月十三日,一条天皇皇子敦康亲王。藤原道长等 8 位陪席者之诗收于《本朝丽藻》②。

如上所示,初读书礼上的《孝经》文本,大都用的是《御注孝经》。不过,有的研究夸大了贞元二年"制"的意义,认为释奠、汤殿读书时也都专用《御注孝经》。但这种论述并不符合事实,接下来还是让我们以史料为证,重新梳理一下吧。

2. 释奠

以下将按照时间顺序,将释奠中使用《孝经》的实例加以整理。

《三代实录》"贞观四年(862)八月十一日条":

> 释奠如常,正六位上行直讲刈田首安雄,讲御注孝经。文章生等赋诗,如常。

---

① 该栏数字为新日本古典文学大系本《本朝文粹》作品序号,以下引用作品同。

② 关于这组诗的研究有:柳泽良一—『『本朝麗藻』を読む—寛弘二年(1005)、敦康親王の読書始の儀について—』(《国語国文》59—6,1990 年)、新間一美《平安朝の通過儀礼と漢詩—書始における孝経を中心に—》(《平安文学と隣接諸学 王朝文化と通過儀礼》竹林舍,2007 年)。

《菅家文草》卷二,有《仲春释奠听讲孝经》诗(81①),创作于元庆三年(879)二月。

《三代实录》"元庆八年(884)二月六日条":

> 释奠如常。直讲正六位上直道宿祢守永,讲御注孝经。文章生、学生等赋诗。

《菅家文草》卷五,有《仲春释奠闻讲古文孝经同赋以孝事君则忠》诗(367),作于宽平五年(893)二月。

《本朝文粹》卷九,有大江澄明的《仲春释奠听讲古文孝经同赋夙夜不懈》诗序(242),创作年代不详。澄明没于天历四年(950)。

《扶桑集》卷九,有菅原文时(899—981)的《仲秋释奠听讲古文孝经》诗。

《本朝丽藻》卷下"帝德部",有源为宪(941—1011)的《仲秋释奠听讲古文孝经赋天下和平》诗。

大江匡衡(952—1012)的诗集《江吏部集》卷中"文部"有下列三首诗:

> 仲秋释奠听讲古文孝经同赋孝为德本
> 仲秋释奠听讲古文孝经
> 仲秋释奠听讲古文孝经诗

《本朝世纪》"康和五年(1103)八月十日条":

> 释奠,有宴座。……前上野介敦基朝臣献题"听讲古文孝经"。

以上,除《三代实录》所载清和天皇之"制"问世不久的两次是使用《御注孝经》外,后来的全部都是以《古文孝经》作为文本的。

另外还有一条值得关注的记载,也一并录于此。《朝野群载》卷十三的纪传中有"书诗体"一项,列举了各种作文场合所需的诗题及署名

---

① 数字为日本古典文学大系本《菅家文草》作品序号,以下引用作品同。

方式,释奠即是其中的一种。在此仅举一例:

> 仲春释奠听讲古文孝经同赋资父事君一首　　官位姓朝臣名
> (细注略)

这是菅原道真的作品,收于《菅家文草》卷一(28)及《本朝文粹》卷九(241)。不过在两部作品集中,题目都仅作"孝经"(《本朝文粹》卷九的目录作"古文孝经")。

如此,在列举各种作文场合之典型时,专门写作"古文孝经",这说明释奠时以《古文孝经》作为文本,在当时是一种共识。

以上事例均说明,释奠所用的就是《古文孝经》。关于这一点,我想再补充一下。大江匡衡是一条天皇时期的代表性文人,有诗集《江吏部集》。《江吏部集》的作品顺序是按照类题排列的,卷中"文部"有"孝经"一项,下收 5 首诗作。刚才文中已经举了其中三首"释奠"诗,明确了其所用为《古文孝经》。另外两首是"初读书"的,诗题如下:

> 冬日侍飞香舍听第一皇子初读御注孝经
> 冬日侍东宫听第一皇孙初读御注孝经

这两首都用的是《御注孝经》。以上例子很好地证明了初读书与释奠所用文本截然不同的事实。

另外,释奠时也会赋诗和创作诗序,其传存作品,上面我也已经都列举了。

3. 汤殿读书

接下来再看一下"汤殿读书"的情况。关于此事,在《御产部类记》中有整理好的史料记载,使我们很容易明确。现将其记载列为下表,表中书名后括号内的人物为读书博士。

时间	出生亲王姓名	所用书名(读书博士)
延长元年(923)七月二四日	宽明亲王(朱雀天皇)	古文孝经
天历四年(950)五月二四日	宪平亲王(冷泉天皇)	古文孝经(纪在昌)
二五日		古文孝经(三统元夏)

（续表）

时间	出生亲王姓名	所用书名（读书博士）
宽弘五年（1008）九月一一日	敦成亲王（后一条天皇）	孝经（中原致时）、御注孝经（藤原广业）
＊宽弘六年（1009）一一月二五日	敦良亲王（后朱雀天皇）	御注孝经（藤原广业）
长元七年（1034）七月二一日	尊仁亲王（后三条天皇）	御注孝经（清原赖隆）
承历三年（1079）七月一○日	善仁亲王（堀河天皇）	御注孝经（藤原正家）
康和五年（1103）一月一七日	宗仁亲王（鸟羽天皇）	孝经（藤原俊信）
元永二年（1119）五月二九日	显仁亲王（崇德天皇）	御注孝经（藤原敦光）
六月二日		御注孝经（藤原敦光）
天治元年（1124）三月二九日	通仁亲王（鸟羽皇子）	古文孝经（藤原敦光）
天治二年（1125）五月二六日	君仁亲王（鸟羽皇子）	御注孝经（中原师远、藤原敦光）
大治二年（1127）九月一二日	雅仁亲王（后白河天皇）	御注孝经（藤原敦光）
一三日		古文孝经（中原师远）
康治二年（1143）六月二○日	守仁亲王（二条天皇）	御注孝经（藤原有光）

　　上表中"＊宽弘六年条"乃是依据《御堂关白记》的记载。有两例只写了"孝经"，也不知道是《古文孝经》还是《御注孝经》。从整体上看，虽然《御注孝经》用的次数多，但《古文孝经》也并非未被使用过。就拿天治时期的两位亲王来说，天治元年通仁亲王时用的《古文孝经》，而天治二年君仁亲王时则用的是《御注孝经》。大治时期雅仁亲王之例中，九月十二日用的是御注本，而次日十三日用的是古文本。此外，也并无明经博士（清原氏、中原氏）必用古文系统、而纪传博士（藤原氏）必用御注系统的情况。

　　与"释奠"一样，《朝野群载》卷二十一"杂文"中列有"产所读书"一项，引用了"古文孝经序 孔安国"为例。"产所读书"即汤殿读书，这里举的并非《御注孝经》而是《古文孝经》的序文。也就是说，起码在《朝野群载》的编者三善为康心中，汤殿读书所用文本当为《古文孝经》。

　　以上主要列举了讲读《孝经》的初读书、释奠、汤殿读书等仪式中所用文本以及诗文创作的事例。所用文本情况是：初读书用《御注孝经》；

释奠用《古文孝经》；汤殿读书多选用御注本，但有时也会用古文本。也就是说，平安朝期间，是上述两者并用的一个情况。

五、藤 原 赖 长

在平安朝末期《孝经》接受史上占有重要地位的，是藤原赖长（1120—1156），其日记《台记》是这方面的一部贵重史料。赖长乃忠实之子、忠通之弟，属于藤原摄关家的嫡系，他自己也是一位政治家，官至左大臣。而同时他也爱好学问，特别是经学，他通读过大量的经书、史书，并将其经历详细地记录在了《台记》中①。《孝经》也是其经常学习的，前文提到过，他曾将《孝经去惑》《孝经述义》等置于案头经常研习。

而下面我要说的，是另一个值得关注的事项，那就是《宇槐记抄》中记载的"要书目录"。赖长在仁平元年（1151）九月二十四日条中，记载了其给宋商刘文冲书写"要书目录"一事。这是一部搜求图书的目录，赖长托付刘文冲，若在宋可以入手请设法送到日本。目录按照《周易》《尚书》等经书类别，列举了上百条书名，从中可以想见赖长求书若渴的心情。《孝经》类下所列书目有：

> 孝经疏、探神契（孝经援神契）、勾命诀（孝经勾命诀）、越王孝经、内右年、雄□（孝经雄图）、应瑞□（孝经应瑞图）、指要（孝经指要）、副旨（孝经制旨）、孝经诫、孝经集义、孝经律。

因为有些是略称，还有一些笔误和缺字，因此我在括号内给出了正确的书名。加点的书目，是我在前文中提过的《日本国见在书目录》中有著录的。其他如"内右年"的"右年"估计是写错了，《隋书·经籍志》中近似的书名有"孝经内记""孝经内事""孝经内事图"等，不清楚是哪

---

① 关于赖长治学方面的最新研究有：後藤昭雄《『全経大意』と藤原頼長の学問》（《本朝漢詩文資料編》勉誠出版，2012 年。2010 年 3 月初出）、高桥均《ある中国研究者の早すぎた死　藤原頼長の経書研究を中心として》（仓田实编《王朝人の婚姻と信仰》森话社，2010年 5 月）、住吉朋彦《藤原頼長の学問と蔵書》（佐藤道生编《名だたる蔵書家、隠れた蔵書家》庆应义塾大学文学部，2010 年 8 月）。

一个。"孝经应瑞图",在《旧唐书·经籍志》中有"孝经应瑞图一卷";
"孝经指要",在《新唐书·艺文志》中有"李嗣真孝经指要一卷";"副旨"
应该是《新唐书·艺文志》中所载的"今上孝经制旨一卷《玄宗》"。"孝
经诚""孝经律"①两书,未见诸文献记载,不知赖长是从哪里得到的
信息。

如上所述,赖长曾经想得到上述列举的诸多与孝经有关的书籍。

(本文原为 2013 年 11 月于北京·清华大学举办的"孝文化在
东亚的传承与发展"国际学术研讨会宣读论文。并已于 2016 年 3
月刊载于[日本]《斯文》第 128 期。)

(高兵兵译)

---

① 阿部隆一认为,其或是《旧唐书·经籍志》《新唐书·艺文志》所载的"孝经纬"。详见阿部
隆一《室町时代以前の御注孝経について—清原家旧藏鎌倉鈔本開元始注本を中心とし
て—》(《斯道文庫論集》第四輯、1965 年)。

试论浦岛子传与《董永变文》

——以奈良时代浦岛子传为中心

项　青

一

在日本有一个家喻户晓的渔夫游仙境故事,叫《浦岛太郎》(日本古汉文称之为《浦岛子传》)。该故事最早见于公元 720 年编成的历史史料《日本书纪》(以下简称《书纪》)。《书纪》卷第十四"雄略天皇二十二年秋七月"条中,有关于浦岛子的记载①。为了让大家能更好地了解日本汉文,以下将全文引用。原文如下:

> 秋七月,丹波国余社郡管川人瑞江浦岛子②、乘舟而钓、遂得大龟。便化为女。于是浦岛子感以为妇、相逐入海、到蓬莱山、歷睹仙众。语在别卷。

从原文我们可以看出,因为《书纪》是历史史料,内容简扼明要。仅用两三行文字,就记载了某年某月于某处发生了某事件。在这条史料中,记述了在日本海岸丹波国余社郡管川地方,有一个名为浦岛子的渔夫。在雄略天皇二十二年(478)秋季的某一天,他泛舟出海打鱼,钓到一只大龟。大龟化为女子,与浦岛子结为夫妻。并相随入海,前往传说

---

① 新编日本古典文学全集《日本书纪》2 所收(小学馆,1997 年 7 月)。

② 本论引用原文中,会出现不同的"嶋""嶼"等异体字。正文中统一使用"岛"字。

中的东海仙境——蓬莱山。在蓬莱他见到了众多的仙人。这段历史记录表明浦岛子传说不仅仅是一个渔夫游仙境的故事,还应该是一段真实的渔夫海上遇难,得外族人相救,并与异乡女子成婚的史实。浦岛子故事在日本已流传了一千五百多年。除了标有延喜二十年(920 年)注,并附有承平二年(932)汉诗及和歌的《群书类丛》所收〈续浦岛子传记〉;大江匡房(1041—1111)著《本朝神仙传·浦岛子传》;十一世纪末阿阇梨·皇円著《扶桑略记》所收《浦岛子传》和《续浦岛子传抄》;1212—1215 年间的源显兼编《古事谈》说话集中的《浦岛子传》;中世说话集《注好选》上卷"岛子别筥云第一百二话";作者、创作时期不详的《群书类丛·浦岛子传》等六篇汉文作品外,中世纪以后还有无以数计的纯和文体裁的记载①。有点类似我国的《柳毅传》等龙宫访问和凡人男子与龙女恋爱联姻的故事②。因其深得历代文人的喜爱,被以各种文体形式撰写、传播,使得这个故事老幼皆知。

由于篇幅有限,本论只能忍痛割爱,仅以奈良时代最早的三例为例,加以分析。

在《书纪》的文末明记着"语在别卷"(双重线)。汉学家小岛宪之认为:此处的"别卷"应该指的是和铜六年(713)前后成立的《丹后国风土记》逸文中收录的《水江浦岛子传》③(以下简称《逸文》)。

下面让我们一起去欣赏《丹后国风土记逸文》中的"水江浦岛子"故事。为了能让读者充分地了解日本的古汉文作品,以下将全文引用。

> 丹后国风土记曰:与谢郡,日置里。此里有筒川村。此人夫,
> 日下部首等先祖,名云筒川屿子。为人,姿容秀美,风流无类。斯,
> 所谓水江浦屿子者也。是,旧宰伊预部马养连,所记无相乖。故,

---

① 重松明久《浦岛子传》第六、七章中,介绍了后世的各种浦岛子传(现代思潮社,1981 年1月)。

② 项青《浦島説話と柳毅伝——两作品の文学表現と神仙道教思想の受容——》(《第十七回国際日本文学研究集会会議録》所收。1994 年 10 月)。

③ 小岛宪《上代日本文学と中国文学》中卷·第八章《伝説の表現(二)浦嶋子伝の表現(1)丹後国風土記·扶桑略記にみえる浦嶋子伝説》中,对"别传"出处有详细的分析。(塙书房,1993 年 10 月第七版)

略陈所由之旨。

长谷朝仓宫御宇天皇御世、屿子独乘小船,汎出海中为钓。经三日三夜,不得一鱼,乃得五色龟。心思奇异,置于船中即寐,忽为妇人。其容美丽,更不可比。屿子问曰"人宅遥远,海庭人乏,讵人忽来"。女娘微笑对曰"风流之士,独汎苍海。不胜近谈,就风云来"。屿子复问曰"风云何处来"。女娘答曰"天上仙家之人也。请君勿疑。垂相谈之爱"。爰屿子知神女,镇惧疑心。女娘语曰"贱妾之意,共天地毕,俱日月极。但君奈何。早先许不之意"。屿子答曰"更无所言。何懈乎"。女娘曰"君宜回棹赴于蓬山"。屿子从往。女娘教令眠目。即不意之间,至海中博大之岛。其地如敷玉。阙台暗映,楼堂玲珑。目所不见,耳所不闻。携手徐行,到一太宅之门。女娘曰"君且立此处"。开门入内。即七竖子来,相语曰"是龟比壳之夫也"。亦八竖子来,相语曰"是龟比壳之夫也"。兹知女娘之名龟比壳。乃女娘出来,屿子语竖子等事。女娘曰"其七竖子者,昴星也。其八竖子者,毕星也。君莫怪焉"。即立前引道,进入于内。

女娘父母共相迎,揖而定坐。于斯,称说人间仙都之别,谈议人神偶会之嘉。乃荐百品芳味。兄弟姊妹等,举杯献酬。邻里幼女等,红颊戏接。仙歌寥亮,神舞逶迤。其为欢宴,万倍人间。于兹不知日暮。但黄昏之时。群仙侣等,渐渐退散,即女娘独留。双肩接袖,成夫妇之理。于时屿子,遗旧俗,游仙都,既逐三岁。忽起怀土之心,独恋二亲。故吟哀繁发,嗟叹日益。女娘问曰"比来观君夫之貌,异于常时。愿闻其志"。屿子对曰"古人言小人怀土,死狐首岳。仆以虚谈,今斯信然也"。女娘问曰"君欲归乎"。屿子答曰"仆近离亲故之俗,远入神仙之堺。不忍恋眷,辄申轻虑。所望暂还本俗,奉拜二亲"。女娘拭泪叹曰"意等金石,共期万岁,何眷乡里,弃遗一时"。即相携徘徊,相谈恸哀。

遂接袂退去,就于岐路。于是女娘父母亲族,但悲别送之。女娘取玉匣屿子,谓曰"君终不遗贱妾,有眷寻者,坚握匣,慎莫开

211

见"。即相分乘船,仍教令眠目。

忽到本土筒川乡。即瞻眺村邑,人物迁易,更无所由。爰问乡人曰"水江浦屿子之家人,今在何处"。乡人答曰"君何处人,问旧远人乎。吾闻古老等曰,先世有水江浦屿子。独游苍海,复不还来,今经三百余岁者,何忽问此乎"。即衔弃心,虽回乡里,不会一亲。既逶旬月,乃抚玉匣而感思神女。于是屿子,忘前日期,忽开玉匣。即未瞻之间,芳兰之体,率于风云,翩飞苍天。屿子即乖违期要,还知复难会。迴首跙躅,咽泪徘徊。于斯、拭泪歌曰:常世辺に　雲たち渡る　水江の　浦嶋の子が　言もち渡る

神女遥飞、　芳音歌曰:倭辺に　風吹き上げて　雲離れ　退きをりともよ　吾を忘らす嶼な子、　更不胜恋望、　歌曰:子等に恋ひ　朝戸を開き　吾が居れば　常世の浜の　波の音聞こ後ゆ時人、　追加歌曰:水江の　浦嶋の子が　玉匣　開けずありせば　またも会はましを常世辺に　雲立ち渡る　多由女　雲は継がめど　我ぞ悲しき①

柿村重松指出:《丹后国风土记》逸文《水江浦屿子》的作者,应是原丹后国太守、日下部伊预部马养连。本文系他在任期间（703）所撰写②。马养精通汉籍,曾任东宫学士③。参与过奈良时代《大宝律令》的

① 新编日本古典文学全集《风土记》所收"逸文"《丹后国·筒川の嶼子》(小学馆,1998年6月)另外《日本书纪》本文记载的是"丹波国余社郡管川人瑞江浦岛子",而《丹后国风土记》逸文则为"丹后国风土记曰:与谢郡、日置里、此里有筒川村(中略)斯所謂水江浦嶼子者也。"丹波国其实就是丹后国。《续日本纪》和铜六年(713)4月3日条记录着"割丹波国加佐、与佐、丹波、竹野、熊野五郡、始置丹后国。"另外汉字之异,是因使用了日文的同音字。比如:"余社和与谢""管川和筒川""瑞江和水江"等。
② 柿村重松《上代日本漢文学史》(日本书院,1947年7月)中指出:"風土記の文は、馬養の記に取りたること知るべし。"然而小岛宪之则反论道:"この説にそのまま従へない点があると、風土記の文は馬養の所記の影を引くことは推測できるが、原作であるかどうか判断できない"(同前注)。拙论赞同小岛先生的观点,即原文中应有马养原作的一部分,但也有不少后人追加的部分及和歌等。
③ 日本古汉诗集《怀风藻》(日本古典文学大系《懷風藻·文華秀麗集·本朝文粋》所收,岩波书院,1964年6月)第37番,收录有皇太子学士从五位下伊与部马养《五言、从驾应诏》诗一首。

编纂。

《逸文》的前半部记载了为人姿容秀美,风流无比的渔夫浦岛子,出海垂钓时,钓上了一只五色龟。五色龟化为一位佳丽美人,并告诉浦岛子:"自己是天上仙家之女。见风流的浦岛子孤身一人在海上,故心生爱恋前来相会。"随后他们结为夫妻,一同前往海上仙岛·蓬莱山。在目所不见,耳所不闻的蓬莱仙境,夫妻二人过着如鱼得水,仙人般的日子。然而好景不长,三年后浦岛子日日长息短叹,坐立不安,仿佛过腻了仙境的日子。他竟向龟女提出希望返乡,探望双亲的要求。

看到此我想一定会有不少人联想起中国古代的游仙小说类。不过本人觉得该文体更接近《敦煌变文》等白话文俗语的文体。之后将在第二、三部详述。

最后介绍成书于八世纪中期(759)日本最古的和歌集《万叶集》卷九"杂歌部"中,收录的高桥虫麻吕创作的古传说歌《咏水江浦岛子一首并短歌》(以下简称《万叶集》)①。这是古浦岛子传中,唯一一首用纯和文形式表现的作品。原文如下:

> 水江の浦嶋子を詠む一首　併せて短歌
> 春の日の　霞める時に　墨吉の　岸に出で居て　釣船のとをらふ見れば　古の　ことそ思ほゆる　水の江の　浦の島子が　鰹釣り　鯛釣り誇り　七日まで　家にも来ずて　海界を　過ぎて漕ぎ行くに　海神の　神の娘子に　たまさかに　い漕ぎ向ひ　相とぶらひ　こと成りしかば　かき結び　常世に至り　海神の　神の宮の　内の重の　妙なる殿に　携はり　二人入り居て　老いもせず　死にもせずして　永き世にありけるものを　世の中の　愚か人の　我妹子に　告りて語らく　しましくは　家に帰りて　父母に　事も語らひ　明日のごと我は来なむと　言ひければ　妹が言へらく　常世辺にまた帰り来て　今のごと　逢はむとならば　この櫛笥　開くなゆめと　そこらくに　堅め

① 新编日本古典文学全集所收《万叶集》第二卷·卷九·1740番(小学馆,1995年4月)。

しことを 墨吉に 帰り来りて 家見れど 家も見かねて 里
見れど 里も見かねて 怪しみと そこに思はく 家ゆ出でて
三年の間に 垣もなく 家も失せめやと この箱を 開きて見
てば もとのごと 家はあらむと 玉櫛笥 少し開くに 白雲
の 箱より出でて 常世辺に たなびきぬれば 立ち走り 叫
び袖振り 臥いまろび 足ずりしつつ たちまちに 心消失せ
ぬ 若かりし 肌も皺みぬ 黒かりし 髪も白けぬ ゆなゆな
は 息さへ絶えて 後遂に命死にける 水江の 浦島子が 家
所見ゆ

反歌一首

常世辺に 住むべきものを 剣大刀 汝が心から おそや
この君

这首长歌的大意是:

春天烟霞霭霭之日,漫步至墨吉海岸。眺望着远处的帆船,
不禁回想起了上古的往事。曾经有一名为水江浦岛子的渔夫,
摇着一叶小舟出海,鲣鱼·鲷鱼装满仓,一晃过了七天都忘了返
乡。不知不觉地越过了界线,于海疆偶遇海神之女。俩人一见
钟情私结姻缘,海誓山盟永不变心。妇唱夫随至海神宫,携手迈
入深宫。二人祈盼着能海枯石烂,不老不死永世相爱。没曾想
那凡夫俗子,竟向爱妻吐露真情。叩请:容吾回家请安,求父母
恩准明日即返。海神女无奈言道:"若有心回此与我共生死情
缘,切记千万不可开此匣"。返回墨吉海岸的浦岛子,觅吾家不
见旧屋舍,寻故乡也觅无踪影。心慌意乱中寻思:为甚离家仅三
年,双亲屋舍荡然无存。心存幻想若开此匣,一切或许皆会复原
如旧。浦岛子战战兢兢地打开玉栉笥,只见白云自匣而出,直上
青天。心急如焚的他四处狂奔,呼天喊地皆无回应。浦岛子捶
胸顿足,痛失心疯。转眼间老大悲催,满脸生皱。眼看着满头青
丝转为白发,终归是伤心过度,奄奄一息命归黄泉。如今只能看

到浦岛子家的旧址了……

反歌一首

本应永久居住在不老仙境的浦岛子,为何却如此愚蠢地拔刀剜心,断了自己的后路。啊!真是个大傻瓜呀。

（此文由作者翻译）

《万叶集》里的这首古传说歌,描述了渔夫与海神之女在海上偶遇(注意:此文是唯一没有龟女存在的),俩人私定姻缘,一同前往海神宫。也是浦岛子传的诸多作品中,最早描写凡人男子因不守誓约,破坏禁忌而痛苦死亡,永远无法重返仙境的(点锁线部)。

《万叶集》是日本最古的和歌集,全歌集中仅有高桥虫麻吕一人,是写作古传说歌的歌人。他将奈良时代的三个知名传说[1],加以新的尝试,以长歌的形式,创作成和歌。他还是一位极有汉文天赋的歌人,在其作品中尽情地发挥其丰富的汉文修养。并利用中国典故,大胆地讴歌了三个著名的恋爱故事[2]。

二

以上介绍了奈良时代三个具有代表性的浦岛子故事。早在江户时期就有研究者对其汉籍出典进行了分析。契冲在《万叶代匠记》中指出:"万叶集中的'三岁之间尔'一句,有中国志怪小说《幽明录》所收'刘阮天台'故事的影子"[3]。另外还有不少近代国文学者们也先后指出,浦岛子传说受到了《桃花源记》《王质烂柯》和《袁相根硕游赤城》等仙境

---

① 高桥虫麻吕的另外二首传说歌是:《万叶集》卷九·1738番《上総の末の珠名娘子を読む一首併せて短歌》和1801番〈葦原の处女が墓に过る时に作る歌一首併せて短歌》。
② 犬养孝《万葉の歌人高橋虫麻呂》(世界思想社,1997年7月)四《伝説を求めて——水江の浦島子》中介绍了高桥虫麻吕与当时的遣唐使诗人藤原宇合对吟诗里的汉文化。
③ 契冲《万叶代匠记》(岩波书店,久松潜一校校订《契冲全集》第四卷,1975年7月)卷四《万叶集》卷九。1740番《詠水江浦嶋子一首並短歌》中有古注释。

故事的影响①。下面让我们去考证一下,浦岛子传中有哪些汉文典故的影子。

小川环树曾对中国的三世纪以后魏晋南北朝的志怪小说中,出现的游仙境故事做过以下的归纳:"一曰山中或海上;二曰洞穴;三曰仙药与食物;四曰美女和婚姻;五曰道术和赠送礼物;六曰怀乡与劝归;七曰时间之差;八曰再归或不能回归。"②根据小川环树以上游仙故事的概念,台湾学者王国良又将仙境观念分类为:"一仙境观棋型;二禁忌破戒型;三人神恋爱型;四苍海变桑田型。"③本论将主要依王国良氏的分类法来考证浦岛子传。由于篇幅关系,以下重点针对其"人神恋爱型"和"禁忌破戒型"来进行考察。

让我们先一起去看看浦岛子传中,有关"人神恋爱型"的描写。

《书纪》中除了记录浦岛子恋上龟女,跟龟女一起到了传说中的仙山蓬莱,与众仙相聚一堂。并无上述其他游仙境故事的诸要素。而《逸文》则是大幅笔地对人神恋爱过程,思乡之念(破折线部),以及仙境与人间的时间差"三年对三百年"④和返乡后的巨变进行了细致的描写(直线部)。可对因禁忌破戒而引发的不测情形,并没有特别细述(波浪线部)。

《万叶集》里,则将重心放在了凡人浦岛子因为得与海神女恋爱,在海神宫中获得了不老不死的长生(直线部)。然而只三年,浦岛子因思

---

① 出石诚彦《支那神話伝説の研究》所收《浦島の説話とその類例について》三《支那に存する類例——王質爛柯・劉阮天台説話など》(中央公論社、1973年10月、増補改訂版)和高木敏雄《浦島伝説の研究》(増訂《日本神話伝説の研究2》所收。平凡社,1981年3月第二刷)。

② 小川环树《中国小説史の研究》第九章《神話より小説へ——中国の楽園表象》中的《魏晋時代以後於(三世紀以降)——仙郷に遊んだ説話——》(岩波書店,1968年11月)。

③ 王国良《魏晋南北朝志怪小説研究》中篇第七章《服食修練及仙境説》第三节《仙境観念》(文史哲出版社,1984年7月)。

④ 经我考察,"三年"对"三百年"的出处,来自中国的神仙列传等。例如《神仙传》第二卷第2话《沈建》故事中,有"(沈建者)独好道,不肯仕宦(中略)建去三年乃还。建食能轻举,飞行往还。如是三百余年,乃绝迹。"(上海古籍出版社《诸子百家丛书》所收葛洪撰《神仙传》,1990年9月)。

念家乡父母,提出希望暂时返乡告慰双亲。神女无奈只好同意其返乡,并赠送其一个玉匣。告诫道:若想再次团聚,千万别打开玉匣(破折线部)。可是返乡后眼见故居村邑零落,人物迁易,找不到双亲的绝望心情(波浪线部),致使其误以为打开玉匣,或许还能见到原来的家园。冲动之下他背弃了与神女约好的誓言。在万分的痛苦之折磨之中,绝望而死(点锁线部)。可以看出《万叶集》的作者,不仅忠实地体现了仙境观念中的四大要素,而且还强调了"人神恋爱"的结局是要付出代价的。

"人神恋爱型"的话型中通常有两种结局。一种是:出仙境返乡后,发现人物迁易,桑田变苍海。这正符合神话传说中的"天上一日,地上一年""山中一日,世上千年"的人神异界的时间差之概念。其实这也正是契冲提出的"刘阮天台山"故事是《万叶集》的汉籍典故的缘由。"刘阮天台山"故事的出处,以及在其他日本文学作品中是如何引用的,本论不赘叙,请参考拙论。①

另一种结局是:分手时仙女往往会交给凡人男子一个带有禁忌性的誓约,或者是授予一个不可以随意开启的礼物(多为密封性的锦囊或容器)。若凡人不守约而破戒的话,或死亡、或永远无法重返仙境。然而返乡后的男子,在异境与人间界的超日常的"時差"之中,因丧失家园和亲人之痛,而忘记了誓约。或者是出于好奇心而破禁打开容器。比如逸文的浦岛子因丧失双亲,万念俱灰。不禁抚玉匣而感思神女。完全忘记了与仙女的誓约,忽开启玉匣。还未来得及细看,就见从那玉匣中,仙女的芳兰之体②伴着风云,直指苍天而去……从此彻底毁掉了两人再次相见的机会,结束了这场梦境一般的人神之恋。

这类故事的代表作非《搜神后记》卷一的"袁相根硕"故事莫属。专门记录宫廷内汉籍藏书的《日本国见在书目录》二十"杂传家部"中,可

---

① 项青《平安時代における劉阮天台説話の受容と風土記系〈浦島子伝〉》(熊本大学国语国文学研究会志《国語国文学研究・荒木尚教授退官記念特集》第 32 号,1997 年 3 月)。

② 三浦佑之《浦島太郎の文学史——恋愛小説の発生》第二章《神仙小説〈浦島子〉》中的白话文译为"那玉匣中,浦岛子的芳兰之体"。(五柳书店,1993 年 7 月)

见《搜神后记》(题为晋·陶潜所撰)的记录①。卷一第三话正是《剡县赤城·袁相根硕》故事。

> 会稽剡县民袁相根硕二人,猎经深山重岭甚多。见有一群山羊六七头,逐之。经一石桥,桥甚狭而峻。羊去,根等亦随渡,向绝崖。崖正赤,壁立。名曰赤城。上有水流下,广狭如匹布。剡人谓之瀑布。羊径有山穴如门,谼然而过。既入内甚平敞,草木皆香。有一小屋,二女子住其中,年皆十五六,容色甚美,着青衣。一名莹珠,一名□□。见二人至,欣然云"早望汝来"。遂为室家。忽二女出行,云"复有得婿者,往庆之"。曳履于绝岩上行,琅琅然。二人思归,潜去归路。二女追还,已知,乃谓曰"自可去"。乃以一腕囊与根等,语曰"慎勿开也"。于是乃归。后出行,家人开视其囊。囊如莲花,一重去,复一重,至五尽。中有小青鸟飞去。根还知此,怅然而已。后于田中耕,家依常饷之,见在田中不动。就视,但有壳,如蝉蜕也。②

故事中两个凡人男子思乡欲归,背着仙女偷偷溜走时,却被仙女发觉追还。无奈仙女交给两人一个锦囊,告知不可随意开启。根硕本人并无违约,但家人无意开了其囊。囊中有小青鸟飞去。根知此事虽怅然而无法,后于田中仙化,仅剩皮壳如蝉蜕。

其实这类"禁忌破戒型"小说中,凡人虽从神仙处获得某容器(腕囊、玉匣),而且也一再提醒他们千万不要偷启。然而由于人类的无知和好奇心,往往忍不住开启,因此带来了意想不到的灾难。在中国的古典文献中,常见到违者瞎双眼,或自动出火烧毁资料等记录。《晋书》卷第七十二《郭璞列传》中就记载了这样的事件。

---

① 宽平三年(891)藤原佐世敕撰《日本国见在书目录》,是日本最古的汉籍书目录集。记录了当时日本保存的一万六千七百九十册(四十个部门,一千五百七十九个分类)的书名及作者名等。详见矢岛玄亮《日本国见在书目录——集证と研究——》(汲古书院,1987年12月)。据《中国古代小说百科全书》(中国大百科全书出版社,1993年4月)许逸民解说"《搜神后记》又称《续搜神记》《搜神续记》,晋·陶渊明(潜)所撰。"
② 本文引用先坊幸子、森野繁夫校注《陶潜·搜神后记》(白帝社,2008年12月)。

有郭公者,客居河东。精于卜筮,璞从之受业。公以青囊中书九卷予之。由是遂洞晓五行、天文、卜筮之术。(中略。赵载)<u>尝窃青囊书,未及读,为火所焚</u>。①

郭璞的门人赵载,曾想窃仙人所授的可洞晓五行、天文、卜筮之术的青囊书。然而还未来得及读,书便为火所焚。这正是警示凡人:非凡人可阅之秘籍,若违禁,破戒之人将面临惩罚。

还有一例正是《敦煌变文》中所收的《董永变文》故事。因篇幅过长,现只将相关之处引用如下:(引用不改文中原用字。括号内系正字)

阿娘拟收孩儿养,我儿不仪(宜)住此方。将取金瓶归下界,捻取金瓶孙宾(膑)傍。天火忽然前头现,先生失却走忙忙。将为当时总烧却,检寻却得六十张。因此不知天上事,总为董(仲)觅阿娘。②

内容是大家熟知的"董永卖身葬父,天女下凡助织",汉代孝子董永的故事。

该故事最早应见于汉代刘向孝子图③。为了对比,全文引自《敦煌变文》第八编、句道兴撰《搜神记》。原文如下:

昔刘向孝子图曰:有董永者,千乘人也。小失其母,独养老父。家贫困苦,至于农月,与辘车推父于田头树荫下。与人客作,供养不阙。其父亡殁,无物葬送。遂从主人家典田,贷钱十万文。语主人曰"后无钱还主人时,求与殁身主人为奴,一世偿力。"葬父已了,<u>欲向主人家去,在路逢一女,愿与永为妻</u>。永曰"孤穷如此,身复与他人为奴,恐屈娘子。"女曰"不嫌君贫,心相愿矣,不为耻也。"永遂

---

① 《二十五史》所收《晋书》(上海古籍出版社、上海书店编,1986年12月)。
② 《敦煌变文》第一编所收《董永变文》(中文出版社,1978年10月)。
③ 《敦煌变文》第八编、句道兴撰《搜神记》一卷《行孝第一》第25话即引自刘向《孝子图》。干宝撰《搜神记》卷一第28话也有《董永与织女》的故事,但文体和内容有所不同。《敦煌变文》比较偏向口语化。与其有着基本相同内容的作品还有:《法苑珠林》卷49《感应缘》第4验"董永有自卖之感";《太平御览》卷411·人事部53《感孝》"刘向孝子图曰"等。

共到主人家。主人曰"本期一人,今二人来何也?"主人问曰"女有
何伎能?"女曰"我解织。"主人曰"与我织绢三百疋,放汝夫妻归
家。"女织经一旬,得绢三百疋。主人惊怪,遂放夫妻归还。行至本
相见之处,<u>女辞永曰"我是天女,见君行孝,天遣我借君偿债。今既
偿了,不得久住。"</u>语讫,遂飞上天。

孝子董永为葬父卖身为奴,因其孝行感动天帝,故遣织女下凡相
助。天女为其织绢三百疋,交与买主赎其身后,而飞天去。可是在《敦
煌变文》第一编中的《董永变文》故事,却增加了董永和织女之间生育有
一儿,名为董仲。董仲因无母,常遭人欺凌。后在占卜师孙膑的指点
下,为寻母亲而到达天界。天女因人间不宜久居天界之故,授予董仲一
金瓶,让其带回人间交给孙膑。孙膑欲开启金瓶,忽然从中冒出天火,
先生急忙逃走。却因此而烧失了大部分的天书,仅拾回来六十多张,从
此无法详尽知晓天上之事。这全是因为孙膑帮董仲觅母,泄露天机所
致。而这从金瓶中冒出的天火,并将重要的天界秘籍烧毁的现象,与自
古以来,道教里的绝传秘术,当面临危急之际,多以自焚的形式而将秘
籍毁灭的诡异行为有关。

到了宋代,白话本《雨窗集》所收的《董永遇仙传》,则演绎如下:

番来覆去看,把手去开这瓶盖时,吃了一惊。只见从瓶口内飞
出一星火来,将上元觉子并知过去未来之书,尽数烧了。这先生手
忙脚乱,急救火时,被烟一冲,不想将双目皆冲瞎了。[1]

话本中,孙膑先生欲开金瓶,却被从瓶口内冒出的火星,将可知天
上未来之事的重要天书尽数烧毁。而且先生也因救火,被烟冲瞎了
双目。

从上述的两条记载我们可看到:人间破坏禁忌时,受害者并非从天
女处取回天书的天女之子董仲,反是教唆其子的先生孙膑。说明惩罚

---

[1] 中国话本大系《清平山堂话本》所收《雨窗集》(上)《董永遇仙传》(江苏古籍出版社,1990
年4月)。

的对象乃是泄露天机，有贪欲之心的人。却对上到天界的人神异类婚所生之子孙，则多以包容的态度热情相待。由天女或天公（注：天女之父）亲自教其各种知识，使其返人间时获得荣华富贵。在《敦煌变文》所收句道兴撰《搜神记》的《田昆仑》故事里，可考证到类似的记载。

> 天公见来，知是外甥。遂即心肠怜愍，及教习学方术伎艺能。至四五日间，小儿到天上，状如下界人间，经十五年已上学问。公语小儿曰："汝将我文书八卷去，汝得一世荣华富贵。偿若入朝，惟须慎语。"小儿选（旋）即下来，天下所有闻者，皆得知之，三才俱晓。天子知闻，即召为宰相。①

田昆仑故事虽不是董永故事，但却同属羽衣传说。在《敦煌变文》的该故事中，天女变化为白鹤下凡，被凡人田昆仑偷走羽衣。为此不得不留在人间与其结婚生子，天女和田昆仑之间育有一子名田章，受教于董仲先生。董仲先生告知田章其母为天女，并教田章升天寻母之术。在天界四五日，其外祖父（天公）亲自教授了相当于人间十五年的知识。并传其天书八卷携回人间，成了无所不知的百科博士，并被皇帝招为宰相。世人皆知田章是天女之子。有趣的是本故事中虽然缺少开启金瓶、被火烧毁天书等描写，但其确实是董永故事、七夕传说和羽衣传说的混合型故事。可知，在唐代已经开始出现了诸如天女和凡间男子的人神恋爱故事，以及凡人破禁戒被罚的统合现象。

三

变文是出现于唐代和五代期间的口语化文体的民间文学，也称为白话文学。其上即继承了汉魏六朝的志怪小说，下又衔接宋元话本之影响。如《董永变文》正是继承了汉代刘向撰《孝子图传》中的董永故事，又融入了之后的七仙女下凡的话本，演绎了天女和人间男子相亲相

---

① 《敦煌变文》第八编·句道兴撰《搜神记》"行孝第一"第 22 话《田昆仑》（中文出版社，1978年 10 月）。

爱的故事。这一点与古代汉文的浦岛子传相通。将几个典故故事汇聚一处,重新创作出了具有本国特色的新型游仙境故事。

因为变文是唐代白话文学变革中的一种口语化文体的民间文学。文字表现通俗易懂,易于一般民众的理解和欣赏。可以说是从宫廷和贵族阶层走进平民家庭,降低身姿的一大社会进步。正因如此,当时来自日本和朝鲜半岛的遣隋使和遣唐使们,也热衷地抢购诸如唐代张文成的爱情小说《游仙窟》等人气作品①。虽然关于《敦煌变文》的研究起步较晚,加之我的孤陋寡闻,目前尚无法确认《董永变文》是否于奈良时代已传入日本等详情。有待今后的进一步追究。但我推测其极有可能为当时的日本遣唐文人所见闻②。

西野贞治的《浦嶋の歌に见える玉筐のタブー发想について》一文中③。也提及万叶集中的禁忌破坏要素与《敦煌变文》有关联。不过我以为浦岛子传中出现的禁忌破坏的要素,与《董永变文》故事的有本质上的不同。比如万叶集中的浦岛子,因破坏了与海神女的约定,而受到痛苦难耐地惩罚,身亡离世。然而中国的《董永变文》中,虽也有人类破戒之嫌,但基本上罪不致死。即使有伤害也多是仅限于弄瞎眼,或者间接地将重要的天书和秘籍烧毁而已。重心在于使其无法轻易地落入人手,给人类带来危险。这点多少体现了大陆人的宽容之心。

小岛宪之在其前出的《上代日本文学と中国文学》之《丹後国风土记・扶桑略记にみえる浦嶋子伝说》一文中,对《逸文》里十多条出自于唐代张文成的《游仙窟》之词句,进行了细致地分析。经过我多年来对《游仙窟》的解读,认为唐代大才子张文成所作《游仙窟》,文采精湛,

---

① 莫休符撰《桂林风土记》(上海古籍出版社,《南方草木状》[外十二种]1993 年 12 月)所收《张鷟》中,记录有:"张鷟,字文成(中略)张子之文,如青铜钱万。时号青铜钱学士(中略)又新罗日本国,前后遣使入贡,多求文成文集归本国。其为声名远播如此。"

② 黑田彰在《孝子伝の研究》(思文阁出版、2001 年 9 月)第一篇、第二章 3《孝子伝から二十四孝へ》中指出:"唐代は文学史的に孝子伝と二十四孝とが交错する大变重要な时代である。"以及第二篇、第二章《唐代の孝子伝图》中也对唐代以后《董永故事》的各种版本进行了评述。可以推测遣唐使是有机会接触到《董永变文》的。

③ 西野贞治《浦嶋の歌に见える玉筐のタブー发想について》(《万叶》十六号,1955 年 7 月)。

措辞华丽，且对仗工整。并无过多的白话文口语体。若将收录于十一世纪末以后成立的阿阇梨·皇円著《扶桑略记》中所收的〈浦岛子传〉（以下简称《扶传》）①用来比较的话，或许可下此断言。因为《扶传》的原文深受《文选》的影响，且有明显引自《文选》中《神女赋》《洛神赋》和《高唐赋》中的语句。这也正是使我认为《扶传》更有可能是原丹后国太守·伊预部马养连所作之故。最后让我们一起欣赏一段《扶传》的原文吧。

> （水江浦岛子）悟后见龟化为女。<u>鬒鬖如薄云之蔽月。飘飘若流风之回雪。绿黛亘额。丹脣耀睑</u>。其形甚艳。非可驯怀。岛子失度迷神云。何人到此。而乱我怀。神女对曰。<u>春秋易过。披雾难遇</u>。请君破疑。欲得近席。妾有劣计。愿近于君。可乎以不。神女曰。妾蓬山金台女也。父母兄弟皆在堂也。<u>玄都之人。与天长生。与地久徂。餐以石流。饮以玉醴。驾辽川之鹤。逍遥于云路。乘叶县之鸭。偃息于瑰室</u>。是名常世国也。君欲取常世之寿。回舟可赴蓬山。浦岛子许诺指于蓬莱长生。神女曰。君暂可眠。岛子随而眠间。届于海中大岛。神女与浦岛子。携手下舟。游行数里到一大宅。神女排门入内。岛子伫立门外。七少子过而语岛子曰。君是龟娘之好仇乎。暂待。亦八少子到曰。是龟娘之仇也。然后神女出来曰。七少子是昴星。八少子亦毕星。君得升天。宜无其疑。即引内庭。到于宾馆。<u>升镜台。襄于翡翠之帐</u>。（中略。神女父母）于是命于厨宰。<u>荐玉液磐髓之美肴。进云飞石流之芳菜。朝游瑶池。戏毛羽之灵客。夕入瑰室。接神女之襟袖</u>。……

以上文中的直线部分，均为出自《文选》的词句。反之，《逸文》中的

---

① 《扶桑略记》（《新订增补国史大系·第十二卷·第二》所收）此处的〈浦岛子传〉虽是略抄形式，但文中有七竖子昴星、八竖子毕星的登场（引用文点线部），证明与《逸文》属同一系统。在所有浦岛子传说中，有昴星·毕星双星配对登场仅有本体系。从《扶传》的措辞文体来看，也比《逸文》有更多的骈文等古意。

"此人夫""为人""不胜""垂""相谈""和懈乎""比来""教令""竖子""于时""暂还""遂""相携""更无""时人"等近三十多条的口语体白话文,确系属变文中的常用语①。

　　虽然浦岛子传并没有像《董永变文》故事中明显的尽孝之责,不过,其虽身处仙境,但因思念故乡的父母而坐立不安的心境,和《逸文》中的龟女自称是"天上仙家之人"一致。以及最后因破禁打开玉匣时龟女芳兰之体升天的结局,和《董永变文》中的"在路逢一女,愿与永为妻。(中略)女辞永曰:'我是天女,(中略)不得久住。'语讫,遂飞上天",都有着同工异曲之妙。这种解释,说明在奈良时代,天女与凡人男子的人神恋爱故事,禁忌破坏和仙境的时差等概念,已经被一部分汉文学家认可和援用。

---

① 参考蒋礼鸿主编《敦煌文献語言词典》(杭州大学出版社,1994 年 9 月)和入矢义高编《敦煌变文集口语语汇索引》(自费出版,1961 年 3 月)

谣曲中的"孝"

Michael Geoffrey Watson

序

当今仍在上演的能乐剧目中,以"亲子之缘"为主题的不在少数。约 246 部现行谣曲中,有 30 部以上是以亲子关系为主题的,占总数的一成以上。在这些讲述孩子在年幼时便与父母分离或是被父母抛弃的故事中,展现父母对孩子的慈爱的剧目占大多数。然而其中有超过 12 部则与之恰恰相反,聚焦在思念父母的孩子对父母的爱和孝心上。同时在这 12 余部剧目中,极少的几部讲的是女儿的孝行,而其余绝大多数都是以儿子的孝行为中心的。本文将分别具体分析谣曲中是如何刻画儿子和女儿的孝心。但在此之前,将首先简要考察谣曲中出现的"孝"这一词汇。

一、谣曲中"孝"的用例

就笔者所查证,谣曲中没有"孝"字单独使用的情况。即便确实存在,也是极少数的。但以词语形式出现的情况则很多,列举如下。

1. 谣曲中包含"孝"的词语用例(括号内为剧目名,标注"番外"的则为番外谣曲)

不孝(《弱法师》、《小袖曾我》、《放下僧》、《笛之卷》、《锦户》、番外《笛物狂》)

　　孝养(《百万》、番外《切兼曾我》、《檀风》、《海士》(结尾))

　　孝子(《唐船》、《松山镜》)

　　亲孝行(《元服曾我》)

　　忠孝(番外《重盛》、《樱井》(结尾))①

在含有"孝"字的词语中,"孝行"的出现次数最多,其余依次是"不孝""孝养""孝子""孝心"等等。此外,"孝行"这一词语多与"深"这个形容词一同出现。

2. "孝行"一词的用例②

　　因他孝心深(《生田敦盛》141c)

　　さても御身孝行の心深き故

　　真是孝行深厚(《春荣》407b)

　　真は深き孝行なり

　　啊,孝行之深(《谷行》560b)

　　あはれ孝行の深きや

　　凭借深厚的意志,唯有孝行的心力(《谷行》560c)

　　たよりぞ深き志　唯孝行の心力に

　　这是源于孝心之深(《放下僧》452b)

　　これは孝の心深きにより

---

① 以下本文中的引用如无另行标注则均引自《谣曲三百五十番集》(野野村戒三校订、日本名著全集刊行会1928年刊),并已标出页码。该书每页分为上中下三栏,分别由页码后的拉丁字母a、b和c标记。"不孝"的用例:p.371a,440c,452a,482c,487c;"孝养":p,266b,433b,528b,611c;"孝子":p.463b,523b;"亲孝行":p.437b,441b;"忠孝":p.415a,416c,421c。

② 引用文在《谣曲三百五十番集》中的出现的页码与段号在文后标出。

讨伐杀父之敌,正是源于孝行之深(《放下僧》结尾 454b)

親の敵を討つ事も　孝行深き故により

兄弟二人定会成为尽孝之美谈,这令人欣慰(《小袖曾我》结尾 441b)

兄弟親孝行の例にならん嬉しさよ

这正例证了"归乡是孝行,留守是忠义"(《楠露》结尾 417c)

帰るは孝行留るは忠義のかしこきためしぞ

恪守孝行(《春荣》结尾 409c)

これ孝行を守り給ふ

正是这着实难能可贵的孝行之美德,令人欣喜(《三井寺》结尾 530b)

実に有難き孝行の威徳ぞめでたかりける

孝行深厚的亲子间的宿缘才是长久的(番外《笛物狂》结尾 715a)

孝行深き親と子の契ぞ久しかりける

只是孝行之路,路漫且长(番外《高野诣》结尾 706c)

只孝行の道による。行末こそは久しけれ

(末尾括号内"结尾"二字意为在剧目文本最后部分出现)

　　此外,也存在同一词语在剧中出现两次的情况:首先在剧中重要的场面中出现,之后在剧末统束全剧的场景中再次出现。

　　以上,大致介绍了谣曲中"孝"字的使用情况,总的来说并无新奇之处。下面我们再来看看谣曲中涉及亲子关系的剧目。

二、以父母对孩子的感情为主题的能剧（亲子物狂型能剧）

"亲子物狂型能剧"即讲述父母由于某种原因与孩子分离或失去了孩子的能剧。这一类别中主要包括《隅田川》《三井寺》《飞鸟川》等。①

"亲子物狂型能剧"中既有结局为父母与孩子重逢的皆大欢喜的作品，也有以悲剧收尾的作品。例如《花月》就是一个父亲与儿子重逢的故事。事实上，像这样以亲子关系为主题的剧目中，表现孩子对父母的感情与孝行的故事可以说几乎不存在。反之，通过表现失子父母的心理活动而使戏剧冲突更为激烈的剧目更多。《仲光》《土车》《弱法师》《云雀山》等都是后一类剧目的例子。其中前三部讲的是父母和儿子的故事，《云雀山》中则展现了一个孝女的形象。

父亲和儿子重逢——《花月》《歌占》《木贼》《百万》

父母思念不在或已经死去的孩子而使戏剧冲突更为激烈——《仲光》《土车》《弱法师》《云雀山》（孝女）

如上所述，一般在谣曲中，展现父母对孩子爱情的剧目较为多见，而提到孩子对父母的牵挂和恩义时，首先让人想到的是"复仇"这一主题，即儿子向杀死父亲的敌人复仇的故事。

三、表现孩子对父母感情的能剧（复仇型能剧）

在《放下僧》这一剧目中，一位父亲被人谋杀了。他的两个儿子（弟弟牧野小次郎、兄长牧野兄禅僧）展开了如下对话。

弟弟：(前略)不讨杀父之敌者，是为不孝。

兄长：且说，讨伐了杀父之敌，就是尽了孝？

弟弟：然也。

---

① 见文末引用谣曲一览。下文同。

《锦户》、《檀风》、《望月》、《重盛》(番外谣曲,别名《内府》)等剧目中,也出现了复仇的情节。

为父母报仇的故事中最广为人知的,自然有曾我兄弟的复仇故事。在由这一史诗改编而成的剧目中,《小袖曾我》《夜讨曾我》和《切兼曾我》这三部至今依然在上演。除此之外还有很多以曾我兄弟复仇为主题的谣曲,但因为已不再被搬上舞台,因而作为番外谣曲对待。

复仇的困境:

1.《小袖曾我》*Kosode Soga*

在讲述复仇的能剧中,围绕孝行常常出现进退两难的困境。一方面是必须要为死去的父亲报仇的迫切心情,而另一方面是要为孤独一人的母亲尽孝的心情,这两种感情碰撞在一起,令人纠结。通常,报仇的心情会胜过为母亲尽孝的心情。在《小袖曾我》中,十郎和五郎兄弟二人决意为父报仇,在与母亲诀别的时刻,流泪说道:"母子深情意堪怜、思之不禁双流泪,惜别依依意绵绵"[1],此时的戏剧性冲突高涨,达到了巅峰。虽然兄弟二人因为对母亲的孝心而流下了眼泪,但结局仍然是"名标青史贤昆仲,舍身尽孝世无双"[2],为父报仇的决心十分坚定。

2.《望月》*Mochizuki*

因为曾我兄弟的故事太过有名,在其他的剧目中也时而被引述,例如《望月》。《望月》的剧情为虚构,并非基于史实创作。它讲述了一个13岁的男孩儿(花若)与其母一同为男孩儿的父亲复仇的故事。一日,这个叫做望月的男人出现了母子二人下榻的旅店,而这个男人正是他们的仇敌。母亲假扮作一位名叫"盲御前"的盲人游女接近这个男人,并意图在为他吟唱歌曲的时候给儿子创造复仇的机会。母亲唱的

---

① 申非译《日本谣曲狂言选》(人民文学出版社 1985 年,以下简称"申")p.151,申译本中此出剧目题为《曾我》。后文翻译者若无引用则为译者自行翻译。「これやかぎりの親子の契りと、思へば涙も尽きせぬ名残」(440c)

② 申 p.151。「終(つひ)にはその名を留めなば兄弟は親孝行の例(ためし)となるらん。嬉しきよ」(441b)

歌曲就讲述了年仅 5 岁和 7 岁的曾我兄弟热血复仇的故事。

《望月》：剧中提及了曾我兄弟复仇的故事。《望月》剧情的最高潮是假扮"盲御前"的母亲吟唱道"年幼的曾我两兄弟来到佛堂"这一刻。5 岁的曾我五郎手握绳与剑，凝视着佛堂中的佛像，佛像令人不寒而栗的神态让他想起了杀死父亲的敌人。正当五郎想要把佛像的头砍落的时候，他的兄长阻止了他。这尊佛像其实是不动明王。能剧的伴唱紧跟着唱道："前去讨伐敌人吧"，于是，《望月》中的孝子花若拔剑出鞘，伴装合着节拍，大喝："嗬！讨贼的时刻到了！"就在此时，仇敌望月的家臣面露警戒之色。见此，一直暗中协助母子复仇计划、身为父亲生前家臣的旅店主人借机辩称花若只是在合着拍子说"击八拨的时刻到了！"（八拨也叫做羯鼓，是指中世的艺人挂在颈上的一种打击乐器）客人望月对这个解释信以为真，说道：小孩子击八拨是很好的。并询问旅店主人是否也能表演些特技。花若建议店主表演一段狮子舞。旅店主人换上狮子舞的服装，作为后场主角出场，并表演了狮子舞。他一边跳舞，一遍偷偷观察酩酊大醉的望月，找准时机向花若催促道："敲响你的八拨吧！"最终使其成功地完成了复仇。"敲响你的八拨吧！"是示意花若向敌人发起进攻的暗号。

3.《锦户》*Nishikido*

《锦户》中的复仇故事是根据发生在 1189 年（文治五年）的真实事件改编的。与其他大多数剧目中的复仇情节不同的是，《锦户》是从由孝心产生的纠葛这一角度来讲述的。是应当遵循父亲的遗言，放源义经一条生路呢，还是遵从兄长的想法杀死义经呢？泉三郎为二者的选择而纠结。据兄长锦户太郎所言，泉三郎"不孝之前科累累"（488a）、"不孝顺父母的罪行众多"。太郎既是泉三郎的兄长，也是他的主君。也就是说，在这之中存在着两种忠以及孝与不孝之间的纠葛。作为儿子，如果杀了义经，那就将身负违背父亲遗言的污名，同时也是对父亲的不孝。而与之相反，如果不讨伐义经，那么虽然是对主君（锦户太郎）

旨意的违背,但却能够保住对父亲的孝。

遵循父亲的遗言就是对兄长的背叛,于是哥哥攻破了弟弟的城池。走投无路之下,先是泉三郎的妻子挥刃自尽,而泉三郎也紧随其后,与妻子共赴黄泉。两人在临死之时,道出了被忠义和孝行双面夹击的痛苦。"究竟要如何才能同时忠于两个主君呢!""无论男女,这种痛苦是一样的!"①

4.《重盛》*Shigemori*(别名《内府》)

在如今不再上演的番外谣曲中,也有以孝为主题的剧目。《重盛》(别名《内府》)就是其一。《重盛》剧情是基于《平家物语》第二卷创作而成的,故事讲述了平清盛的嫡子平重盛深陷对后白河院的忠义和对父亲平清盛的孝心两者的矛盾之中,"至亲慈爱深,尽忠则不孝,尽孝则不忠"(415b)重盛的此番话广为流传,以至于赖山阳在其《日本外史》中也引用了这句话。在这个故事中,重盛最终选择了忠,违背了父亲清盛的命令。

是选择"忠",还是选择"孝",这之中的痛苦是日本的剧作中一个很重要的命题。

四、展现女儿对父母孝心的剧目

最后,本文将例举女儿的孝心,也就是孝女的故事。讲述女儿孝心的剧目非常少见,或许是因为女儿的孝心被认为是低人一等的。以下将依次通过原文简单考察《景清》《熊野》《笼袛王》《松山镜》等剧目中这一类的情节。②

1.《景清》*Kagekiyo*

打了败仗的景清双目失明,被流放到了偏僻的地方。他的女儿艰苦跋涉,专程赶去看望他。然而景清拒绝承认自己就是景清。他的女

---

① 《大观》中的现代日语译文大意如下:"忠貞は男女によって区別のあるものではないのだ"(4—2368)。

② 此外还有诸如《水濑川》等剧目。

儿闻此言说道:"慈父之情因不同的子女而厚薄各异吗?"①。

2.《熊野》*Yuya*

《熊野》是一出有名的能剧。讲的是作为主角的女儿熊野向殿上平宗盛请求归乡看望病重母亲的故事。熊野所侍奉的殿上命令她陪同前往清水寺观花。熊野祈求观音保佑母亲平安,而后又在宗盛席前表演舞蹈。或许是观音灵验的缘故,宗盛最终准许了熊野归乡。祈祷与跳舞这两种行为在其它讲述女儿孝心的剧目中也有出现。

"母女间本只有一世缘分,素日里却不能菽水承欢,有悖孝行。"(さなきだに親子は一世のなかなるに 同じ世にだに添ひ給はずは 孝行にもはづれ給ふべし,224a)②。女儿悔于无法陪伴在母亲身边的心情溢于言表。另外,父母与孩子的缘分只是一世之缘这一概念也体现在其它诸多剧目中,例如下面的《笼祇王》(278c)。

3.《笼祇王》*Rō Giō*

《笼祇王》是喜多流的曲目,现在基本不再上演了。这部剧的情节与《平家物语》有关,但并非取材于《平家物语》。《平家物语》第一卷"祇王"讲述了祇王对母亲的孝心这一主题,但是,谣曲《笼祇王》讲述的则不是祇王对母亲的孝心,而是她对父亲的孝。关于历史上祇王的父亲到底为何人尚无任何资料可资考证,剧中祇王的父亲笃信清水观音,法华经中尤其信仰观音经。在清水寺中修行的祇王听闻父亲入狱后,立刻启程去见父亲。牢中行刑官要求祇王只有先跳一支舞才允许她同父亲见面。就在此时,父亲对观音的信仰的力量将行刑官的刀化成了粉末。行刑官的刀破碎一地的桥段在现行谣曲《盛久》中也有出现。于是,祇王进入牢狱救出了父亲。故事伴随着祇王祈福的舞蹈"祇王携父悦踏归途"(祇王は父を引き立てゝ悦の道に帰りけり,280c),落下了帷幕。

---

① 申 p.141。《新全集》中的现代日语译文如下:親のご慈愛も、子によって異なるのかしら ああなさけないこと(2—321)。

② 申 p.60。《新全集》中的现代日语译文如下:そうでなくてさえ親子はこの世限りの間がらであるのに、この同じ世においてさえ わたくしと一緒にも外れなさることであろう(1—410)。

将女儿的"孝心"和"祈祷"结合起来的剧目还有《松山镜》和《水濑川》。《松山镜》里是女儿的祈祷让她死去的母亲从地狱的折磨之中得以解脱成佛。在《水无濑》中,是姐弟二人的祈祷解救了地狱中的母亲。

4.《松山镜》*Matsuyama kagami*

在《松山镜》中,父亲不相信女儿在镜子里看到了她的已死去的母亲的容颜。虽然他也想到了包括中国的李夫人之返魂香等诸多类似的先例,但他依然不相信女儿所说的话,并试图说服女儿相信镜子里的并不是她死去的母亲,而是她自己的容颜。然而,之后的一个夜里,其女儿母亲的幽灵作为后场主角出现在了女儿的梦中,对女儿讲了一个很长的中国故事:"听闻唐土有一贤女陈氏——"这时,地狱判官——俱正神出现了,指着母亲言道,分明是罪人,为何不立刻回到地狱接受苦难的惩罚? 就在此时,不可思议的事情发生了。俱正神望向镜子时,镜子中映出的竟然不是俱正神,而是别的人物的影子。地谣紧接着唱道:

> 这是何等不可思议啊! 孝女凭吊深,功力尽显灵。细看镜中影,玉钗头上着。肌肤金光照,两臂手合十。如此般,竟是尊菩萨的坐像! (后略)(《松山镜》523b)

镜子中映出的是菩萨的身影。在这一奇迹的帮助下,女儿将母亲从地狱中解救了出来,成为了一位孝女。

总　　结

以上,本文考察了谣曲中孝亲的例子。其中有困于孝顺父母和复仇的义务中间的例子,有复仇的义务感更胜一筹的例子,也有苦于在忠义和孝行两者之间做出选择的例子。因为本文并未考察所有用例而不能断言,但似乎在谣曲乃至戏剧整体中,当角色在种种义务和道德的纠葛中苦恼时,孝心的优先级终究是靠后的。在提及女儿孝心的剧目中,是女儿向佛祖的祈祷和舞蹈的共同作用下,奇迹才得以发生。

无论在现行谣曲还是番外谣曲中,"孝"一词都有着很明确的意义,而且,时常同时出现在剧情达到高潮的场景以及收尾的片段中,可见其在使用上的重要地位。

在谣曲这样一种源远流长的日本戏剧传统中的"孝",还有很多需要进一步研究考证的地方。本文是从宏观角度对考察这一问题的一次尝试,相信对今后学界关于"孝"在日本中世受容问题的理解和研究会有积极的意义。

谣曲文本出处略称一览

新百　《新谣曲百番》(佐佐木信纲注,博文馆 1912 年)

丛书　《校注谣曲丛书》(共 3 卷)(芳贺矢一、佐佐木信纲编,博文馆 1914—1915 年)

名著　《谣曲三百五十番集》(野野村戒三校订,日本名著全集刊行会 1928 年)

　　　电子版全文可从高桥明彦"半渔文库"获取,链接:
　　　http://hangyo.sakura.ne.jp/utahi/download.htm

大观　《谣曲大观》(共 7 卷)(佐成谦太郎校注,明治书院 1930—1931 年)

解注　《解注谣曲全集》(共 6 卷)(野上丰一郎校注,中央公论社 1936 年)

大系　《谣曲集》(共 2 卷)(横道万里雄、表章校注,日本古典文学大系,岩波书店 1960 年)

新大系　《谣曲百番》(西野春雄校注,新日本古典文学大系,岩波书店 1998 年)

集成　《谣曲集》(共 3 卷)(伊藤正义校注,新潮日本古典集成,新潮社 1984—1988 年)

新全集　《谣曲集》(共 2 卷)(小山弘志等校注翻译,新编日本古典文学全集,小学馆 1998 年)

引用谣曲一览

　　＊本论文所引用的文本中,《名著》和《新百》以首页页号标记,其余以卷号—首页页号标记。另,以上、中、下分卷的分别用1、2、3代替。

　　＊谣曲名前标注有"＊"号的为番外谣曲。

飞鸟川 *Asukagawa*	名著 p.293、大观 1—65
檀风 *Danpū*	名著 p.525、大观 3—2003、新全集 2—394
＊笛物狂 *Fue monogurui*	名著 p.713、新百 p.289
元服苏我 *Genpuku Soga*	名著 p.434、大观 2—1075
云雀山 *Hibariyama*	名著 p.291、大观 4—2637
放下僧 *Hōkazō*	名著 p.451、大观 4—2435、大系 2—402
百万 *Hyakuman*	名著 p.264、大观 4—267、大系 1—193、集成 1—149、新全集 2—19
生田敦盛 *Ikuta Atsumori*	名著 p.140、大观 1—263、大系 2—238
景清 *Kagekiyo*	名著 p.373、大观 1—631、集成 1—267、新全集 2—312
花月 *Kagetsu*	名著 p.449、大观 2—999、新全集 1—295
＊切兼曾我 *Kirikane Soga*	名著 p.432、丛书 1—333
小袖曾我 *Kosode Soga*	名著 p.438、大观 2—1125、新大系 p.75、新全集 2—342
高野诣 *Kōya mōde*	名著 p.704
楠露 *Kusu no tsuyu*	名著 p.416、大观 2—909
松山镜 *Matsu no yama kagami*	名著 p.520、大观 5—2869

三井寺 *Miidera*	名著 p.254、大观 5—2989、大系 2—387、集成 3—263
水无濑 *Minase*	名著 p.322、大观 5—2927
望月 *Mochizuki*	名著 p.504、大观 5—3039、大系 2—397
盛久 *Morihisa*	名著 p.399、大观 5—3093、大系 1—413、集成 3—313、新全集 2—326
仲光 *Nakamitsu*	名著 p.409、大观 4—2307
锦户 *Nishikido*	名著 p.487、大观 4—2361
笼祇王 *Rō Giō*	名著 p.277、丛书 3—593
樱井 *Sakurai*	名著 p.418(《樱井》)、解注 5—169(《樱井驿》)
＊重盛 *Shigemori*	名著 p.413(《重盛》)、丛书 2—416(《内府》)
春荣 *Shun'ei*	名著 p.405、大观 2—1397、大系 1—369、集成 2—145
隅田川 *Sumidagawa*	名著 p.280、大观 3—1517、大系 1—385、新全集 2—48、集成 2—175
谷行 *Tanikō*	名著 p.559、大观 3—1937、新全集 2—394
木贼 *Tokusa*	名著 p.367、大观 4—2203

(高思嘉 译)

传统孝行成为负担的理由？

——《世宗实录》中出现的孝行特点和问题

金德均

一、前　言

朝鲜社会的统治理念是儒教,儒教人伦关系的基本法则是三纲五伦。君臣、父子、夫妇的正确关系,被规定为忠、孝、烈。其中各种被当做模范的事例以图画和文字的形式被编纂在《三纲行实图》中。《三纲行实图》编纂于在 1434 年世宗时期,之所以编著此书是因为 1428 年住在晋州的一个叫金禾的人杀害了自己父亲,正是因为以此事件的发生《三纲行实图》才问世。世宗在和群臣议政时听到了这一事件,龙颜大怒(世宗十年[1428]9 月 27 日记录),自责地指出之所以会发生这种违背伦理道德的犯罪行为,是因为缺乏教育。世宗召集群臣,为了弘扬孝悌,整顿风俗共同商讨了对策。本来是要编著《孝行录》的,后来也编著了《三纲行实图》。《孝行录》这本书被广泛的流传使得一般百姓们开始学习孝悌。(世宗十年[1428]10 月 3 日)为了实现三代的理想政治,首先要确保君臣、父子、夫妇之间的伦理关系。因此,就要把关于忠、孝、烈的一些典型的模范行为和事迹用图画和文字的方式表现出来。世宗认为"这样能催人上进,让愚昧的百姓们不论男女老少都能看得懂和理解其中含义,并且这样的话也可以起到教化百姓,培养风俗的作用"(世宗十四年 6 月 9 日)。序文中选取了中国和朝鲜的 100 名孝子、忠臣、烈女的模范代表人物,把他们的事迹用图画和文字的形式表现出来。在这里表明了很重要的一点就是如同上梁不正下梁歪一样,领导者的治国哲学和价值观对百姓是很重要的。尧舜时代和桀纣时代的差异就在于"君王有没有至诚的教育和保护百姓的本性"(世宗十四年6月9日)。他们之所以要治乱,其根本原因是为了教育和保养百姓的本性,用现代的方式来说就是取决于怎样来实施人性教育。

朝鲜时代强调和普及孝悌思想的原因是孝悌是社会不可缺少的重要文化。我们知道在传统社会里——特别是朝鲜时代,它是把孝悌文化实行得最好的一个时代。我们也这样美化它。但是,当时之所以强调孝悌,是因为就算没有老子所提出的观点(《老子》十八章:"大道废有仁义,慧智出有大伪,六亲不和有孝慈,国家昏乱有忠臣。"),孝悌也是急需被普及的一种思想。因为没有实践孝悌或孝悌文化的消失才会强调孝悌思想。从世宗的言论中也可以看到这样的话,世宗说:"三代之所以能很好的治理国家是因为人伦道德。后世教化渐渐的衰退,百姓对君臣、父子、夫妇之间重要的人伦道德关系不熟悉,不懂人情世故,没有人情味"(世宗十四年6月9日)。换一句话说就是没有施行孝悌(良好人性修养)教育的话,这个社会将会变成一个冷漠薄情的社会。通过教育可以开发人性,其中包含了孝悌的思想。

本文将通过整理《世宗实录》的内容来研究孝悌的特点和问题。这些问题是怎样被暴露出来,强调和鼓励孝悌,开始施行孝行者表彰和优待政策,但是之后又出现了什么与其意图背道而驰的结果。在日常生活中孝悌怎样成为了一种负担,是什么原因反而让孝行奖赏励制度把孝悌变为了一种负担。以上就是本文想要研究和指出的问题。

二、孝行者奖赏制度

朝鲜时代的孝行教育是人性教育的一个方式,当时也出现过把孝行加入法律条文强制执行的情况。这样的法律被称为孝行法。当时,孝行法的特征大致可以分为两个部分:第一,奖励孝行者;第二,处罚不孝子。奖励孝行者的方式分为四种,分别是:旌门,赏职,复户,赏物。
旌门作为最高级别的奖励方式,一般情况在奖励的同时也会附带赏职、
复户、赏物的奖赏。赏职是赐予官职的制度,复户是免除或减免徭役的
制度,赏物是奖励衣服或物品的制度。

例如赏物,镇川人士金德崇就是一个受奖励的孝行者。70 岁的金
德崇在家里同时侍奉 95 岁的父亲和 85 岁的岳母,他就是一个行孝的
典范。他尽心侍奉两家年迈老人的事迹为周边的人所知,镇川的县监
上报朝廷后,赏赐给了他酒、肉和十石米(世宗二十六年[1444]3 月
13 日)。

接下来是赏赐官职的例子。各地区推举出孝子,录用成为官吏的
制度始于汉代的孝廉制。之后,这个制度为一些贪恋权贵的人们所滥
用,冒牌的孝子层出不穷,因为产生了这样的副作用,这个制度在中国
渐渐地消失了。在《世宗实录》的记载中,因为行孝而被赐予官职的事
例数不胜数。在记录中(世宗七年[1425]到世宗三十一年[1449]就有
16 件(世宗七年[1425]9 月 11 日,十一年 9 月 24 日,十三年[1431]5
月 18 日、9 月 11 日、10 月 9 日,十六年[1434]2 月 3 日、3 月 22 日、6 月
12 日、6 月 17 日、7 月 25 日、8 月 24 日、10 月 9 日,二十年[1438]11 月
16 日,三十一年[1449]6 月 22 日、6 月 28 日、11 月 18 日记录等)。这
里所出现的人物都是因为行孝而获得赏职、复户和赏物奖赏的人。

其中世宗十一年(1429)9 月 24 日的记录中记载了一个有关孝行
者举荐制度的典型事例。内容是尚州人士严干,50 岁了依然是个七品
芝麻小官,但是因为行孝被周围的人举荐的故事。年轻的时候应为科
举及第,当了个小官,被任命为奉常副录事兼成均学录,但是因为父母
远在家乡无法侍奉,虽然万般不舍,为了尽孝他毅然地申请回到了家
乡。回到家后他每天为父母准备美味的食物,无微不至地侍奉父母,虽
然竭尽全力地奉养父母,但是父母依旧相继撒手人寰,离开了人世。他
为父母守丧六年,遵循着士大夫家的《家礼》仪式,没有举行佛教的仪
式。作为士大夫他这样的孝行受到了很高的赞扬。地方的官吏为他申
请了表彰和升官,但是根据循资制度他不可能升职(循资制度是一种规

定官吏任命和升职的制度，因为要根据规定依据在职年数来决定是否可以升职，所以不能随意晋升官吏）。知道这件事的大臣们纷纷说"把爱敬父亲的敬心，移来以敬君王，那恭敬的态度，是一样的"（《孝经》"士章"），又说"君子侍奉父母亲能尽孝，所以能把对父母的孝心移作对国君的忠心"（《孝经》"广杨名章"）这就是所谓的忠臣出于孝子之门。在盛世崇尚孝道，严干的孝行就是典型的例子。在一个小官位上一直工作到老，这与当今盛世的孝治难道不相悖吗？强烈地希望陛下不要在乎先后顺序，任用官员，奖励孝风。这些奏文试图通过"孝治"、弘扬"孝风"、表彰孝行者，把国家变成一个有孝行的国家。如果说上奏文的基础是"孝治"和"孝风"的话，这就是以《孝经》为依据的世宗时代。接着它成为了朝鲜社会的政治基本。

三、孝行的内容和问题

1. 割股断指型的自我牺牲式孝行

在以"孝治"为基础的朝鲜社会里，《孝经》虽然是最基本的经书，但是也曾经很多次出现这样的情况，一些违背了《孝经》内容的事情，却被当做孝行来称颂。虽然孝行中强调爱惜自己的身体，但是为了医治父母"割股断指"的代表事例也是层出不穷。

贱民出身的屠夫梁贵珍，父亲身患疾病，多方求医却一直未果。听周围的人说吃人肉可以治病，便砍了自己的手指烤了给父亲服用，父亲的病就这样奇迹般地好的。朝廷为了称颂他这样的孝行给他立了旌门，奖赏他复户（世宗五年[1423]11 月 17 日），这就是"断指"为父母治病的孝子故事。但是因为它违背了《孝经》"开宗明义章"里所提到的爱护身体的孝行内容，引起了很大的争议。不过即使是这样，在朝鲜社会里依然有很多孝子们为尽孝自残身体。

住在金汝岛的女儿金孝生也是一个例子。父亲因为患了癫狂症受尽折磨，12 岁的孝生听信了吃人肉可以治病的谣传，背着父母砍下手指放进汤里给父亲服用，父亲的病渐有好转。岛上的监事向朝廷上报，赏赐给她旌门和复户（世宗十一年［1429］3 月 14 日）。

石珍的事例也是一个典型的事例。石珍的父亲身受恶疾折磨，他为父亲多方寻药，可父亲病情依旧不见好转。陷入绝望的石珍有一天遇到一个僧人，僧人告诉他说"把人骨磨碎后混着血服用的话可以治疗此病"。石真听信了此话，砍了自己的无名指和血一起冲泡给父亲服用，父亲的病便好转了（世宗二年［1420］10 月 18 日）。知道这个事情的地方官吏说"伤害身体尽孝的行为虽然不能算是正确的孝行，但是他的孝行却感人至深"（世宗二年［1420］10 月 18 日），向都观察使上报后，又向君王上报，在村口的公告上赞扬了他的孝行，并免除了他的吏役。

这里提到的关键内容是"断指"是一种自残身体的行为，不是正确的孝行。像"割骨断骨"一样的猎奇式自我牺牲的行为，违背了《孝经》中提到的"身体发肤，受之父母，不敢毁伤，孝之始也"的内容，从保护身体的层面来说，它是一种错误的行为。但是因为这种孝行，父母的疾病被治愈，这种真心实意的孝行虽然违背了孝经的内容，但是感动了周边的人，所以表彰是被限制的表现。

《世宗实录》里也委婉地提到这样的内容。在议政府的奏章上写到"断指是一种过激的行为，不一定要用这样的方法尽孝。用一颗纯真的心尽心竭力地尽孝，对父母恭顺，周围没有闲言碎语，人品高尚，这样的人才更应该奖励。现在开始要表彰和举荐这样的孝并且还要奖励这种风俗。如果行孝的人没有被举荐，或者没有行孝的人被举荐，举荐他们的乡亲和官吏都将被问罪。"（世宗二十三年［1441］10 月 22 日）类似"断指割骨"这样的孝行，不是硬要把它作为孝行的典范，应该要表彰平常生活中一些日常的孝行。"断骨煎药和墓前守丧六年都是过激的孝行。之所以不能认定为典范，是因为它们过于特殊"（世宗十五年［1433］1 月 18 日）。也就是说自残身体是不能成为孝行楷模的。

日常和平常型的孝行在时间上都是有要求的，所以做起来很难。像"断指割骨"这种类型的孝行，容易引起人们的注意，只做一次就能立竿见影，很多冒牌的孝子反而能很轻易地利用这点犯罪。换句话说，为了避免因表彰孝子赏赐官位而引起副作用,将举荐冒牌孝子的人定罪,这是最恰当的反面教材。初衷是为了表彰孝行,但是这种只做一次就能引起注意的"断指割骨"或三年守丧的行为,很容易成为冒牌者利用的工具。找出举荐冒牌孝子的官吏和百姓,就可以确定以孝行为由勾结犯罪的事实。

2. 一般型孝行事例的特征和问题

世宗在即位时向中央和地方的官吏们罗列了各种该遵循的事项,特别强调了表彰孝子这一条。明示官员寻找探访"义夫""节妇""孝子""顺孙"的典范,一旦确定立即表彰(世宗登基年[1418]11月3日)。保护为国捐躯的烈士家属,帮助其子孙,任用有能之人,特别强调了孝和忠。任用烈士家属的部门为"忠义卫,以此防止不忠不孝的行为发生"(世宗登基年[1418]11月3日)。

即位之后为了首次实行孝行表彰制度,在全国范围内寻访孝子实例,人数高达数百名。之后又命令寻找特别的典型模范,又重新挑选了41名孝子。见世宗二年(1420)1月21日的记录。下面的图表对此进行了整理,将"昏定晨省""出必告""反必面"这样日常性的孝行归纳为日常型,将"断指割骨"或其他自残身体、牺牲丧命行为归纳为牺牲型,将三年或六年坟前守孝的归纳为守墓型。下表还包括其他类型的孝行。

表1　　　　　　　　世宗二年(1420)孝子模范

编号	职位和姓名	孝行内容	类型
1	大兴户长李成万	"他和弟弟顺一起尽心侍奉父母,每日都献上美味的食物。为了让父母亲开心,每年的春天和秋天都会准备美酒佳肴,邀请周围的亲朋好友来参加宴席。父母去世后,哥哥守护着母亲的坟墓,弟弟守护着父亲的坟墓。每天早晚兄弟两人都要聚在一起,在父亲或者母亲坟前一起吃饭。所有的食物不论多少都一起分着吃。"	日常型守墓型
2	海美船军林上左	"母亲离世后,为母亲守坟,因为家境贫困就自己做草鞋去卖,赚了钱之后为母亲祭祀。"	守墓型
3	朴蕤	"母亲不幸去世后,一直为母亲守墓,妻子出去打工赚钱准备祭祀的食材。偶尔没钱的时候,也会准备蔬菜为母亲祭祀。"	守墓型

（续表）

编号	职位和姓名	孝行内容	类型
4	仁同的金闰	"因为出海谋生无法回家,此时正好母亲身患疫病,虽然其他儿子们都避而不见,但是金闰却马上回家照看母亲,母亲病逝后亲自处理完安葬事宜,一直为为母亲守丧三年。"	牺牲型 守墓型（三年丧）
5	珍原书生李格之妻 沈氏	"在年仅七岁时父亲就撒手人寰,但她仍然用心地侍奉着母亲,父亲过早的离世使得她悲痛欲绝,她在父亲的灵堂旁盖了一个棚子,像父亲生前一样尽心地为父亲守孝"	守墓型
6	公州县监郑自丘之妻 高氏	"33岁时丈夫去世,父亲劝她改嫁,但是她不听,在坟墓旁边建了个草棚,每当逢年过节都为丈夫祭祀。"	贞节型 守墓型
7	沔川少监沈仁富之妻 耿氏	"28岁时丈夫就离开了人世,家里人都劝她改嫁,但是她誓死不从,一直守护着贞节。"	贞节型
8	瑞山私奴莫金之妻 召史	"24岁时丈夫不幸去世,很多人想带她走,但是她不从,一直为丈夫守节,现在已经54岁了。"	贞节型
9	连山的及第金问之妻 许氏	"20岁时丈夫去世,在坟墓旁边盖了个棚子,连续三年每天早晚亲自为丈夫献饭祭祀,至今每天以泪洗面,从不梳妆打扮。"	贞节型 守墓型（三年丧）
10	大邱郎将金萧之妻 徐氏	"24岁时丈夫不幸离世,父亲劝她改嫁,她毅然地拒绝,誓死不从,现在48岁。"	贞节型
11	善山船军赵乙生之妻 乐加伊	"丙子年丈夫被倭寇俘虏生死不明,她不喝酒不吃肉,连带气味的野菜也不食用,父母劝她改嫁,她流着眼泪誓死不屈,一直守着妻子的本分,八年后丈夫平安归来,与她一起过着幸福的生活。"	贞节型
12	书生金珣之妻 佛非	"20岁时丈夫撒手人寰,父亲劝她改嫁,她以死明誓宁死不从,一直侍奉着父母。"	贞节型 日常型
13	咸昌朴希俊之妻 金氏	"23岁时丈夫离开了人世,父亲劝她改嫁,她再三推辞一直为丈夫守节,现在已经47岁了。"	贞节型
14	永川郎将李鲜之妻 郑氏	"24岁时丈夫过世,父母劝其改嫁,但是她不肯从,至今都不吃肉。"	贞节型
15	迎日典提控李登之妻	"27岁时丈夫在首尔去世,不远千里地带回了丈夫的尸身,埋葬在家里北边的一座山上,每月初一、十五都会去坟前祭拜丈夫。"	贞节型 日常型
16	金海录事尹弘道之妻 裴氏	"19岁时丈夫去世,尽心尽力地奉养婆婆,婆婆去世后依然尽心尽力地祭祀。"	贞节型 日常型 守墓型

（续表）

编号	职位和姓名	孝行内容	类型
17	宜宁书生沈致 之妻 石氏	"20 岁时丈夫亡故，竭尽所能地对婆婆尽孝，她父亲劝她改嫁，她执意不肯听从父亲的话。她说：'丈夫是独子，又过早去世，要是改嫁的话，谁来照顾我已故丈夫患病的老母?'之后又格外用心地侍奉婆婆，婆婆每次外出时都会亲自搀扶。"	贞节型 日常型
18	陕川长兴副使 长友良之妻 韩氏	"25 岁时因为没有产下子嗣，被丈夫抛弃。但是她依旧为丈夫守节，一直没有改嫁。婆婆过世后，为婆婆守丧六年，每逢忌日都会祭祀。"	贞节型 守墓型 （六年丧）
19	全州记官李琼 之妻 召史	"用心侍奉婆婆，公公婆婆相继去世后，替丈夫守孝，变卖了所有家产为老人举行葬礼。"	贞节型 日常型 守墓型
20	井邑散员陈庆 之妻 刘氏	"30 岁时丈夫在倭乱中丧生，至今都为丈夫守节，为婆婆尽孝。"	贞节型 日常型
21	锦山副正林英 顺之妻 韩氏	"26 岁时丈夫过世，至今都为丈夫守节，现在已经 61 岁了。"	贞节型
22	散员李益之妻 召史	"25 岁时丈夫离世，依然为丈夫守孝，现在已经 67 岁了。"	贞节型
23	光州别将洪琠 之妻 朴氏	"31 岁时丈夫去世，对婆婆尽孝，现在已经 51 岁了。"	贞节型 日常型
24	罗州翰林赵琢 之妻 罗氏	"24 岁丈夫去世，虽然膝下无儿无女但是依然为丈夫守节，终身未改嫁。"	贞节型
25	泰仁司正朴惚 之妻 林氏	"跟随丈夫一起去首尔生活，婆婆因患病行动不便。有一天家里突然起火，她奋不顾身地跳进火海里，背着婆婆逃了出来，虽然她的头和手臂都被火烧伤，但是幸好婆婆并无大碍。"	牺牲型
26	济州主簿 文邦贵	"按这个地区的风俗，虽然没有守丧三年的规定，但丙戌年间父亲去世，他为父亲守孝三年，丧制都依照家礼的制度进行，建立了守孝的孝道风气。之后济州道的人们以他为典范纷纷效仿，有三名为父亲守墓，守丧满三年的人数为十名。"	守墓型 （三年丧）
27	首尔 权景	"小时候父亲过世，一直照顾单身的母亲并遵守昏定晨省的规定。外出回家后一定向母亲报告，从不随意乱动家里的物品，一定要向母亲请示后才使用。如果看到美味佳肴的话一定会带回家中献给母亲。如果母亲患病的话，马上请医生为母亲看病，亲自做汤熬药。衣不解带，日夜陪床服侍，直到母亲痊愈。"	日常型

(续表)

编号	职位和姓名	孝行内容	类型
28	中部 幼学 全思礼	"父亲过世后以天为被以地为席,每天以稀粥度日,不食美食,为父守丧三年。用心侍奉母亲,外出及归来时都会向母亲报告。认真地履行昏定晨省的规定。学业上也十分用心。"	守墓型(三年丧)日常型
29	公州判抚山县事 林暮	"庚午年间79名倭寇闯入家中,他把大门堵死让倭寇无法进入,从后门护送父母逃出,自己也平安无事。"	牺牲型
30	舒川 俞仁奉	"用心侍奉父母,无论严寒酷暑,刮风下雨,任何事都亲力亲为,竭尽全力地为父母尽孝。父母去世后守孝六年。"	日常型守墓型(六年丧)
31	海美 别将 林雨	"丁巳年间倭寇突袭包围了村庄,为了保护病倒的父亲,只身一人与倭寇搏斗,背着父亲逃亡,死里逃生。"	牺牲型
32	幼学 郑孝新	"为去世的父亲守丧三年。"	守墓型(三年丧)
33	安阴 散员 沈腆	"戊辰年间倭寇突袭,抓走了父亲,他准备了银两只身前往敌营,用钱换回了父亲。"	牺牲型
34	善山 书生 田益修	"丁巳年父亲去外出打仗,效仿父母一样尽心地侍奉祖父。祖父过世后,在墓地旁建了一个窝棚为祖父守丧三年。"	日常型守墓型(三年丧)
35	咸昌 幼学 申孝良	"在祖父坟前守丧三年,只吃素。"	守墓型(三年丧)
36	幼学 申孝温	"在为父亲守孝的三年期间,不吃蔬菜和水果,不仅用心奉养母亲和祖父,而且十分恭顺听话。"	守墓型(三年丧)日常型
37	务安生员 金生禹	"尽心尽孝,父母离世后在坟前为父母守丧六年,每天在简陋的草席上裹着泥土睡觉,始终和父母生前一样尽孝。"	日常型守墓型(六年丧)
38	海美幼学 郑安義	"为祖母守坟尽孝。"	守墓型
39	晋州郎将 姜用珍	"倭寇入侵后,与牧使朴子安两人一起对抗倭寇,但是寡不敌众,在差点被敌人抓的时候,他把自己乘坐的马给了牧使,幸免于难。"	牺牲型
40	金堤交授官 郑坤	"用自己的积蓄建立了书院,不论是本乡的百姓还是外乡的百姓,只要想读书的都可以进书院学习。"	教育活动
41	光州生员 崔保民	"用自己的积蓄建立了书院,教书育人。"	教育活动

上记事例以不同类别整理如下：

表2　　　　　　　　　　世宗二年(1420)孝子模范的类型

类型	日常型	牺牲型	守墓型	贞节型	其他(教育、忠臣、兄弟之爱、尊师……)
共计41件（复数）	14件	6件	19件（六年丧3件）	19件	2件

守丧三年、六年，在时间、经济方面牺牲和奉献的守墓型和女性放弃自我生活专心奉养父母的贞节型孝行高达19件。接下来，"断指割骨"，以身救父以身救母的牺牲型孝行一共6件。"昏定省晨""必告反面""亲尝汤药"的日常型孝行为12件。

在壮年时期守丧六年，在很长一段时间里在坟前尽孝守坟，这种孝行都伴随着不同寻常的奉献、献身与自我牺牲。例如，26号文邦贵，在没有守孝风俗的济州道守丧三年，他的孝行影响到附近的人，这种儒教式的葬礼文化慢慢地在济州道传播开来。

不过，最值得关注的是1号、40号和41号事例。平日准备美味奉养父母，偶尔大摆筵席邀请父母的朋友。父母去世后，守坟尽孝，兄弟们归家后，不贪图一己之利平均分配财物，团结友爱的幸福生活。这是很值得关注的事例。尽管是极其日常和平凡的事例，也很容易做到。但是之所说它平凡，是因为和容易引起注意的"断指割骨""三年丧""六年丧"那样极端的自我牺牲奉献的孝行相比时，它确实略显平凡。还有，在奉养父母方面，不分长男和次子，兄弟之间一起分担一同尽孝的深厚友爱也是值得关注的。还有，在家庭条件不富裕的情况下，子女一人独立奉养父母，包揽祭礼，这样的孝行与兄弟们一起分担责任奉养父母的孝行相比更像是一种"赌博"行为。

上面所记载的孝行事例是世宗初期(1420)的特点，有关中期的事例记载在世宗十年(1428)10月28日的记录里。前面提到的晋州一个儿子杀害了自己的父亲，这种违背伦理道德的犯罪行为发生在当年9月，查看这个时期的孝子记录显得格外有意义。

表3　　　　　　　　　世宗十年(1428)孝子模范

编号	职位和姓名	地域	孝型内容	类型
1	幼学　韩允雍 大司成黄玹	首尔东部	"天性敦厚正直的父亲早逝后，他尽心奉养母亲。早晨出门时向母亲问好，晚上回家时也向母亲问好，睡前亲自为母亲铺床盖被。嘘寒问暖，按照天气变化给母亲添减衣服。每天去拜望母亲三次。无论刮风下雨从未间断过。在母亲身边服侍时恭顺听话，和颜悦色，从不忤逆母亲。如果拿到美味的食物，就算很少也一定带回去献给母亲。母亲身患疾病时，一定要亲自尝试汤药在呈给母亲，因为担忧母亲的病情到深夜都无法入眠。"(昏定晨省，亲尝汤药)	日常型
2	幼学　李成蹼 司直李元之之子	首尔中部	"一直陪伴在父亲身边，和颜悦色轻身细语地服侍老人，外出回家后一定去向父亲请安。早晨问安晚上为父亲铺床盖被，从不敢忤逆父亲的意思。父亲患病后不食美味，着急地四处寻访问医，竭尽全力地为父亲医治。两亲相继离世后六年间依照周文公的《家礼》一直为父守丧。父母回魂时早晚都献饭祭祀不曾偷懒。按照四季变化给父母献上新鲜的食物，至今为止都一直坚持着尽孝。家里着火时，书和家具用品都着火了，但他首先从火中抢救出了父母的遗像，遗像幸免烧毁于火海。	日常型牺牲型守墓型(六年丧)
3	录事　全忠礼		"父亲丧事时每天睡着席子枕着木块，只食稀粥，从不食美味。办完丧事后每天早晚祭父亲。照顾顺从母亲，从不忤逆母亲。出门前一定告知母亲，回家时一定向母亲请安。每天早晚向母亲问安，为母亲铺床盖被，母亲患病时一定要先尝试汤药。这样的孝行不曾改变，一直保持到他年老时。"	日常型守墓型(三年丧)
4	幼学　裴弘湜	京畿长湍	"母亲丧事时禁食三日，大殓之后才开始吃粥。在母亲坟前守丧三年，睡着席子枕着木块，无论严寒酷暑刮风下雨一直守护在坟墓边知道守孝结束。为了表彰他的孝行，在村口为他建起了旌门。之后父亲也去世了，伤心欲绝的他日渐消瘦，哀痛之情比之前有过之无不及。"	守墓型(三年丧)
5	书生　宋伦	安城	"虽然上有三位哥哥，但是作为小儿子守丧三年，三年守丧结束后又在坟墓前搭了棚子，每天吃着不好的食物守丧四年。	守墓型(四年丧)
6	幼学　尹兴智	原平	"在为父亲办葬礼时数日禁食，丧葬的所有部分都依照《家礼》的规定来举行，在坟墓前守孝三年，只吃清粥，不吃蔬菜和水果，亲自生火做饭祭祀父亲。"	守墓型(三年丧)

（续表）

编号	职位和姓名	地域	孝型内容	类型
7	书生　林自秀		"父亲去世时在坟墓旁边搭起了一个棚子，三年期间只吃清粥度日，睡觉时连席子也不铺，早晚亲自生火做饭祭祀父亲。"	守墓型（三年丧）
8	广兴仓　副丞郑勉	抱川	"父母相继去世后，在坟墓前为父守孝六年，和弟弟两人亲自搬运石头做了石墙和石板。清晨和傍晚会在父母坟前嚎啕大哭。平均分配了家奴和财产，不贪图一己之利。还哭着说道：'父母的愿望就是希望看到儿女们成家立业，两个弟弟至今都未成家，这可怎么办。'最后将自己分到的财产和家奴全部都让给了两个弟弟。"	＊兄弟爱守墓型（六年丧）
9	书生　金顺司正　金可畏	忠清道大兴	"父母过世时那年正好闹饥荒，金顺守着母亲的坟墓，金可畏守着父母的坟墓，他们自己编制草鞋换来小米，每天早晚亲自生火做饭祭祀父母，一直守丧三年。"	守孝型（三年丧）
10	任山寿	温水	"父母去世后每天伤心欲绝的背着泥土去给父母建坟，一直守孝六年。之后每年朔望时都会去祭祀父母。"	守墓型（六年丧）
11	学生　郑江	全罗道顺天	"母亲去世后父亲娶了小老婆，郑江虽然住在离父亲五里地的地方，但是仍然每天3次的去给父亲问安。不论是严寒酷暑，刮风下雪从未间断过。看见父亲在打扫庭院的话马上就上前去抢着干活，不肯让父母受累。父亲健在时从不远游，参加村里人们一起举行的宴席，即使晚到了也一定提早回家。如果人们劝他多留片刻再走，他就会说'我牵挂着父亲，先告辞了'。如果拿到美味佳肴，一定带回家献给父亲。这份孝心十年如一日地坚守着，父亲去世后每日只食粥，铺着草席在父亲坟墓旁守丧三年。"	日常型守孝行（三年丧）
12	金难	庆尚道咸昌	"家里的房间只有一间，某天家里突然起火了，金难不顾生死地冲进火海救出了卧病在床的母亲，母亲和他都被大火烧伤，三日后母亲便去世了，因为火伤，自己一年期间身受折磨最后终于痊愈。"	牺牲型
13	生员　宋滔	蔚山	"父母身患疾病多年，十年间一直用心照顾父母，四处寻药就医，但是父母相隔一年相继去世。宋滔亲自搬运泥土和石头建造了坟墓。丧制也是依照《家礼》施行，没有举行佛教的仪式，设立了祠堂请来神主。清晨出门上香时为父母祭祀。"	守墓型（六年丧）

编号	职位和姓名	地域	孝型内容	类型
14	司正　朴成德	宜宁	"九岁时父亲去世,成人后迁移了父亲的坟墓,换上孝服,食素三年为父亲追福。73 岁高龄的母亲一直以身患风疾,常年在母亲身旁侍奉,亲自为母煎药,准备美味献给母亲。偶尔因为军务要外出过夜的话,都会拒绝说'我母亲太年迈了'一直不肯吃鱼肉等肉食。"	守墓型（三年丧）日常型
15	幼学　刘安	居昌	"15 岁时父亲逝世,每天早晚亲自生火做饭为父亲祭祀。搬运泥土和石头修建坟墓,三年间从不偷懒一直住在草棚里为父守孝。母亲去世后又为母亲守丧三年,哀痛之情不亚于父亲离世时。"	守墓型（六年丧）
16	散员　张恃	大丘	"父亲离开人世后为父亲举办葬礼,七日后才肯进食吃粥,不食蔬菜和水果……每天早晚生火做饭祭祀父亲,搬运泥土和石头亲自修建坟墓。三年期间哀痛地缅怀父亲,就像在灵堂时一样。某一天晚上,来了一只老虎,老虎一直大声嚎叫,他也一点不畏惧,始终守在坟墓旁边不肯离开。"	守墓型（六年丧）
17	韩箕斗	黄海道白川	"为人清廉正直,父亲离世后在坟前搭了个草棚为父守丧三年,侍奉母亲尽心尽孝。"	守墓型（三年丧）
18	幼学　李甲耕	瑞兴	"母亲去世后在坟前搭了一个草棚,一边尽孝一边砍树种地,每天早晚亲自做饭祭祀母亲。父亲去世后又继续为父亲守丧六年。"	守墓型（六年丧）
19	司直　李甫家	咸吉道北青	"父亲去世后守丧三年。"	守墓型（三年丧）
20	书生　申汝和	咸吉道北青	"父亲去世后守丧三年。"	守墓型（三年丧）
21	书生　金汝贵	平安道抚山	"一共为父母在守墓前守丧六年,只食用清粥。"	守墓型（六年丧）
22	书生　李天瑞	平安道抚山	"父亲逝世后在坟前为父亲守孝,自己身患疾病,就算病情加重时,每天早晚也为父亲祭祀,三年以来从未间断过。"	牺牲型守墓型（三年丧）
23	正设判官朴侃	江西	"作为独子为双亲分别守丧三年,每天亲自生火做饭祭祀,每天在坟前嚎啕大哭,哀思之情溢于言表。每年春秋带上泥土去给父母添坟。"	守墓型（六年丧）

（续表）

编号	职位和姓名	地域	孝型内容	类型
24	书云正 郑均之妻 许氏	京畿道 安城	"36岁时丈夫不幸去世，恪守贞节每天准备美味的食物侍奉婆婆。……癸卯、甲辰年间疫疾盛行，好多年轻人因此病倒，许氏毫无畏惧，和平时一样每天都准备小菜献给婆婆，自己和婆婆都平安无事。之后，婆婆去世后，在家附近的向北的一个地方安葬了婆婆，每天早晚都会祭拜。出去的时候会告知婆婆，回家的时候会向婆婆请安。"	日常型 守节型 守墓型
25	宰监副正 金允和之妻 李氏	首尔 南部	"丈夫不幸撒手人寰后，把丈夫安葬在抱川，在坟前守孝三年。"	守墓型 （三年丧）
26	节制使 洪尚直之妻 文氏	京畿道 积城	"丈夫过世后在坟墓旁搭了一个棚子，每天早晚都祭拜丈夫，一步也不离开坟墓，直到大祥。守孝结束后也不敢住得太远，住在一个较近的村庄里，每逢朔望和逢年过节一定会去祭拜丈夫。"	守墓型 （三年丧）
27	书生 朴汉生之妻 郑氏	忠清道 公州	"20岁时丈夫抛弃了她，和其他女人过上了日子。父母打算让她改嫁，但是他不肯。30岁时丈夫去世，父母又再次劝她改嫁，她依旧回绝了。"	贞节型
28	监务　李仲斌 之妻　　林氏	洪州	"丈夫过早去世后依旧为丈夫守节，婆婆过世后守丧三年。"	贞节型 守墓型 （三年丧）
29	小监 朴孟文之妻 赵氏		"39岁时丈夫去世，为夫守丧三年，婆婆过世后又为婆婆守孝。"	守墓型 （六年丧）
30	幼学崔以源的 学生李氏	全罗道 全州	"18岁时丈夫去世，请求父母在家附近修建了坟墓，虽然家境贫寒，但是却变卖了家产，每天早晚祭拜丈夫。三年守丧结束后，父母打算让她重新改嫁，连日子都订下来了，但她坚决不从，誓死要为丈夫守节，逃去了婆婆家。"	贞节型 守墓型 （三年丧）
31	及第 金九渊之妻 李氏		"26岁时丈夫去世，搬到了离坟墓较近的地方居住，每到朔望时一定回去祭拜。13年间一直侍奉婆婆，不喝酒不吃肉，偶尔还会做了布棉去坟前守孝，像丈夫生前一样。"	守墓型
32	户长　　梁佃 之妻	南原	"28岁时丈夫离世，父母打算让她改嫁，但是她下定决心发誓要为丈夫守节，不吃鱼肉和荤菜。"	贞节型

编号	职位和姓名	地域	孝型内容	类型
33	书生 崔有龙之妻	潭阳	"44 岁时,戊辰年间倭寇大举侵入,崔有龙从行廊进去防御倭寇,妻子带着两个儿子躲在了岩石下的草丛里。敌人扑上去打算强暴她,她顽强地抵抗誓死不从,最后被敌人用长矛刺死了。正好周围的邻居们发现了她,觉得她很可怜,等敌人退去后,取回她的尸身,把她安葬了。"	贞节型 牺牲型
34	中枢院副使 李沈之妻 文氏	济州道	"19 岁时嫁为人妇,三年后去了首尔,一直无儿无女。丈夫死后来求婚的人虽然很多,但是她为了守节都拒绝了。"	贞节型
35	职员 石阿甫 甫里介之妻 无命	旌义	"20 岁时嫁为人妇,九年后丈夫去世,她无儿无女无父无母也没奴仆照顾,在困境很饥饿中煎熬过每一天。虽然求婚的人很多但是她依然为夫守节。"	贞节型
36	茶房别监 余 伯壎之妻 尹氏	庆尚道 庆州	"19 岁时丈夫去世,无儿无女,也没有奴仆,生活虽然很拮据,但是每当朔望时就会去祭拜并且放声大哭。丧礼结束后,母亲打算让她改嫁,她为了守节逃回了公公婆婆家去。之后公公去世后守丧三年,从没有一天偷懒过,至今为止都每天祭拜老人。"	贞节型 守墓型 （六年丧）
37	知郡事 李台庆之妻 姜氏	黄海道 谷山	"29 岁时丈夫去世,守孝三年后,一年四季都尽心尽力地举行祭祀。判士曹允明打算娶她,她剃了头发誓死不从。后来象山君的儿子姜镇也想娶她,她逃跑后躲起来,又把头发给剃了。亲戚们屡次把她禁足,她又逃到首尔,过了很久回来之后依然跟以前一样祭拜丈夫。"	守墓型 （三年丧） 贞节型
38	幼学　尹元常 之母	阳德	"32 岁时丈夫撒手人寰,为丈夫守丧三年。每逢朔望都在坟墓前大哭,一步也不离开。六个儿子年纪幼小,她亲自挑水砍柴,独自过着孤单的生活。她的母亲和亲戚都劝她改嫁,但是她依然拒绝了。用心侍奉婆婆 20 年,婆婆去世后三年重孝在身。"	贞节型 守墓型 （六年丧）
39	记官 乙奉之母	抚山	"33 岁时丈夫去世,守丧三年。母亲和家人打算让她改嫁,她都顽抗拒绝。尽心恭顺地侍奉89 岁的婆婆。丈夫去世 20 年后,每到丈夫忌日时,都解开头发痛哭流涕。"	守墓型 （3 年丧） 贞节型 日常型
40	训导官 尹统	庆州	"在很小的时候母亲去世,长大后很遗憾自己年幼时没能侍奉父亲,侍奉祖父像侍奉父亲一样用心。觉得父母年事已高,以后能侍奉的日子不长了,所有放弃了仕途回到家中,每天清晨问安,傍晚为祖父铺床叠被,一直在祖父身边不曾离开一步。侍奉祖父时尽心地恭顺听话,祖父去世后万分哀痛嚎啕大哭。在坟墓前搭了帐篷守孝三年。"	守墓型 （三年丧） 日常型 （养志）

上记事例以不同类别整理如下：

表 4 世宗十年(1428)孝子模范的类型

类型	日常型	牺牲型	守墓型	贞节型	其他(教育、忠臣、兄弟爱、尊师……)
共计40件(复数)	7件	4件	33件(六年丧12件，四年丧1件)	11件	1件(兄弟爱)
比率(复数)	17.5%	10%	82.5%	27.5%	2.5%

上面 8 号事例很引人关注。父母相继去世后兄弟之间团结友爱，保持着深厚的兄弟之情。公正公平地分配了家里的财产。哥哥还特别地照顾没有成家立业、生儿育女的弟弟。《论语·学而》"孝弟也者，为仁之本与"中提到孝时不单只强调孝，同时也强调了"孝弟(悌)"。指出了恭敬父母和兄弟友爱的重要性。

上面的事例还有一个特点，与丈夫生死离别后，妻子不仅守节还尽孝。出嫁之后便成为外人的朝鲜女人，根据"三从之道"的思想，在儒教社会里"女必从夫""夫唱妇随"是结婚女人的宿命。正因为如此，不论在中国还是朝鲜的历史上，丈夫去世后自爱守节的事例非常多。仔细研究上面所记叙的事例，丈夫去世后娘家父母极力劝告女儿改嫁的事例也值得关注。朝鲜成宗八年(1477)施行寡妇再嫁禁止法。世宗时代(世宗十一年，1429)的记载说道夫妇"人类的根本是万化的根源"，又从"一旦结为夫妇，终身不改"中提及"三从之道"，"一旦失去贞节，就如同禽兽一般，罪恶之大无过于此"(以上世宗十一年[1429]9月30日)。但是，查看上面所记叙的事例，在重新整理后可以发现，即便在1428年以前改嫁是自由行为，不受法律限制，那在1429年9月30日怎么会出现"终身不改"这样的内容呢？

还有一个特殊的情况，三年丧、六年丧这样的守墓型孝行一共33例，和之前相比数量大大增多。其中六年丧12例，四年丧1例，四年以上的坟前守墓孝行在33例中占了13例，这具有非比寻常的意义。与其相比，来察看一下四年以后世宗十四年(1432)9月13日的记录：

表5 **世宗十四年（1432）孝子模范**

编号	职位和姓名	职位	孝行内容	类型
1	金轫	醴泉郡	"家境贫寒，即使没有奴婢也尽心侍奉父母，恪守孝道。父亲去世时本来打算在墓前守孝，但是正好母亲身患重病，没有办法在墓前守孝。母亲去世后在墓前搭了一个帐篷，每天早晚在墓前痛哭。守孝期限满后只吃清粥，再期时也只吃素，一直深深地遗憾没为父亲守孝，之后为父守丧三年，从始至终一直尽心尽力。"	守墓型（六年丧）
2	金孝良	昌原府	"15岁时父亲身患重病，四处寻访就医都不见好转，听信山民说人骨对治病有奇效，便砍下手指炒熟之后晒干磨成粉末冲泡到酒里喂给父亲。"	牺牲型（断指）
3	田佐命	善山府	"父母重病在床，七年全身不能动弹，亲自为母煎药，端屎端尿。母亲去世后在坟前守孝，几年后父亲也相继去世，把父亲和母亲合葬后，在坟墓旁搭了棚子守孝四年。守孝结束后也不肯离开，村里人都用法律依据劝他离开，他又守孝三个月，每天哀声大哭。"	牺牲型 守墓型（四年丧）
4	梁郁	产阴县	"奉养父母一直用心地遵循昏定晨省，尽心尽力地照顾母亲，每天准备美味的食物。父亲逝后三天禁食，在坟墓旁搭建棚子守孝三年。随后母亲也跟着去世，把母亲和父亲合葬后，向宗亲和邻居借了钱又变卖的家财为父母祭祀。一直在墓前守丧三年。"	日常型 守墓型（六年丧） 牺牲型
5	尹殷保 徐骘	知礼县	"拜张志道为师，在其门下学习。以前曾和老师约定过'应该一样地侍奉君王、老师、和父亲。老师没有子嗣，老师去世后我应该在墓前守孝三年。'老师去世后向父母请示后，根据丧葬礼节定制了衣冠，在墓前搭了棚子亲自做饭祭祀。有一天，殷保的父亲生病了，他回到家中衣不解带地为父亲煎药，父亲病情好转后，又回到了墓地，继续在棚子里过了一个月。有一天，他突然做了一个奇怪的梦，他立马回家去，果然父亲又生病了，仅过了五天便离开了人世。……几个月后，一只乌鸦叼着香盒向北山飞去，把香盒放在在坟墓前，他的学生沈澄和裴现捡到盒子后一看，就是之前遗失的那个盒子。殷保虽然要为父亲守孝，但是每逢初一、十五一定会去祭拜老师。徐骘一个人在老师坟前搭了帐篷，为老师守孝三年。"	守墓型（六年丧） 为老师守丧三年
6	任柔	首尔	"20岁时母亲生病，一直照顾母亲，亲自煎药，一点也不敢偷懒。父亲去世后，三日禁食，三年来痛哭欲绝。之后外祖母去世，任柔代替父亲成为丧主悲痛追思。父亲病入膏肓，任柔听信谣言说人血对治病有特效，所以割破手臂取血为父治病，父亲的病果然痊愈。"	牺牲型 守墓型（三年丧）

编号	职位和姓名	职位	孝行内容	类型
7	康叔全		"小时候出去玩耍时必告知父母行踪,外出归家时必向父母请安。长大后从不曾离开父母身边半步,恪守昏定晨省,外出回家后定告知父母。父母85岁高龄时,同时患有风疾,他照顾父母,为父母煎药,10年里从未间断过。带着父母到温井沐浴,3年后父母病情痊愈。父母对他的孝行很感动,打算把家产和奴婢都传给他,但是叔全一边拒绝一边说'给生病的父母寻药治疗是子女应尽的本分',父母便遂了他的愿。"	日常型兄弟爱
8	高用礼		"虽然家庭条件不富裕,但依然尽心奉养79岁的老母,每日准备美味的食物,恪守昏定晨省。无论严寒酷暑都细心地嘘寒问暖。母亲逝世后依据《家礼》的礼节,为母守孝。在坟墓旁搭了一个棚子每天早晚都祭拜。"	日常型守墓型（三年丧）
9	副司正朴忱	忠清道天安	"父母年事已高,四个弟弟也全都踏上仕途。朴忱一个人尽心尽力奉养父母。就算父母生了一点小病,也四处寻医问药。逢年过节时一定会准备美酒佳肴,宴请乡里的亲朋好友让父母高兴。"	日常型
10	卞袍	稷山县	"11岁时父亲去世,守孝三年来不吃盐和酱料,每天穿着单薄的衣物,不穿布袜呆在家附近,食着清粥郁郁寡欢。每天早晚都大声痛哭。尽心奉养母亲,恪守昏定晨省,不食美味。"	守墓型（三年丧）日常型
11	吴旼庚	龙仁县	"在父母坟前守孝六年,哥哥和嫂子过早离世,留下六个无依无靠的孩子,他视孩子为己出,用心养育每个孩子。作为一家之长,给两个孩子举办了婚礼。"	守墓型（六年丧）兄弟爱
12	别侍卫赵旋	阳川县	"虽然家境贫寒,但是依旧用心地奉养母亲。母亲卧病在床几个月了也亲自为母亲煎药,端屎端尿。母亲临终对赵旋说:'我没有子嗣又是独女,但是我还有位94岁高龄的老母,现在我无法奉养她老人家了。你能这样为我尽孝,这样的孝心如果能同样地对待我的母亲,我就死而无憾了。'母亲去世后赵旋悲痛大哭,葬礼都按照丧葬礼节去进行。像对亲生母亲一样去侍奉外祖母。外祖母过世后,在母亲的坟墓旁安葬了外祖母,在坟墓旁搭了草棚守孝三年。"	守墓型（三年丧）家庭爱（奉养外祖母）
13	司直宋乙生之妻曹氏	黄海道平山府	"25岁时丈夫去世,葬礼结束后父亲打算让她改嫁,她不从。现在已经过了23年了。逢年过节初一、十五时一定回去拜祭丈夫。奉养父亲每天献上美味的食物。母亲去世后穿了三年的丧服,在坟墓很近的地方建起座小屋,每天早晚都去奉食祭拜。"	守墓型（六年丧）贞节型

编号	职位和姓名	职位	孝行内容	类型
14	李奇	庆尚道军威县	"19岁时母亲去世,举行完葬礼后对父亲说:'我去为母亲守坟。'父亲说:'我现在孤身一人,家里条件也不富裕,你哥哥又去服军役了,谁能帮助你守坟啊?'李奇说:'妈妈虽然有两个儿子,但是哥哥现在服军役,我一个人也没有什么工作,除了我,还有谁能去为母亲守墓。'带着粮食便去为母亲守墓了。把草编起来准备去建草棚,在母亲灵堂旁伤心地大哭。两天之后父亲去看到后十分感动,终于答应了他,并帮助他一起搭了草棚。……父亲也去世了,把父亲跟母亲一起合葬,搬运泥土和石头修建了坟墓。"	守墓型(三年丧)
15	李奇遇	京畿梁州	"平日里侍奉父母恪守孝道,用心准备美味的食物奉养双亲。母亲离开人世后禁食三天,悲痛欲绝地在坟前搭了草棚守孝。刚脱下丧服,父亲突然又去世了。把父亲和母亲合葬在一起,在墓前守墓三年。亲戚们不忍心看到他一个人拉扯孩子,凑了钱给他娶了媳妇。"	日常型守墓型(六年丧)

上记事例以不同类别整理如下:

表6　　　　　　　世宗十四年(1432)孝子模范的类型

类型	日常型	牺牲型	守墓型	贞节型	其他(教育、忠臣、兄弟爱、尊师……)
共计15件(复数)	6件	4件	12件(六年丧6件,四年丧1件)	1件	4件
比率	40%	27%	80%	7%	27%

　　之所以说关注世宗十四年(1432)9月13日的孝行事例是有特殊意义的,是因为当年6月9日,为了预防发生违背伦理道德的犯罪行为,编写了孝行教育材料《三纲行实录》,这些孝子都是当年被举荐出来的。特别值得注意的是5号事例,尹殷保和徐臂在老师坟前为老师守墓三年。根据"君师夫一体"的思想,对老师也得像对父亲一样守礼,其中一个人虽然父亲去世,但是依然同时心怀孝道和师道,恪守礼节。

　　另外,11号事例也是很有关注价值的。吴旼庚在父母去世后坟前守孝六年,哥哥和嫂子过早离世,留下六个无依无靠的孩子,他视孩子为己出,用心养育每个孩子。作为一家之长,给两个孩子举办了婚礼。这体现了兄弟之间有福同享,有难同当的高尚情怀。

12 号赵旋的事例也引人注目。虽然家境贫寒但是依旧用心地服侍母亲,母亲去世后又尽心地侍奉外祖母。不过,通过这些事例我们也可以了解到一些令人难过惋惜的故事。比如 14 号李奇的事例。母亲去世后,因为家庭条件不富裕。父亲反对他守孝三年。李奇不听依然坚持守孝三年,但是守孝期间父亲也不幸去世。在家境贫寒、连家事都不能顾及的情况下,守孝三年无法对父亲尽孝。这样的三年孝到底具有什么意义? 这值得我们深思。奉养健在的父亲和为去世的母亲尽孝,孰轻孰重? 这是一个值得反省的好例子。

分析了全部事例,很特别的一点是和以前相比守墓型的孝行占了80%,比率相当之高。值得关注的是六年丧的例子占了绝大多数。那值得注意的是,为什么守墓型的事例会比以前有所增加呢? 首先我们先通过不同时期的数据来比较研究一下。

表 7 各年度孝行类型比较

类型	世宗二年(1420)	世宗十年(1428)	世宗十四年(1432)
日常型	34%	17.5%	40%
牺牲型	15%	10%	27%
守墓型	46% (守墓型 19 件中 六年丧 3 件, 长期比例 9%)	82.5% (守墓型 33 件中六年丧 12 件,四年丧 1 件, 长期比例 39.4%)	80% (守墓型 12 件中六年丧 6 件,四年丧 1 件, 长期比例 58.3%)
贞节型	46%	27.5%	7%
其他	5%	2.5%	20%

从图表中可以看出变化最大的是守墓型孝行。1420 年占了 46%的比例,1428 年占了 82.5%的比例,1432 年占了 80%的比例,几乎增长了近两倍。同时值得关注的是,包括"断指割骨"这种不顾自我安危的牺牲型孝行也从 1420 年的 15%增涨到 1432 年的 27%。

前面虽然也提过,这就是世宗大王奖励和优待孝行者的制度的特点和结果。需要付出时间和努力的日常性孝行,因为都发生在家庭内部所以不太能引起大众的发现。加之,因为在家里尽孝是朝鲜社会儒教式生活所强调的家庭氛围,所以也被看作是一种理所应当的事情。如果不是治疗疾病这种特别的情况,是很难被附近的人们发现的。在坟前守孝三年或六年,这是一种在公开场合表现的孝行。虽然从某种层面上来说,这是本人想把自己的孝行展现给世人看,但是从要举荐孝子的官吏的立场来说,更需要的是一些显而易见的客观具体的孝行,而不是一些被隐藏的孝行。从举荐者的角度来看,即客观又方便举荐的事例就是守孝三年或六年。这就是守墓型孝子一定比日常型孝子大幅增多的原因。当然,因为牺牲型是一种在不顾自我安危的情况下发生的孝行,要满足这个条件的话,就必须有似外敌入侵、火灾、疾病这种灾难发生。但是守墓型是谁都可以遇到的一种情况(丧礼),只要稍微用心努力一下,是谁都可以做到的孝行。那个时候从守墓的特性上来看,首先最基本应该要考虑的是能否为家里的生计负责,但是恰好相反,认为守墓尽孝比家里的生计更为重要的事例数不胜数。这是一个值得深思的问题。侍奉死了人比侍奉活着的人更为重要,这非常值得我们反思。因此,关于世宗对于守墓型孝行的看法非常灵活,我们可以通过具体的事例来确定。

四、结 论

孝行虽然是子女对父母的基本,但是也是百行的根本。行孝虽然是出生长大后对父母恩惠的一种理所应当的报答,但其之所以是百行的根本,是因为人类不同于动物,孝行是人类固有的一种道德价值。任何动物都具有一个共同点,那就是本能地去爱护自己的子女。但是把收到的爱再返回去的特征只有人类才具有。人类和禽兽的不同点可以从孝行中发现。出生、长大、成人,自立的过程中从父母那得到的恩惠可以说是慈爱,反过来老、病、衰不能自立时,子女报答父母的心和孝行和只会接受的禽兽相比是有明显区别的。因为是出生后收到的,所以孝行成为了生活中供养的核心。供养父母(养口体),顺从父母(养志),恭顺父母都是父母生前的问题。

但是不知道从什么时候开始,孝行的中心移动到了葬礼和祭礼上去了。与生前的孝行相比,死后的孝行,即守墓型孝行成为了孝的基本价值。并且还转换成了一种宗教型、绝对型的价值。甚至还出现了表彰和奖赏的制度。三年都还不够,接下来也不会接着发生丧礼,但是还是出现了像以前一样为父母守丧四年和六年的事情。百行的根本是日常的孝行,这是谁都应该要做的事,也是谁都能做到的日常型孝行,所以孝行慢慢转变成了要求时间、经济奉献和牺牲的守墓型孝行。孝行成为了谁都很难做到的特别的事情。加之,随着举荐孝行者给予奖赏的制度越来越盛行,官吏们需要找到一些客观的孝行依据,与那些在日常生活中不容易被发现的孝行相比,他们找到了大家都能看到被确定被公开的孝行事例。结果,花费大量时间,经费和努力的守墓型孝行就被大量举荐,可以说孝行赏制度反而成为了守墓型孝行增加的原因。

把谁都应该要做的孝行变成了谁都无法做的孝行,这是有问题的。不是上下班式的守墓,也不是钟点工式的守墓,而是在坟墓旁边花费整整三年到六年的时间行孝,这样的孝行对于一般人来说是有负担的。最后,它的命运就是随着时间的流逝渐渐消失,无影无踪。在这里和日常型孝行不同,像"断指割骨"一样需要很大牺牲和决断的牺牲型孝行虽然和金典的孝行存在一定的距离,但是它却给世人留下一种深刻的印象,并且还成为了一种孝行典范。这就是孝在现实生活中变成了一种负担的原因。这样一来,守墓型、牺牲型和孝行奖赏制度,就使孝与一般大众渐行渐远的罪魁祸首。也就是说传统孝行特点中掺杂了平常人难以承受的牺牲和献身精神,这就会让人感到负担。

从现代的角度去重新审视传统孝行特点的话,它并不是一种孝行的样本,而应该是一种反省的因素。在过去,日常型孝行也出现了很多,但是超越生死极限的牺牲型孝型和需要付出时间、物质和努力的守墓型孝行却成为了孝行的典范,结果导致孝行离一般人越来越远。所以说传统型孝行是把孝变成一种负担的因素。《论语》中所提到的"健康""恭敬的心""和颜悦色"都可以说是孝行(《论语》"为政"),但是这样的孝行被牺牲型孝行和守墓型孝行所掩盖,让人们觉得那不算是孝行,甚至轻视它。世宗大王在对待守墓型、牺牲型孝行时所采取的灵活态度和判断,可以说是权衡孝行的重要基准,给我们指明了孝行的方向。表彰兄弟之爱和家庭之爱,这应该成为我们今天学习的榜样。这样的孝行难道不是一种有价值的孝行吗?

句题和歌中的《孝经》

一、《孝经和歌》概况

句题和歌可以说是日本文学所特有的一种体裁,也是中日文化交流乃至东亚文化交流与融合的历史留下的见证。其形式一般来说是取汉诗的一句(少数作品也取汉诗的数句)为歌题,然后围绕歌题而作歌。如大江千里①以白居易的诗句"一岁唯残半日春②"为题的和歌:

> 一岁唯残半日春
>
> ひと年にまた再びもこじものをただひるなかぞ春は残れる
>
> (大意:一年之中春天只有一次,而今年仅仅还剩下半日的
> 春天③。)

后来,句题和歌的歌题(或称句题)渐渐丰富起来,不仅仅限于汉诗诗句,还出现了以佛教经典或儒家经典的句子为歌题的和歌,也有学者认为"以经文为题的释教歌或以论语的句子为题的和歌可以看作是句题和歌的进一步发展④。"本文论述的对象《孝经和歌》曾被金子彦二郎氏

---

① 日本平安朝前期歌人,生卒年不详。歌集《大江千里集》又名《句题和歌》。
② 出自白居易诗《三月晦日日晚闻鸟声》。
③ 和歌引自平野由纪子《千里集全释》风间书房,2007 年 2 月。本文笔者适当将假名改为了汉字,并添加了和歌大意。
④ 见犬养廉等编《和歌大辞典》"句题"条目。明治书院,1986 年。

260

收录于其校订的《句题和歌集》(长谷川书房,1955 年)中①,被金子氏称作是"同类歌中的罕见作品"。本文认为,所谓的"罕见"主要即指《孝经和歌》的歌题与大多数以汉诗句为题的句题和歌不同,基本是以《孝经》的章节名称为题的。那么,与之相关,和歌构思的范围也随之扩大到歌题所言章节的全部。

《孝经和歌》是一组由 21 首和歌构成的作品群,金子氏校订的《句题和歌集》目录以及该作品群的表题均只有"孝经和歌"四字。金子彦二郎氏为该作品群所写解说提到:"此歌集一卷,吾书库偶得阿波国文库旧藏写本。据其跋文,为后成恩寺一条兼良第十三次忌辰时,为追善供养故人,乃将孝经全文按章分割给与故人有亲密交往的当时名流二十一人……使其以各自分担的孝经章段为歌题而作歌。各自再附带咏作一首'述怀',一并供于灵前……"②金子彦二郎氏还进一步推断:"此孝经和歌的成立应为一条兼良十三忌的明应二年(1493),而跋文的笔者署名为'桃花末叶秃居士',意为自己是自称桃华老人、桃华野人的兼良之子孙。跋文的作者大概就是这次活动的主办人、也是此句题和歌群作者之一兼良的次子冬良。"③一条兼良曾历任摄政关白等职,是当时博学多才之士中最有名望者。一条冬良继承了一条家的学业,当时亦任职关白太政大臣。《句题和歌选集》所收《孝经和歌》的歌题中多次出现"夏日同咏"的字样,据此可知《孝经和歌》咏作的大概时间应是1493 年夏季。另外,其中有八首和歌的歌题中出现了"古文孝经"字样,又,国立历史民俗博物馆藏高松宫家旧藏本《孝经和歌》④之外题为"古文孝经二十二章和歌",内题为"古文孝经和歌"(每首和歌的歌题中不再出现"古文孝经"四字),两种版本均表明该和歌群创作时所依据的《孝经》文本为《古文孝经》。

儒家最核心的经典之一的《孝经》很早就流传到了日本,被认为于

---

① 以下简称为"金子氏校订本孝经和歌"或"金子氏校订本"。

② 同上,第 194 页。

③ 同上。

④ 以下简称为高松宫家旧藏本。

八世纪初期制定的《养老律令》就规定了有关学习《孝经》的条令,清河天皇天长十年(833)《孝经》开始成为朝廷进讲的科目①。如後藤昭雄氏所指出,九世纪末由藤原佐世(847—897)编纂的日本宫廷图书目录《日本国见在书目录》著录了近二十余种《孝经》及注释,其中还包括《孝经一卷孔安国注》《孝经一卷郑玄注》《孝经一卷唐玄宗皇帝注》这三种在中国最重要的传本,即古文孝经、今文孝经、御注孝经此时均已流传于日本。後藤昭雄氏还指出,在平安朝古文孝经和御注孝经两者并用,"初读书时使用《御注孝经》,释奠时使用《古文孝经》,而汤殿读书则大多选用御注本,有时也会用古文本。②"《孝经和歌》是日本室町时代后期后土御门天皇时期的作品,而在《孝经和歌》的一百年之后的1593年,著名的文禄敕版《古文孝经》问世,杨昆鹏氏指出,把和汉联句推向了高峰的当时的后阳成天皇"在收到丰臣秀吉作为出兵朝鲜战利品的活字之后,最先拿来制版印刷的就是《古文孝经》,这可以看作对孝经的重视。③"可见,自平安朝以来日本知识人赋诗作文等活动时使用《古文孝经》已成为一个传统。

目前笔者所见到的两种《孝经和歌》版本相互有很大的不同,最重要的有两点:一是两种版本的"歌题"在文字表述上有很大的差异,关于这一点下面一节将专门介绍;二是金子氏校订本《孝经和歌》内容更丰富,每首和歌包含以下四个部分:

歌题

孝经和歌

怀旧和歌

参考(列出和歌对应的《孝经》章节全部正文)

而高松宫家旧藏本只有二十二首孝经和歌(比金子氏校订本多一首),

---

① 据近藤春雄《中国学艺大事典》(大修馆书店,1978年),第192页。
② 後藤昭雄「平安朝における『孝経』の受容」、『斯文』第128期,2016年3月。该文中文版《日本平安朝对《孝经》的接受》亦收入本书(《孝文化在东亚的传承与发展》)。
③ 见本书第279页。

未见"怀旧和歌"和"参考"部分的孝经正文。金子氏校订本在"参考"所列孝经正文的上端（书籍的天头）时而施有校语，如此看来，金子氏所据阿波国文库旧藏写本孝经和歌应该已有"参考"部分，而非金子氏编辑《句题和歌选集》时所加。那么，究竟是该和歌群最初创作时编辑者就已经在每首和歌之后加上了相对应的《孝经》文本以资读者参考，还是后来流传中被添加上去的，笔者目前所涉资料有限尚无法进一步论及，有待参见更多的《孝经和歌》文本加以分析。但是，无论何时何人所为，其提供的古文孝经文本对于我们了解古文孝经在日本的流传以及与中国的古文孝经相对比等版本学研究都是很有价值的。

由于本文篇幅有限，拟重点讨论歌题和二十二首孝经和歌，对金子氏校订本中的二十一首"怀旧"歌以及涉及《古文孝经》的版本校勘问题只好暂且省略，留待以后有机会再进行深入探讨。

二、《孝经和歌》的歌题

《孝经和歌》的绝大部分作品其歌题只标明歌咏的对象为《孝经》的某章节，如"咏诸侯章和歌""夏日咏士章和歌"等，没有涉及《孝经》文本的具体词语，这一点与本文开头所介绍的大多数句题和歌的句题有所不同。如：

夏日咏士章和歌

　　　　　　　　　　甘露寺　权大纳言　亲长

生れこし身を思ふにも垂乳根の深きめぐみをあだに忘れじ

（大意：想想给予了自己生命的父母，他们养育自己的深厚的恩情是绝不能忘记的。）

其中只有四首和歌的歌题在明示《孝经》对应章段的名称之外，还进一步列出和歌内容所具体依据的《孝经》的语句，如：

夏日听讲古文孝经咏圣治章和歌

　　　　　　　　　　三条西　权大纳言　实隆

郊祀后稷以配天

そのかみを仰ぐや更に久方の天にならべてまつるかしこさ

（大意：我们敬仰上古祖先，并将他们与天同列而祭祀。）

夏日同咏广要道章和歌

中山　权中纳言　宣亲

敬其父则子悦

よそにても思へ老蘇の森の露に木の下草もめぐみありとは

（大意：想一想，郁郁葱葱的森林之露水哺育了树下小草的恩惠。）

歌题的表述与该作品群的咏歌方法研究密切相关，是了解《孝经和歌》这一"罕见"文学作品的要点之一。为了清楚地展示《孝经和歌》歌题的特点以下将金子氏校订本《孝经和歌》的歌题、歌者名以及《古文孝经》各章名称总结为表 1，同时也列出高松宫家旧藏本《孝经和歌》的歌题以资参考。表 1 的"序号"是本文所加的序号，"金子氏校订本《孝经和歌》歌题"一栏中出现的带括号的数字为金子氏校订本《孝经和歌》的和歌排列序号。

表 1　　　　　　　　　《孝经和歌》歌题一览

序号	金子氏校订本《孝经和歌》歌题	歌者	高松宫家旧藏本《孝经和歌》歌题	《古文孝经》各章题目①	备注
1	(1) 咏古文孝经开宗明义章和歌"身体发肤受于父母"	近卫政家	开宗明义章	开宗明谊章第一	
2	(3) 咏古文孝经天子章和歌	一条冬良	天子章	天子章第二	
3	(5) 咏诸侯章和歌	近卫尚通	诸侯章	诸侯章第三	
4	(7) 咏大夫章和歌	二条殿尚基	卿、大夫章	卿大夫章第四	
5	(9) 夏日咏士章和歌	甘露寺亲长	士章	士章第五	

---

① 据丛书集成初编《古文孝经》。中华书局，1991 年。

（续表）

序号	金子氏校订本《孝经和歌》歌题	歌者	高松宫家旧藏本《孝经和歌》歌题	《古文孝经》各章题目①	备注
6	（11）咏庶人章和歌	上冷泉为富	庶人章	庶人章第六	
7		劝修寺教秀	孝平章	孝平章第七	
8	（13）夏日同咏三才章和歌	中御门宣胤	三才章	三才章第八	
9	（15）夏日同咏二首和歌"孝治章"	四条正二位隆量	孝治章	孝治章第九	
10	（17）夏日听讲古文孝经咏圣治章和歌"郊祀后稷以配天"	三条西 权大纳言 实隆	圣治章	圣治章第十	
11	（19）夏日同咏古文孝经和歌	劝修寺 大藏卿 经茂	父母生续章	父母生续章第十一	
12	（21）夏日同咏古文孝经和歌"孝优劣章"	日野 大宰权帅 广光	孝优劣章	孝优劣章第十二	
13	（23）夏日咏古文孝经和歌"纪孝行章"	下冷泉 民部卿 政为	纪孝行章	纪孝行章第十三	
14	（25）咏古文孝经和歌"五刑章"	冷泉 从二位 为广	五刑章	五刑章第十四	
15	（27）夏日同咏广要道章和歌"敬其父则子悦"	中山 权中纳言 宣亲	广要道章	广要道章第十五	
16	（29）咏广至德章和歌	小仓季种	广至德章	广至德章第十六	
17	（31）夏日听讲古文孝经同咏感应章和歌"宗庙致敬鬼神著矣"	姊小路基纲	应感章	应感章第十七	
18	（33）夏日同咏广扬名章和歌	园 参议基富	广扬名章	广扬名章第十八	
19	（35）咏闺门章和歌	龙霄	闺门章	闺门章	

（续表）

序号	金子氏校订本《孝经和歌》歌题	歌者	高松宫家旧藏本《孝经和歌》歌题	《古文孝经》各章题目①	备注
20	(37) 夏日同咏谏诤章和歌	劝修寺显基	谏诤章	谏诤章第二十	
21	(39) 夏日同咏事君章和歌	中御门宣秀	事君章	事君章第二十一	
22	(41) 咏丧亲章和歌	曼珠院前大僧正良镇	丧亲章	丧亲章第二十二	

从表1我们可以看出以下几个问题：

（1）金子氏校订本《孝经和歌》只有二十一首以《孝经》为题的和歌，而高松宫本有二十二首，多出来的一首是序号7对应的《孝经》孝平章第七，歌者为劝修寺教秀。

（2）笔者所见两种《孝经和歌》的歌题有很大的差别，高松宫本的歌题十分简洁，只列出《孝经》章节的名称。与之不同的是，金子氏校订本的歌题更加丰富多样，除了申明歌者所承担的孝经章节名称，有的加上"夏日同咏""夏日听讲"或"咏古文孝经"等，还有四首歌题列出《孝经》正文的句子，如："身体发肤受于父母""郊祀后稷以配天""敬其父则子悦""宗庙致敬鬼神著也"。考虑到该和歌群每人咏歌一首的创作活动，或许金子氏校订本的歌题更接近事实，而高松宫家旧藏本的歌题则有省略之嫌。

以上两点均是重要的版本问题，需要借助于更多的文献进行比对校勘，还《孝经和歌》的真实面目。并且，歌题的标注方式即仅仅标注《孝经》章节的名称，还是进一步列出《孝经》正文句子与我们如何解读作品也密切相关。这既是诗学的问题，也是异文化受容的问题。

三、《孝经和歌》二十二首及其大意

以下主要以金子彦二郎校订《句题和歌选集》所收阿波国文库旧藏写本（翻刻本）为依据并时而参校高松宫家旧藏本而尝试对《孝经和歌》

的大意作一粗浅的解释,同时,据高松宫家旧藏本补序号 7 一首,共二十二首。每首前面的数字与表 1 序号相同,每首和歌下面括号里的和歌大意(包括现代日语及中文)为本文笔者所加①。

    1.“咏古文孝经开宗明义章和歌”   ——近卫殿 从一位政家
        身体发肤受于父母

    子はいかがあだに思はん父母にわかちし儘の身にしあらでも

    大意:

    子供としてどうしていい加減に思うであろうか。父母が私に分け与えたままの身体そのものでなくても。

    身为人子,如何能不珍惜? 即便此身已非父母所赐之时的模样。

    2.“咏古文孝经天子章和歌”   ——一条殿 大相国冬良

    国のおやとなりて教へよ人の子のためにもかかる道のまことを

    大意:

    国の親となって教えよ。人の子供のためにも、この道のまことを。

    身为一国之父而教之,使万民知晓孝道。

    3.“咏诸侯章和歌”   ——近卫殿御方 博陆侯尚通

    位山 たか ねにのぼる人はみな危む道にこころゆるすな②

    大意:

    高位高官にのぼる人はみな危険な道に油断するな。

    身居高位者需如履薄冰,切不可大意。

    4.“咏大夫章和歌”   ——二条殿 内大臣尚基

---

① 本文对《孝经和歌》的释义得到了黑田彰子氏多处指教,在此谨致由衷的谢意。
② “たか”,金子氏校订本作“かた”,据高松宫家旧藏本改。

267

何事も君にしたがふ心とてひとりは言はぬ言の葉の 道①

大意：

どんなことでも君に従う心で、自分ひとりで考えた言葉を言わないのは正しい道である。

任何事情皆从君王，不发表一己之见，这才是大夫之孝道。

5. "夏日咏士章和歌"　　　　　——甘露寺　权大纳言　亲长

生れこし身を思ふにも垂乳根の深きめぐみをあだに忘れじ

大意：

生れてきた私のことを思うにつけても、親の養育してくれた深い愛情をいい加減に思って忘れるようなことはするまい。

想想给予了自己生命的父母，他们养育自己的深厚的恩情是绝不能忘记的。

6. "咏庶人章和歌"　　　　　　——上冷泉　正二位　为富

父母にうけし我が身のことわりを教の道になほぞおどろく

大意：

父母から受けた私自身の道理を孝という教えの道に気づかされた。

对待生身父母的行为准则、做人的道理就是孝道啊！

7. 　　　　　　　　　　　　　　——劝修寺教秀

　　孝平章

たらちねにつかふる道に誰も皆終り始めの教わするな②

大意：

親に仕える道に誰も皆終始変わらぬように尽くすべきだという教えを忘れるな。

侍奉父母之孝道皆需有始有终，不可忘记！

8. "夏日同咏三才章和歌"　　　——中御门　权大纳言　宣胤

---

① "道"，金子氏校订本作"末"，据高松宫家旧藏本改。
② 此和歌金子氏校订本无，据高松宫家旧藏本补。

上を仰ぎ下を恵むも天地の中にたがはぬ人のことわざ

大意：

上の人を尊崇し、下の人を恵むのも、天地の間に存在する道
理に逆らわない人の事業である。

对上要尊崇,对下要爱抚,这是绝不违背天地间道理的人应取
的言行。

9. "夏日同咏二首和歌"　　　　　　　　——四条　正二位　隆量

孝治章

末の世もかかれとてやは慕ふらんさがなき道を忘れはて
つつ

大意：

末の世においてもこのようであれと思って孝の道を慕ってい
るであろうか。よくない道を忘れてしまいつつ。

即使末世来临我也会如此坚守,抛却不符合孝道的言行。

10. "夏日听讲古文孝经咏圣治章和歌"

——三条西　权大纳言　实隆

郊祀后稷以配天

そのかみを仰ぐや更に久方の天にならべてまつるかしこさ

大意：

その昔を敬うのは、さらに天に並べて祖先を祭る恐れ多い
ことよ。

我们敬仰上古祖先,并将他们与天同列而祭祀。

11. "夏日同咏古文孝经和歌"　　　　——劝修寺　大藏卿　经茂

かぞいろの数へ尽くさぬ恵をば民の仰ぐや君がをしえに

大意：

父母から賜った数え切れない恩恵を民が仰ぎ敬うのは、君の
教えによるのだ。

人民敬仰父母不尽的恩情,皆来自君主的教导。

12. "夏日同咏古文孝经和歌"　　　　——日野　太宰权帅　广光

孝优劣章

仰ぐべき親をばよその人にやは深きまことを猶ほ尽くす
べき

大意：

尊敬すべき親をよその人として見ていいものか。深き真心
を親につくすべきだ。

怎能将应该敬爱的父母视为无关的他人？须以深情尽孝于
父母。

13. "夏日咏古文孝经和歌"　　　　　——下冷泉　民部卿　政为

　　纪孝行章

つかへこしその垂乳根のなき跡になほ怠らぬ手向をや知る

大意：

生きている間も孝養を尽くしてきた親に、その死後も、こう
して生前同様、供え物をして冥福を祈りつづけていること
を、ご存じですか？

尽管父母在世时我们尽孝了，在父母离世之后仍然要祭祀、为
他们祈祷冥福，不可懈怠。

14. "咏古文孝经和歌"　　　　　　——冷泉　从二位　为广

　　五刑章

迷ふなよ五つにわかついましめも一つ心の道の学びを

大意：

迷ってはならないぞ。五つに分けられた戒めも、結局は一つ
の意味である。（孝という）道の学びなのだから。

莫要迷茫，被分为五类的惩戒其实要求学习的只有一点，那就
是孝道。

15. "夏日同咏广要道章和歌"　　　　——中山　权中纳言　宣亲

　　敬其父则子悦

よそにても思へ老蘇の森の露に木の下草もめぐみありとは

大意：

無関係であっても考えてみよ。老蘇の森の露に木の下草も恵まれているということを。それと同じように子供は親の恩恵を受けているのだ。想一想,郁郁葱葱的森林之露水哺育了树下小草的恩惠。

16. "咏广至德章和歌"　　　　　——小仓　权中纳言　季种

四つの時こころ休めず賤の男が親につかふる道はたがへず

大意:

どんなときも、心怠ることなく、親に孝を尽くすべきだ、という人間としての道だけは、卑しい身分の私でも誤ることはない。

对父母尽孝终年不可懈怠,吾虽身份低微,唯此孝道绝不疏忽。

17. "夏日听讲古文孝经同咏感应章和歌"

　　　　　　　　　　　　——姉小路　参议　基纲

宗庙致敬鬼神着矣

なき魂もここに来ま│す│と生ける世に変わらぬ道を猶や尽くさん①

大意:

亡き親の魂もここ(宗廟)にいらっしゃると親が生きた時と変わらぬ孝の道を依然として尽くそう。

亡亲之魂将来此宗庙,当与父母在世时一样尽孝,在此祭拜父母。

18. "夏日同咏广扬名章和歌"　　　　——园　参议　基富

垂乳根のいさめの道に叶ふ身は世にひろき名を得るとこそ聞け

大意:

親に対する礼(つまり孝行)という道に叶う人は世間で「すばらしい人だ」という評価を得ることになる、と聞いて

---

① "す",金子氏校订本作"せ",据高松宫家旧藏本改。

いる。

对父母尽孝之人，善名闻于天下。

19. "咏闺门章和歌"——龙霄

君につかへ 民 を撫づてふその閨の門の外にやおきて去り
けん①

大意：

父と兄が君であり、妻と弟妹を撫で慈しむという家庭内に
おける孝のあり方をその「閨」の門外に、（孝を教える者は）
置いて去ったのであろうか。

侍奉君王，抚恤百姓，此礼只存在于闺门之外吗？不，家庭内
部也必须具备。

20. "夏日同咏谏诤章和歌"　　　　　——劝修寺　宫内卿　显基

たらちねの親にあらそふ理の深き道をも知るよしもがな

大意：

親に争う道理の深い道をも知る方法もあればなあ。

谏诤于父，很希望有理解这个深奥道理的方法。

21. "夏日同咏事君章和歌"　　　　　——中御门　右中弁　宣秀

出でつかへ帰り来る間も君がため安からぬこそ教にはあれ

大意：

家を出て主君にお仕えしている時も、家に帰り主君のため
に何をすればよいかを考えている時も、主君のために心安
らかな時はない、それこそが、主君に使える道だ、という教
えであることだよ。

在外尽心侍奉君主，归来亦为君主思虑，未尝有一刻松懈，这
才是忠君之道。

22. "咏丧亲章和歌"　　　　　　　——曼珠院　前大僧正　良镇

———————

① "民"，金子氏校订本作"君"，据高松宫家旧藏本改。

人の親の教残せる此の のりの 千世もと思ふためにぞ有り
ける①

大意：

親が孝について教えてくれたのは、（親にいつまでも生きて
いて欲しいと願う）子の為なのだ、ということです。

父母教给我们的孝道是为了一心祈求父母永在的人子而存
在的。

四、《孝经和歌》中的歌与《孝经》内容的关联

上文已经提到，二十二首和歌中像大多数句题和歌那样以具体的
某一句为题而咏作的和歌有四首：第1、第10、第15以及第17首，另外
的十八首只是标明了与《孝经》对应章节的名称，而没有表示该章节中
的具体句子。如果将这些和歌与对应的《孝经》章节的内容相互对照着
阅读，可以发现在内容上和歌与《孝经》的关联大概有这样几种情形：

（一）虽然歌题具体标明了《孝经》某章中的某个句子，但是，所咏
和歌并不局限于歌题的内容。如第15首：

　　　夏日同咏广要道章和歌

　　　　　　　　　　　——中山　权中纳言　宣亲

敬其父则子悦

よそにても思へ老蘇の森の露に木の下草もめぐみありとは

（想一想，那郁郁葱葱的森林之露水哺育了树下小草的恩惠。）

该首和歌以"森林中的雨露"和"树下的小草"这些意象表达了父母
对孩子的深厚的恩惠，暗喻歌题中"父"对"子"的养育之恩。也正是因
为抽出了父子这对概念而咏歌，所以结果上和歌的内涵其实超越了歌
题"敬其父则子悦"，更具普遍意义。不过，笔者认为，日本人创作的句

---

① "のりの"，金子氏校订本作"里は"，据高松宫家旧藏本改。

题和歌本身也有唱和的意味,即歌者面对句题抒发自身的感怀,因而,我们也可以加上歌题"敬其父则子悦"一起欣赏《孝经》之句与日本人的情感。

(二)虽然没有标明对应的具体句子,但是和歌依然是针对具体的一句而咏作的。如第 13 首咏纪孝行章:

夏日咏古文孝经和歌

——下冷泉　民部卿　政为

纪孝行章

つかへこしその垂乳根のなき跡になほ怠らぬ手向をや知る

(尽管父母在世时我们尽孝了,在父母离世之后仍然要祭祀、为他们祈祷冥福,不可懈怠。)

《孝经》纪孝行章主要讲了"居""养""疾""丧""祭"五种情况下如何尽孝,以及身居高位、身居下层和身居众人之间该如何立身处世。而咏纪孝行章的和歌集中在死后祭祀这一点,可以认为主要是与"祭则致其严"一句对应而歌咏的。原本当时的咏歌活动就是为了一条兼良十三周年祭而举办的,所以,歌者对内容的这种选择可以说很符合活动的目的。

另外,第 12 首和歌的内容也可以看出主要是与"不爱其亲"或"不敬其亲"之语相关联的。

(三)和歌内容并非与《孝经》的某个句子相对应,而是对全章内容的一种概括性的表述,如第 2 首:

咏古文孝经天子章和歌

——一条殿　大相国冬良

国のおやとなりて教へよ人の子のためにもかかる道のまことを

(身为一国之父而教之,使万民知晓孝道。)

第 4 首:

咏大夫章和歌

——二条殿　内大臣尚基

何事も君にしたがふ心とてひとりは言はぬ言の葉の 道①

（任何事情皆从君王，不发表一己之见，这才是大夫之孝道。）

以及第 18 首咏广扬名章、第 21 首咏事君章等。

（四）看不出和歌与所标明的章节之间有明显关系，流于一般的孝的思想。如第 5 首：

夏日咏士章和歌

——甘露寺　权大纳言　亲长

生れこし身を思ふにも垂乳根の深きめぐみをあだに忘れじ

（生我养我的父母之恩不可忘记）

以及第 9 首咏孝治章、第 16 首咏广至德章。

（五）和歌对《孝经》的理解具有个人特点，有的会与《孝经》原本的意思有一定的差异。例如第 14 首：

咏古文孝经和歌

——冷泉　从二位　为广

五刑章

迷ふなよ五つにわかついましめも一つ心の道の学びを

（莫要迷茫，被分为五类的惩戒其实要求学习的只有一点，那就是孝道。）

咏五刑章原文主要说"五刑之属三千，而罪莫大于不孝"，即五刑涉及的罪有三千之多，但是，都没有比不孝罪过更大的。这个意思与和歌之间有着微妙的不同，不孝的罪过最为严重，不等于说五类惩戒所要求的只有一点。

又如第 20 首：

---

① "道"，金子氏校订本作"末"，据高松宫家旧藏本改。

　　夏日同咏谏诤章和歌

　　　　　　　　——劝修寺　宫内卿　显基

たらちねの親にあらそふ理の深き道をも知るよしもがな

（谏诤于父,很希望有理解这个深奥道理的方法。）

　　《孝经》谏诤章中提到天子、诸侯、大夫有争臣,才会不失天下、不失其国、不失其家,以及士有争友,父有争子的好处。首先,该和歌主要是围绕"当不义,则子不可以不争于父"一句而歌咏的,不过,仔细品味还是能发现其歌意与"当不义,则子不可以不争于父"的不同之处。和歌末尾的"もがな"是一个表示强烈愿望的助词,那么,"谏诤于父,很希望有理解这个深奥道理的方法"是感叹终于有了《孝经》谏诤章这一理解的途径了,还是说毕竟深奥,难以理解,和歌的语意是暧昧的。本文笔者更倾向于和歌表达的是对"谏诤于父""难以理解"。

五、结　　语

　　从总体来看,《孝经和歌》可以说是一组接受和吸收《孝经》思想的文学作品,向我们呈现了将《孝经》的思想用日本人的感性和语言进行诠释的具体过程。对于中国读者来说,《孝经和歌》的意义是多重的。作为歌题的孝经与和歌之间的关系是一种互文关系,在语言层面作为和歌构思背景的汉语表达变为和语之际,诗歌的内涵、意象较之原来的经典有了怎样的新意和不同,在思想层面歌者从《孝经》中吸取了什么以及又对《孝经》给予了怎样的诠释等等这种文化的互动则是我们进行比较文学比较文化的重要案例。

　　另外,当时位极人臣的一条冬良所组织的这次咏歌活动本身,有力地说明了《孝经》在日本知识人中的地位和影响力,呈现出《孝经》在日本社会中的一种传播和存在的方式。後藤昭雄氏指出,早在日本的平安时代,皇室的重要礼仪汤殿读书、初读书以及大学寮祭拜孔子及其主要弟子的活动"释奠"都会讲读《孝经》,并且,依照惯例,释奠和初读书活动后,还会举办诗宴①。後藤昭雄氏的论文还列举了菅原道真的汉诗《仲春释奠闻讲古文孝经同赋以孝事君则忠》《仲春释奠听讲古文孝经同赋资父事君一首》以及大江匡衡汉诗《冬日侍飞香舍听第一皇子初读御注孝经》《冬日侍东宫听第一皇孙初读御注孝经》等作品②,我们可以看到《孝经和歌》的歌题与菅原道真的汉诗题的相似之处,以及《孝经和歌》的歌咏活动对平安时代以来《孝经》受容方式的传承。

对于具有如此丰富涵义的《孝经和歌》作品群我们还需从语言、思想、文化等多种角度进行更为细致的分析和研究,由于篇幅所限,本文仅止于对《孝经和歌》做一个大致的介绍以及对全二十二首和歌进行了粗线条的释义,以上所举问题意识和本文尚未涉及的《孝经和歌》所包含的述怀歌(在述怀歌中歌者或许能够更加自由地发挥,自然地表达出有关孝的情感和思想)则留待日后进一步细读和分析。

---

① 後藤昭雄「平安朝における『孝経』の受容」、『斯文』第 128 期,2016 年 3 月。
② 同上。

和汉联句中有关"孝"的素材

杨昆鹏

一

文禄二年(1593)闰九月下旬的日本皇宫,受后阳成天皇①钦命,十几位文臣一连数日都在忙碌一项"选字"的工作②。一个半月之后,《古文孝经》刻版完成,十二月八日领到成书。这就是后来著名的"文禄敕版"《古文孝经》,也是"孝"文化在日本传播一个重要事件。

在同一时期,上自天皇——登基七载,时年二十二岁,勤勉而豪迈的后阳成天皇——下至百官,整个皇室和贵族文化圈都热衷于一种叫作"和汉联句"③的文学体裁。由中国传入日本的联句与日本传统的连歌相结合,五言汉句与五七五或七七音节(假名)的和句混杂于一体,前后唱和,共联百句为一篇,称作百韵。尽管在镰仓时代(十二至十四世

---

① 日本第 107 代天皇(1571—1617),天正十四年(1587)即位,庆长十六年(1611)退位并被尊为太上天皇。
② 《时庆记》第一卷,临川书店,2001 年,第 239 页。
③ "和汉联句"是日本中世至近世初年主要在贵族文坛流行的韵文体裁,是和歌连歌与中国联句高度融合的产物,其创作与解读欣赏需要具备日本与中国即"和"与"汉"两方面的文学素养。或许由于这种高难度阻碍了作者群的进一步扩大,在近世中期开始衰退,数百年来大量作品尘封于日本诸多寺院与大学及私人图书馆无人问津,而且学者也对其敬而远之。近十几年来对于和汉联句的作品发掘整理与注解研究初具规模,探讨文学史与体裁基本特点的著作有《京都大学藏实隆自笔和汉联句译注》(京都:临川书店,2006 年版)、深泽真二:《「和漢」の世界 和漢聯句の基礎の研究》(大阪:清文堂出版,2010 年版)等。

纪前期)就有相关和汉联句的记录,而且之后的两百年(十五至十六世纪)和汉联句一直都是皇室和贵族文坛的重要文学活动之一,正是在后阳成天皇的主导和推动下,和汉联句出现了空前的流行。如果说在这之前室町时代以历代天皇为中心的和汉联句是其积累和发展阶段,那么后阳成天皇则把和汉联句推向了高峰①。就在出版《古文孝经》这一年(1593)的四月和两年前的天正十九年(1591),天皇先后主导举办了两次和汉联句千句大会。和汉千句顾名思义即十篇百韵。除了这些大规模的文学盛事之外,而且还在宫中定期举行御前雅会。这些都体现出天皇对和汉联句的极大热情。

和汉联句的出现是日本学习汉文学的传统与自身固有的"和文学"相互影响不断融合的结果,而后阳成天皇笃学好古的个人资质无疑加速了和汉联句的发展进程。天皇在收到丰臣秀吉作为出兵朝鲜战利品的活字之后,最先拿来制版印刷的就是《古文孝经》,这可以看作对孝经的重视,也是尊崇中国文化的体现。我们不妨就从后阳成天皇的作品开始,尝试探讨在和汉联句中与"孝"有关的文学要素。

二

在列举包含"孝"的和汉联句例句之前,首先有必要对和汉联句本身的基本规则加以说明。

图一是庆长五年(1600)十二月二十日和汉联句写本影印②的开头八句。在下文中每两句一组分别列出日文排印,括号中的数字为百韵中的句数,句后列出底本标注的作者略称,和句的中文译文将在随后说明中举出,汉句之后用括号标出笔者的训读。

(1) 鶯のなかずは梅も冬木かな　　　　　　　　　　照高院道隆

---

① 杨昆鹏《後陽成院の和漢聯句と聯句》,载《国语国文》第八十六卷第五号,第 304—318 页。

② 日本天理大学附属天理图书馆绵屋文库藏本。排印版参见京都大学和汉联句研究会编《庆长·元和和汉联句作品集成》,临川书店,2018 年版,第 92 页。

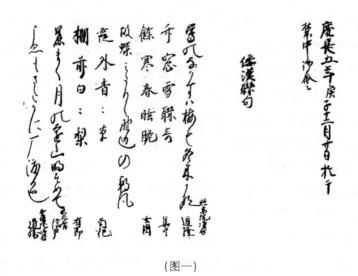

（图一）

（2）竹窓雪聯奇 （竹窓 雪奇を聴く）　　　　　集云

和汉联句的作法基本依照连歌的规则。第 1 句叫做"第唱句(だい
しょうく)"或者称为"发句(ほっく)"，以五七五音节的和句开始。第 2
句五言汉句，末尾的汉字决定整篇的韵脚，因此也叫"入韵句"。如果以
五言汉句起首，第 2 句以和句承接，那么就叫做"汉和联句"。"和汉联
句"与"汉和联句"两者又一并统称"和汉联句"作为广义上的体裁名称。
和汉联句百句为一篇，也叫做"百韵"，这里"韵"只是"句"的意思。其中
和句与汉句各五十句，而且各自不能连续五句以上，这与连歌避免内容
重复追求诗境变化的基本理念一致。

和汉联句与连歌相同，首句（发句）大多由主宾开场，"入韵句"则由
东家唱和，带有主客相互问候的性质，同时最初两句一般就地取材，基
本如实描写当时的情形环境和季节风景。这篇百韵作品创作当时正逢
岁末，虽然春天已经指日可待，但仍然是严冬。所以发句写黄鹂(うぐ
いす，树莺)缄口不鸣是因为梅花尚未绽放，梅树仍是冬天的模样。如
果按照和歌的习惯来说，黄鹂代表春天，与梅花是最常见的固定搭配，
出现在这里就与季节不符。所以在这里应该是一个虚构的形象，来表
达对春天的期待，同时美化意境。第 2 句是汉句，需要注意应该是抄本

的抄写者误将"听(聴)"字写成了"联"字。包括和歌以及长篇物语等在内的日本古代的文学作品长期依靠誊抄方式在小范围内流通,这个过程中难免出现错抄漏抄。对于当时大多数人来说,要充分理解和汉联句尤其是汉句还是颇有难度的。这里依照参校本①,作"听"字理解。树莺的鸣叫不入耳,却透过竹影斑驳的窗户听到了雪的声音。"奇"字为支韵,以下偶数句凡是汉句其末字都需要押支韵。

　　(2)竹窗雪聯奇　　(竹窓　雪の奇なるを聴く)　　集云
　　(3)余寒春睡脆　　(余寒　春睡脆し)　　　　　　玄圃

　　从第3句开始,和汉联句就要发挥它展开联想的本色了。这里需要强调和汉联句的三个特点。

　　首先,中国诗人在诗歌作品里描写现实中的所见所闻和亲身感受,可谓天经地义,是再普通不过的事情。而日本的连歌(严密地说是从第3句之后的九十八句),几乎与现实毫无瓜葛,都是以来自和歌传统的典雅词汇虚构的四季转换悲喜无常飘忽不定的虚构世界。所以对日本的连歌作者来说,完全不必对现实进行悉心洞察和细致描写,他们更多地是需要把历代著名和歌与连歌的联想定型烂熟于心,以便在这种联想游戏中随时找到最恰当的"零部件"与前句耦合,再加上稍稍修改就完成了"创作"。这个特点同样适用于和汉联句。

　　其次,和汉联句与连歌相同,最根本的创作理念和方法特点就是承接上句意境的同时必须进一步发挥和拓展,既要句句相扣衔接巧妙,又追求诗境变换层出不穷。中国的联句虽然也是多人唱和,但是诗人们各自从不同角度去描写一个通篇连贯的主题,如出一人之手②。而日本的连歌与和汉联句不但没有统一的主题,反而极力避免内容的持续连贯和思路的重复。虽然前后相邻的两句浑然一体,但是隔句之间的近似被称为"打越(うちこし)",乃连歌之大忌。为此连歌还有一套叫

---

① 日本东北大学附属图书馆狩野文库藏本。
② 关于中国的联句略史参见川合康三:《中国的联句》,载《京都大学藏实隆自笔和汉联句译注》,第1—18页。

做"式目"(しきもく)的严密而繁琐的规则,对常用词汇和素材的出现频度以及连续出现的句数,都做了详尽的规定和限制。另外还有被称为"寄合书(よりあいしょ)"的手册专门为初学者列举出了联想的定型搭配。

第三,在连歌的素材和联想模式逐渐趋于固化的背景下,和汉联句的出现打通了连歌与汉文学的隔绝。连歌与和歌一样,禁止使用俗语、佛教用语与汉文词汇。和句与汉句并存的和汉联句使作者可以直接使用出自中国诗歌典籍的词句和掌故,极大地丰富了素材,拓展了联想空间。而这也意味着和汉联句作者必须具备深厚的汉文素养。或许正是这种令人耳目一新的趣味性和极高的难度反而变为一种强烈的吸引力,让日本中世的顶级文化圈欲罢不能。

尽管"汉文"自古以来一直是日本贵族社会教育和修养的重要部分,但是要随机应变地现场创作五言汉句却是另一回事,一个不小的挑战。所以汉句大多都由博士家出身的贵族文官和五山①寺院的资深禅僧来承担。例如第 2 句作者集云守藤(1583—1621)为东福寺住持,第3 句作者玄圃灵三(1535—1608)为五山最高位南禅寺的住持。

第 3 句中的"余寒"与"春睡"都是中国诗歌里常见的词汇,但是几乎找不到它们与"脆"相搭配的例子。"睡脆"可以说是一个带有日语习惯的组合,相同的例子还可以在其他和汉联句作品中找到,而且也与此类似的组合还有"梦脆"等等。"余寒"代表春季②,全句的意思可以理解为虽然季节已经到了春天,但是余寒尚峭,积雪掉落的声音也足以惊醒早春的浅梦。

(3) 余寒春睡脆 (余寒　春睡脆し)　　　玄圃
(4) 胡蝶みだるゝ野辺の朝风　　　　　(天皇御製)

---

① 日本镰仓与室町时代在幕府扶持下建立的临济宗禅寺制度,京都五山为天龙寺、相国寺、建仁寺、东福寺、万寿寺,在这五山之上另有南禅寺为最高位。五山禅寺为中世日本文学文化的源泉与舞台之一,也是吸收传播中国文学文化的最主要力量。
② 参见《汉和法式》,载《新校群书类从》第十七辑。

天皇所作的第四句描绘了一群蝴蝶在晨风中起舞的情景,把视野从第 3 句静谧的睡榻转移到缤纷热闹的郊野,也可以看做在郊野露宿的旅人清晨所看到的景象。在这里使用"蝴蝶"一词是一个小小的跳跃,因为从第 3 句的词汇中没有直接联想到蝴蝶的因素。作者凭借的不是连歌中常见的固定联想,有可能是把"春睡脆"解读为半梦半醒的状态,由此想到庄子梦蝶的典故。"蝴蝶"一词单独出现时它的季节特征十分暧昧,因为春秋两季都有蝴蝶出现,不能确定是春天还是秋季,这就导致了第 4 句缺乏明确的季节性。

(4) 胡蝶みだるゝ野辺の朝風　　　　　(天皇御製)
(5) 霞外青青草　(霞外　青青たる草)　　　南化

连歌对季节的要求非常严格。第 5 句中的"霞"是春季的代表性季语,而"青青草"也与"若草(青草,嫩草)"所指相同,自然应当看做春季(《连珠合璧集》①)。和汉联句最早的规则手册《和汉篇》②也将"芳草"列在春季的词汇中。和汉联句规定春季必须至少连续三句以上,最多五句(汉和法式)。所以第 5 句作者南化玄兴③在这里非常明显地使用春季的词汇有可能是在尽力弥补天皇所作第 4 句春季季语的缺失,替天皇"圆场"——第 3 句是春季,第 4 句季节性模糊,大有违规之嫌,只有第 5 句重回春季,才能勉强满足春季持续三句的最低要求。

第 5 句中的"霞"字也值得注意。汉字"霞"表示受日光斜射早晚天空呈现出的橙红色云彩和光芒,如"彩霞""晚霞"等等。在日语中与汉字"霞"对应的和语"かすみ"却表示山野间悬浮的氤氲雾气。在第 5 句中虽然使用的是汉字,但含义却是和语"かすみ"的意思。第 4 第 5 句结合起来可以理解为:晨风吹过,霞雾飘散,显露出郊野满目葱郁的青草。

---

① 连歌史上最重要的论著之一,由室町时代的贵族大学者一条兼良(1402—1481)编写,1476 年之前成书。主要排印本有《连歌论集》,三弥井书店,1972 年。
② 一条兼良著制定的和汉联句规则,载《新校群书类从》第十七辑。
③ 南化玄兴:临济宗僧侣,1538—1604,妙心寺住持,祥云寺开山等。

(5) 霞外青青草 （霞外　青青たる草）　　南化

(6) 欄前白白梨 （欄前　白白たる梨）　　有節

　　和汉联句与联句同样极为重视使用"对句"。如果奇数句是汉句，紧随其后的偶数句也用汉句的话，那么后者就必须以对句相和。在这里第6句与第5句构成对句，无论是字面还是平仄都十分工整，末尾用"梨"字押韵。而偶数句与奇数句之间，例如上文出现过的第2句与第3句则无需对偶。《和汉篇》规定百韵作品开头八句之中必须至少有一联对句。作者有节瑞保①对此当然谙熟于心。承接第5句远眺的景色，在第6句中把目光移至庭前，使青草色的背景与庭前白色的梨花相映成趣。

(6) 欄前白白梨 （欄前　白白たる梨）　　有節

(7) 簾捲月の遠山明初て　　　　　　　　前左大臣信尹

　　第7句"すだれまく、月のとをやま、あけそめて"，可以直译为"卷起竹帘，看到残月下远山逐渐变得明朗"。月亮一词第一次出现。连歌中"月"的用法十分复杂，不同的场合和措辞代表不同的季节。在这里结合句意可以看做是黎明时分的"有明"之月。单说"有明"之月，一篇百句连歌中，代表秋天的"有明"之月被允许出现一次，夏秋冬三季的"有明"之月总共可以出现一次，因此只看单句中的词汇还无法判断季节。结合第6句描写春天的梨花，就可以确定第7句是春季，而且是春季的第5句，达到了连续出现的最大限度。作者"前左大臣信尹"是著名的和歌作者，他之所以在第7句用"月"，是遵守开篇八句中必须出现一次的规定，还有为接下来转换季节做准备的意图。

(7) 簾捲月の遠山明初て　　　　　　　　前左大臣信尹

(8) 声もさだかに雁渡るなり　　　　　　聖護院准后道勝

　　第8句"こえもさだかに、かりわたるなり"。可以意译为"雁阵横

---

① 有节瑞保，临济宗僧侣，1548—1633。相国寺、鹿苑寺住持。

空,声声听得真切"。在和歌与连歌中,大雁一词本身代表秋天。如果是"归雁"等搭配了"回归"含义的字眼,就代表春季。这里只用了"渡"字,并没有强调是飞来还是归往,所以可以断定这一句是秋季。如此一来,与第8句处在同一画面的第7句也就变成了秋景——卷起竹帘,残月下的远山逐渐明朗,黎明的天空中雁阵横空,声声听得真切。作者"圣护院准后道胜"真不愧是久经磨练的高手,他不动声色地捡起了上一句作者预埋的伏笔,利用"有明"之月具有双重季节的特点,巧妙地完成了从春到秋的季节转换。

既要统揽全局,又要随机应变;既要主动推进场景变换,又要与其他作者默契配合。这正是连歌与和汉联句这种讲究集体创作的"座"之文学的特色所在。

以上是借百韵作品的卷首八句,对连歌与和汉联句最基本的规则和特点做了简略地说明。接下来我们回到"孝"的话题,关注同一百韵作品后半部分的以下三句。

(88)清涙益長糸(清涙　益ます長糸たり)　玄圃

(89)ぬぎかへんかぎりもいさや藤衣　（天皇御制）

(90)至孝道非私(至孝　道は私に非らず)　有節

第88句描写某个人物泪水连连的情形。作为与之相和的第89句就可以对其流泪的原因或者内心加以补充说明。"ぬぎかへん、かぎりもいさや、ふじころも"。首先"藤衣"是居丧期间所穿得麻布丧服。父亲过世需要守丧一年,"かぎり"就指这个期限。从词语的搭配上来看,这一句与《拾遗和歌集》①的第1293首十分相似。和歌引用之后为笔者简译。

限あれば今日脱ぎ捨てつ藤衣果なき物は涙なりけり　藤原道信朝臣

（试译:居丧有期,今日麻衣既脱;悲伤无限,仍旧泪水涟涟。）

---

① 新日本古典文学大系《拾遗和歌集》,岩波书店,1990年,第377页。

这首和歌在《拾遗和歌集》的前一句和歌作品,即第 1292 首如下:

> 藤衣はつるゝ糸は君恋ふる涙の玉の緒とやなるらん　よみ
> 人知らず

（试译：用麻衣磨断的丝线,穿起颗颗泪珠,那是对你的想念。）

而第 88 句"清泪益长丝"正巧也包含了"泪"水和"丝"线。因此可以推测天皇针对第 88 句的情景,结合了《拾遗和歌集》第 1292 与 1293 两句和歌作出第 89 句,举出"脱掉麻衣"和"服丧期限"等几个词汇。

　　然而值得注意的是第 89 句的整体含义却与上述和歌不尽相同。"いさや"是一个语气词,近似于"那又如何",所以第 89 句可以翻译为"脱掉身上的麻衣吧,服丧期限又算什么",或者"服丧结束,期限已经无所谓了,赶快脱下麻衣吧"。虽然构成这一句的词汇来自《拾遗和歌集》的悼亡哀伤歌卷,但在这里并不带有多少悲伤的意味,甚至流露一种忘掉悲伤的豁达心情。这当然不代表天皇对披麻戴孝的怀疑和对孝道的轻视,反而包含了更深一层解读和进一步发挥的可能性。

　　第 90 句,"至孝道非私"。作者有节瑞保把天皇的话题继而转到了"孝"上,表示"孝"与"不孝"并非取决于是否耐心守丧,最大的孝不是局限于一己之私。《孝经》①指出,"爱亲者弗敢恶于人,敬亲者弗敢慢于人。爱敬尽于事亲,然后德教加于百姓,刑于四海。盖天子之孝也"(天子章)。对于天子来说,孝是以身率先垂范,以德教广施于人,用法律治理国家。有节瑞保的"至孝道非私"可以说是对《孝经》天子章理念的一种表达,简洁而厚重,高屋建瓴,把天皇的 89 句颇为大胆甚至略显出格的倾向巧妙地接应下来,并做了恰当和稳妥的诠释与展开。

　　后阳成天皇敕命出版《古文孝经》是日本接受孝文化的一个标志,上述后阳成天皇和汉联句的例子,则可以看做孝思想被吸收和使用在和汉联句中的典型。

---

① 新释汉文大系《孝经》,明治书院,1986 年。

三

可怜天下父母心,父母对子女的慈爱和牵挂不分时代与国界。子女对父母的眷恋与思念也是人性中共通的、最朴素的感情。下面几首和歌就是表达这些感情的著名作品。

(1) かぞいろはいかにあはれと思ふらむみとせになりぬあしたたずして

(和汉朗咏集,大江朝纲)

(试译:作为双亲是多么的痛心与不忍,孩子出生三年了还不能站立。)

(2) 人の親の心はやみにあらねども子を思ふ道にまどひぬるかな

(后撰和歌集,1102,藤原兼辅)

(试译:父母心明眼亮,在呵护和教导子女的路上却迷失了方向。)

(3) 薩摩潟おきの小島に我ありと親には告げよ八重の潮風

(千载和歌集,542,平康頼)

(试译:吹过重重浪潮的海风啊,请你转告的父母,我在薩摩湾的小岛上勉强续命。)

(4) 年ふれどゆくへもしらぬたらちねよこはいかにしてたづね逢ひけん

(风雅和歌集,2047,平经盛)

(试译:音信全无的父亲啊,经过这么多年,孩子是怎样寻找才得以重逢。)

(5) たらちねのおやのいさめしうたたねは物思ふ時のわざ
にぞありける

（拾遗和歌集,恋四,897,佚名）

（试译:当时被父母禁止的午睡,现在回想起来,都因为我心生
情愫夜不能寐白天就昏昏欲睡。）

和歌(1)中的父母特指日本神话中开天辟地的二神伊奘诺尊与伊
奘冉尊,他们最初的孩子出生时就发育不良手足不全,于是起名叫"蛭
子"。(2)这首道尽了为人父母的那种焦虑和执迷,在后世广为传颂,可
谓和歌描写父母对子女爱心的最著名的代表作。《平家物语》中被流放
到鬼界岛的平康赖将(3)这首和歌写在木符上抛入大海,期待自己的境
遇和对父母的思念能够借此传递到都城。(4)用了《法华经》第四品信解
品的典故,属于释教歌,有浓厚的佛教色彩,用父子相认譬喻佛祖对众生
的指引。恋爱中的年轻人对父母的规劝常常会觉得厌烦,到后来才会对
给自己忠告的父母心怀感激。和歌(5)描写的就是这种对父母的复杂感
情。和歌中的这些构思和词汇经过长期沉淀,最终变成连歌的"寄合语"
固定下来。例如《连珠合璧集》"父母"(かぞいろ/たらちね)与"亲"(お
や)两个词条,就会联想到下列的词汇和短语。括号中为笔者简译。

父母トアラバ
天地　ひるの子(蛭儿)　ふたり(两人)
難波津あさか山(大阪难波津与福岛安积山)　やしなふ(赡
养)　氏
花の春雨(花季春雨)　生ぬさき(未出生之前)　ほろほろと
なく(泪水涟涟地哭泣)

親トアラバ
かふ子(蚕宝宝) いさめ(忠告) うたたね(片刻小睡)　心の
やみ(内心的迷惘)

这些词汇都可以在和歌中找到出典。例如"蛭儿"上文已经出现

过。"难波津"与"安积山"是两个地名,这此开头的和歌在《古今和歌集》序中被称作和歌的父母即和歌的启蒙作品。整体来看,在和歌与连歌中表示父母的词语里,看不到所谓"孝"的意识。

那么换一个角度,看表示子女的词条收录了哪些可以联想的词汇。

子トアラバ

緑 まよふ(迷惘) すつる(丢弃) はらむ(孕) はぐくむ(育) あそぶ(玩耍) いだく(怀抱) ふところ(怀) ひざの上(膝上) 黒髪 竹 鶴 うみ梅(熟透的梅子) 雉子 雲雀 鳥の巣 竹の馬 庭のおしへ(庭训) 杖 蘆の穂わた(芦穗棉) 明石 若紫 初子

二十多个词语大多与人和动物哺育幼子有关,值得关注的是"庭のおしへ(庭训)"指孔子对孔鲤的教导,"杖"代表"伯瑜泣杖","蘆の穂わた(芦穗棉)"是"闵损衣单"的关键词,都是用"和语"把汉文典故表示了出来。后面两者是《蒙求》词条。古钞本《蒙求》在九世纪中期之前传入日本,被作为学习汉文的必读教材,因此平安时代的贵族知识分子对其中收入的孝子故事也是耳熟能详。镰仓时代的贵族源光行(1163 至1244)选取其中半数词条用日文注解并配以和歌,编就《蒙求和歌》①一书。在这种背景下,个别孝子故事的关键词被吸收入连歌词汇,也足以成为连歌展开联想的背景。然而在连歌作品中使用例子并不常见。

连歌与和歌相同,强调使用本土"雅语",回避直接使用汉文词汇,并非完全杜绝和排斥汉文典籍里的形象或构思等文学要素。尽管孝文化传入日本历史悠久,儒教经典对日本贵族知识分子阶层影响深远,但是至少在十五世纪中期,连歌的素材还是与孝文化保持着一定距离。

和汉连句恰恰缩短了这种距离。例如在弘治二年(1556 年)八月和汉联句千句第八百韵②中,可以找到《孝经》章句被用作联想背景的

---

① 近年有关《蒙求和歌》的主要研究参看章剑:《〈蒙求和歌〉校注》,溪水社,2012 年。
② 日本天理大学附属天理图书馆藏本。排印版参见京都大学国文学研究室中国文学研究室编《室町后期和汉联句作品集成》,临川书店,2010 年,第 155 页。

例子。

　　（84）壁高書篆蝸　（壁高く　篆を書く蝸）　　　菅

　　（85）不傷人笋角　（人を傷つけざるは笋角）　　　仁

　　（86）おやのこころもなぐさめてけり　　　　　　　紹

　　第84句作者把视点聚焦于高墙上爬行的蜗牛，蜿蜒的痕迹如同篆书。这个说法出自宋代毛滂"泥银四壁盘蜗篆，明月一庭秋满院"（玉楼春，仆前年当重九），在释绍昙的《五家正宗赞》卷四里也有"蜗篆新泥壁"的句子。第85句"不伤人笋角"的"角"，应该是从蜗牛联想而来，除此之外几乎没有其他关联。如果看底本，第四字与"筝"字非常近似。但是第二字"伤"是平声，依照平仄"二四不同"的要求，第四字必须是仄声。因此如图二所示底本的"筝"字有可能是抄写者的笔误，与之外形相仿的"笋"字更为合理。

　　"笋角"就是竹笋，在宋诗中可以找到一些使用例，这种"角"它并不会伤人。言下之意，竹笋之外也有伤人的"角"。"角"字也表示西域边塞异族的乐器，例如杜甫"风起春城暮，高楼鼓角悲"（绝句），角声催人悲哀，令人伤怀。齐己的《角》诗就写到"应伤汉车骑，名未勒燕然"。鼓角令人伤神，但"笋角"不会伤神，也不会伤身。

　　再看接下来的第86句。"おやのこころ"即父母的慈爱之心。例如宝德四年（1452）千句连歌第十百韵有如下两句：

　　（26）みとせすぐるはほどなかりけり　（试译：三年时光　转瞬即逝。）

　　（27）あけくれの親の心は子にありて　（试译：日日夜夜　父母的心都操在孩子身上。）

第26句的主体很显然就是伊奘诺尊与伊奘冉尊所生"蛭子"，因为"親の心(父母的慈爱之心)"日夜都在关注孩子所以三年时光也不觉得漫长。第 86 句的末尾"けり"是一个助动词,表示对某种不曾关注的事物有了发现和认识时产生感慨。一句整体可以翻译为"原来这也是对父母的安慰(原来这也安慰了父母的心)!"如果我们想到"身体发肤,受之父母。不敢毁伤,孝之始也"(《孝经》开宗明义章),第 86 和第 85 两句之间的衔接关系就豁然开朗。第 85 句的作者从不起眼的"笋角"的字面挖掘出"不伤人"的特点,第 86 句的作者随之作出回应:(保护身体发肤就是对父母的孝,)原来普普通通的竹笋也能诠释出有尽孝的意义!助动词"けり"表现出这种意外发现的心情。

除了《孝经》之外,其他儒家经典当然也是和汉联句构思的源泉。首先,下面的例子就是以《论语》中的句子作为联想的背景。某年四月二十七日和汉百韵有如下四句①。

　　　(65) 愁より世のあはれをやしりりけらし　　　　雄

　　　(66) をくれし親の家ぞ出ぬる　　　　　　　　　無

　　　(67) 遠遊心所欲(遠遊は心の欲する所)　　　　雄

第 65 句中的"うれい"和"世のあはれ"都是含义丰富的常用词汇,在这里翻译成"相比(世间的)悲哀,更懂得了世间真情"。第 66 句"をくれし親"意为过世的双亲,承接上句提示出"世间真情"来自父母。现在父母已经不在了,于是离开他们居住的家园。如果遵循连歌的定型联想,无疑是作不出来"远游心所欲"这样的句子的。很明显这一句构思来自《论语》"父母在,不远游,游必有方"(里仁)。作者英甫永雄(1547—1602)为建仁寺住持,常用"雄长老"的名号活跃在五山诗坛,是天皇御前和汉联句会的常客之一。

其次,例如元和九年(1623)三月某日汉和联句百韵②的句子所使

---

① 底本为京都大学平松文库所藏《连歌和汉汉和》。根据本书所收前后作品年代或可以推测为庆长三年(1598)作品。

② 日本国立国会图书馆藏《连歌合集》第十九集。排印版参见京都大学和汉联句研究会编《庆长·元和和汉联句作品集成》,第 300 页。

用的典故出自《孟子》。

> （81）かわりぬる身のおとろへや歎らん　　　　山
>
> （82）いたわる親の心なれつつ　　　　　　　　通
>
> （83）忠養郿羊棗（忠養　郿の羊棗）　　　　　圭

第81句写从体力的衰退引发对衰老的感叹，并由此推想长年辛劳的双亲的心情（第82句）。接下来看第83句。首先"忠養"一词可以看作是受连歌的定型思路联想的启发，即由上一句中的"亲"联想而来。关于"郿"字《说文解字》解释是"鲁孟氏邑"。而"羊棗"则出自《孟子》："曾皙嗜羊枣，而曾子不忍食羊棗"（尽心下）。曾参看到羊棗怀念父亲而不忍吃下，显示出一片孝心。这个举动与第82句"父母体恤照顾子女的心情"如出一辙。第82句里的"いたわる"是一个多义词，当它与81句衔接的时候表示长年辛苦劳作，而与83句构成一个情境的时候，又可以解读为"照顾和关爱"的意思。

四

除了儒家典籍，一些通俗启蒙读物中的孝子故事而也被吸收运用在和汉联句中。古钞本《蒙求》在平安时代就是贵族和僧侣等知识分子阶层的必读教材，到了室町时代徐注本《蒙求》又在五山禅林大为流行，诸多蒙求掌故无疑成为和汉联句作者们共通的知识背景。首先比如延德四年（1492）四月二日和汉联句百韵[①]的例子。

> （51）ゆく年も我身のうへに忘きぬ　　　　　　臨招
>
> （52）まだいとけなき心あはれさ　　　　　　　忠綱
>
> （53）孝纯雖泣杖　（孝は純なり　杖に泣くと雖も）
>
> 　　　　　　　　　　　　　　　　　　　姉小路前宰相

---

① 日本大阪天满宫藏本。排印版参见京都大学国文学研究室中国文学研究室编《室町前期和汉联句作品集成》，临川书店，2008年，第136页。

（54）答異日磨甎　（答へは異なり　甎を磨くと曰ひて）

章長

第51句"ゆく年も我身のうへに忘きぬ"既表示过去一年（的烦恼）我已经遗忘，同时又表示忘记这过去一年意味着年龄的增加。由此引出的第52句可以理解为（尽管已经不复年少，但是）内心仍旧纯洁充满天真，实在难能可贵。这里所说的与年龄不相称的那份单纯的情感具体指什么，就需要下一句来说明了。再看第53句"孝纯虽泣杖"中的"纯"接应前一句中的"いとけなき心"，"孝"结合"泣杖"两字就可以想到"伯瑜泣杖"①的掌故。

> 伯瑜有过，其母笞之，泣。母曰，他日笞未尝泣，今泣何也。对曰，他日得罪笞，常痛。今母之力不能痛，是以泣。

伯瑜从母亲杖笞自己的痛感中觉察到母亲力量的衰老而悲从中来。子女对母亲的亲昵和敬爱不会因为年龄增长而改变，在母亲面前永远都是怀着赤子之心。当初挨打没有哭，现在虽然哭了，但那是发自孝心的哭泣。第52句看似矛盾的情感也被孝子伯瑜的故事迎刃而解。接下来的第54句用面壁磨砖的禅宗典故（景德传灯录②）作对偶转移到新的场景。

《蒙求》中与"伯瑜泣杖"前后相邻的掌故是"丁兰刻木"。

> 丁兰事母孝。母亡，刻木为母事之。兰妇误，以火烧母面，应世发落如割。

例如大永五年（1525）十二月九日和汉联句百韵③的句子如下。

（31）うさつらさいひなぐさめむ方もなし　冷泉前中納言
（32）木人如在丁　（木人　在るが如きは丁）

---

① 新释汉文大系《蒙求》下，明治书院，1973年，第801页。
② 《五山版中国禅籍丛刊 灯史》，临川书店，2012年。
③ 日本宫内厅书陵部藏本。排印版参见京都大学国文学研究室中国文学研究室编《室町前期和汉联句作品集成》，第200页。

（33）藕囲步紅障　（藕囲みて紅障を歩むがごとし）

親王御方

第31句抒发"郁闷和苦衷都无从慰藉"的感叹。第32句的作者把这种感叹解读为父母亡故后子女失落的心情，联想到丁兰雕刻木像以慰藉那份丧母的缺失。第33句描写荷花盛开，"藕"字应该是从前句"木人"联想而来。

在《蒙求》诸多掌故中，"闵损衣单"似乎尤其受到青睐，频频出现在和汉联句中。首先例如文明十三年（1481）七月二十一日和汉联句百韵①的句子。

（39）人记鳴唐杜　（人は記す　唐を鳴らす杜）

（40）儒思趨魯騫　（儒は思ふ　魯を趨る騫）

（41）ほになびくあしや冬まで残らむ

第40句是针对第39句的对句，对句只要在结构上形成对偶即可，两句之间并非必须有意思上的关联。"騫"与"杜"同为人名，可以推测是孔子高徒闵子骞。"趨魯"二字，按语法顺序应该训读为"魯に趨る"，即"奔赴向鲁国"。但事实上闵子骞就是鲁国人，如此训读就解释不通。有时我们还要考虑到古代日本作者运用汉文作诗的局限性，可以更宽松地去解读汉句作品。如果把"趨魯"看做"魯を趨る"即"离开鲁国"，那么就和闵子骞"善为我辞焉，如有复我者，则吾必在汶上矣"（论语雍也）的言辞相吻合。季氏打算任命闵子骞作费的长官，但是闵子骞并不同意，"不食汙君之禄"（《史记·仲尼弟子列传》），表示宁可逃离鲁国去齐鲁交界的汶水岸边。这种不为俸禄折腰，刚正不阿的精神，正是40句所说的"儒"之所"思"。说到这里，自然就会想到"子曰，孝哉闵子骞，人不间于其父母昆弟之言"（《论语·先进》），而《蒙求》"闵损衣单"②的故事则体现了他的孝心。

---

① 日本宫内厅书陵部藏本。排印版参见《室町前期和汉联句作品集成》，第55页。

② 新释汉文大系《蒙求》下，明治书院，1973年，第624页。

　　闵损字子骞,早丧母,父娶后妻,生二子。损至孝不怠。母疾恶之,所生子以绵絮衣之,损以芦花絮。父冬月令损御车。体寒失靷,父责之。损不自理。父察知之,欲遣后母。损泣启父曰,母在一子寒,母去三子单。父善之而止。母亦悔改,待三子平均,遂成慈母。

第41句"ほになびくあしや冬まで残らむ"意为"摇荡的芦花会残留到冬季",明确地使用了"闵损衣单"的关键词"芦花",把诗境从人物内心转换到自然景色。

　　其次,又比如弘治二年(1556)八月和漢千句第四百韵①中的句子。

　　　　(80) はごくみたてし親の哀み　　　　　　　　玄
　　　　(81) 烏孝参乎両 （烏孝　参か両）　　　　　　菅
　　　　(82) 魯科閔子単 （魯科　閔子の単）　　　　　策
　　　　(83) 雨師尋到杏 （雨師を尋ねて杏に到る）　　江

　　第80句"はごくみ"同于"はぐくみ",即哺育、养育,再加上补助动词"たて"与助动词"し"进一步表示完全养育成人。后半句的"親の哀み"意为父母的慈爱。对此第81句用"烏孝"即"乌鸦反哺"接应。"参乎"是孔子对曾参的亲切称呼(论语里仁),他与乌鸦合起来两个都是知恩报恩的孝子。"两"字同时还令人想到《西京杂记》"昔鲁有两曾参,赵有两毛遂"(第六)的"两"。作者策彦周良(1501—1579)为五山天龙寺住持,是当时最重要的联句作者,也频频参加和汉联句雅会。接下来的第82句是偶数句,必须与前句的汉句构成对句。"魯科閔子単"只能说字面上勉强对偶,不过用衣物单薄的"单"与表示数目的"两"字对偶还算巧妙。后一句83承接"魯科"二字,用"孔子游乎缁帷之林,休坐乎杏坛之上。弟子读书,孔子弦歌鼓琴"(《庄子·渔夫》)的典故,把话题从孝子故事上转移开来。在第82句这个例子中,闵子骞的故事只局限在一句内部,并没有在与前后两句的联想中得到体现和利用。

① 底本为岩国征古馆藏《和汉一会记》,排印参见京都大学国文学研究室中国文学研究室编《室町后期和汉联句作品集成》,第140页。

再看一个庆长十四年(1609)三月十日和汉联句百韵①的例子。

(62) にくまれながら親をおもひ子　　　　　　杉

(63) 汶畔争禁閔　（汶畔　争でか禁へん閔）　　以心

(64) 漢家是傑韓　（漢家これ傑の韓）　　　　　有节

第 62 句大意是说尽管受到父母厌恶和嫌弃却仍然对他们怀抱孝心。
日语的"親"可以表示父亲也可以表示母亲,或者同时表示两者,没有性
别区分。在前文中笔者都将其翻译为"父母"或者"双亲"。在第 63 句
接续第 62 句的场合,第 62 句的"親"被 63 句作者南禅寺以心崇传
(1569—1633)解读为继母。"汶畔"即汶水之畔,来自"善为我辞焉,如
有复我者,则吾必在汶上矣"(《论语・雍也》)。"争禁"是一个相对生僻
的词汇。"争"表示"如何,表示反语的副词,"禁"在这里是平声,表示担
当、受得起。"争禁"大概可以理解为"岂能禁得起、禁不起"的意思。例
如白居易有"久病长斋诗老退,争禁年少洛阳才"(《酬南洛阳早春见
赠》)两句,谦逊地表示自己已经年迈,不能与对方的才华相提并论。然
而相比白居易的诗,作者接触到这个词的途径更有可能是《锦绣段》②
所收杜牧的"游人一听头堪白,苏武争禁十九年"(《边上听胡笳》)。他
另有"玉杵一声添万恨,争禁老杜已三霜"(《砧声报秋》)这样的诗句存
留③。全句用闵子骞的典故对第 62 句所描述的那种颇为矛盾的情形
做了完美的诠释。此后的第 64 句则用韩信与闵子骞对偶,展开新的
话题。

"闵损衣单"的故事还被收入在《连集良材》④一书中。此书大约成
于室町时代末期,著者不详,内容主要介绍连歌中汉籍典故和中国诗句

---

① 日本宫内厅书陵部藏本。排印版参见京都大学和汉联句研究会编《庆长・元和和汉联句
作品集成》,第 180 页。

② 建仁寺、南禅寺禅僧天隐龙泽编著的中国诗集,收唐宋元绝句 328 首,在中世末近世初风
靡一时。

③ 大日本佛教全书《翰林五凤集》,佛教刊行会,1914 年,第 362 页。

④ 作者不明,可能为中世著名的连歌作者、古典学者宗祇(1421—1502)。排印本见《续续群
书类从》第 15 集,国书刊行会,1907 年。

的运用,反映了当时连歌从汉文典籍中吸收文学要素的时代潮流,也为我们展示了连歌作者在禁止使用汉字词汇的前体下如何把中国文学的要素转换为适应连歌表达方式的技巧。在书中"闵损衣单"的掌故以"芦穗绵"的标题出现,在一段介绍故事情节的文字之后,宗祇举出了专顺①所作的如下两句连歌。

> まことに似たる中はいつはり
> 蘆のほはかさねし衣のわたならで

前一句写"表面上看着像,但里子其实是假的"。"中"是个双关语,表示"里面"也有"关系(仲)"的意思。后一句则以闵子骞的故事承接,"芦花并非层层叠加的棉花"。"闵损衣单"被收入此书显示了室町时代连歌作者对闵子骞典故的认知程度,也为和汉联句吸收和运用该典故的可能性提供了旁证。

　　说到孝子故事在连歌中的吸收,还有一个事例不容忽视。继《连珠合璧集》之后又一重要连歌论著《随叶集》②收录了"二十四孝"之中四位孝子的掌故③,现仅将标题摘录如下,日文解说省略。

a　夏夜无帷帐、蚊多不敢挥

b　阿香时一震、到墓绕千回

c　至今河水上、一片卧冰模

d　泪滴朔风寒、萧萧竹数竿。须臾春笋出、天意报平安

以上引用分别是 a 吴猛(恣蚊饱血)、b 王裒(闻雷泣墓)、c 王祥(卧冰求鲤)、d 秦孟宗(哭竹生笋)四位孝子的故事,具体情节不必赘述。值得注意的是大约室町时代末期出现了御伽草子版《二十四孝》④,因此《随

---

① 日本中世著名连歌作者,1411—1476。

② 1603 年之前成书。排印本参看深泽真二:《近世初期刊行　连歌寄合书三种集成　翻刻·解说篇》,大阪:清文堂出版,2005 年版,第 95 页。笔者根据文章加注浊音和句读。

③ 关于二十四孝在室町时代在五山的传播和吸收,参看德田进《孝子説話集の研究—二十四孝を中心に一》,クレス出版,2004 年。二十四孝及孝子传的系统研究参看黑田彰《孝子伝の研究》,思文阁出版,2001 年。

④ 日本古典文学大系《御伽草子》,岩波书店,1958 年,第 241 页。

叶集》中收录上述孝子故事,极有可能是受到御伽草子版的影响,或者至少反映了从五山禅林传播开来的"二十四孝"在室町末期脱离汉文进入假名散文和韵文的状况。在这种背景下,和汉联句中出现孝子故事似乎变得不足为奇。

天正十九年(1592)五月,素然与英甫永雄两人对吟和汉千句第五百韵①中,就可以找到使用"卧冰求鲤"的句子。

> (49)冰融江水暖 (氷融けて江水暖かなり) 永雄
>
> (50)ながれの魚のうかび出たる 素然
>
> (51)たらちねにつかふる心まことあれや 〃

第49句"冰融江水暖"的用词比较常见,诗境也很明了,紧随其后的第50句"水流中鱼儿浮出水面"也是很顺其自然的展开。再看第51句,可以翻译为"对父母恭顺的一片孝心不折不扣"。从第50句到第51句的联想依据,毫无疑问只有"卧冰求鲤"的掌故。如果没有这位孝子突破常理的行为,很难将鱼儿浮出水面的情景与孝敬父母联系起来。而且这个典故用在假名书写的和句,与前文所述二十四孝故事被吸收和翻译成假名文学同样难能可贵。

在这个例子中我们还需要注意到一个问题。"卧冰求鲤"的典故其实涉及到了第49到第51的三句。这与本文第二节所提到的连歌基本规则之一"打越"相抵触。即相邻的前后两句构成一个场景,而隔句之间不能有直接关联。第49句的"冰融"与第50句的"鱼儿出水"以及第51句的"耿耿孝心"恰恰共同构成了一个"卧冰求鲤"的故事场景。作者"素然"原名中院通胜(1556—1610)是日本战国时期至江户初期的贵族,也是一位和歌作家和出色的古典学者,《源氏物语》的重要注解《岷江入楚》就出自其手。能与英甫永雄两人互相对吟千句和汉,就足以充分说明其学识的卓越和对连歌规则的熟练程度了。因此只能说是素然和雄长老在这里运用了"双重标准":尽管前后三句都被包括在同一汉

---

① 日本大阪天满宫藏本。排印版参见京都大学国文学研究室中国文学研究室编《室町后期和汉联句作品集成》,第304页。

籍典故的内容之下,但从和歌与连歌的习惯来说,第 49 句与第 51 句在字面意义上并没有直接关联,所以就不必视为违规。在吸收汉籍素材与遵循连歌规则两方面都需要兼顾的情况下,这种处理不失为一种巧妙地让步。而且我们可以推测这种让步不只关于"孝"的素材,而是和汉联句在消化汉籍掌故时的共通特点。

最后再看一个使用二十四孝故事的例子,是江户初期元和二年(1616)十二月汉和联句百韵①中的几句。

> (79)うつし絵にむなしき影をとどめをき　　　　玄
>
> (80)孝道正堪扇　（孝道　正に堪ふるべきは扇）　任
>
> (81)たちまふも老のこころをなぐさめて　　　　永
>
> (82)巣をはなれつつつる翮なり　　　　　　　　実

第 79 句表示"把已成虚幻的影像描绘出来留在画面上"。"已成虚幻的影像"大多指风景,有时也指已故爱人的身影。而第 80 句用了"孝"字,所以作者是将其解读为过世的父母,瞻仰遗像,聊慰孝心。第 80 句中同时用了"扇"字,孝子与"扇"两个关键词自然就让人想到黄香"扇枕温衾"的掌故。"堪"字似乎颇受日本作者青睐,经常出现在联句与和汉联句的汉句中,表示"能够胜任、称得上"等意思。如果按正常的语法,"堪"字之后应该接动词。如果这里的"扇"字是动词,那么整体句意就不合理;"扇"作为名词则语法不通。可以假设作者的初衷其实是"孝道扇正堪"。但这样一句的平仄就成了"仄仄仄仄平",与"二四不同"抵触。于是作者就调整为现有的"孝道正堪扇",变成"仄仄仄平仄"以满足规定。这种相比遵循语法而更加优先平仄的做法在和汉联句中比较普遍。"孝道扇正堪"也就是"扇正堪(谓之)孝道,扇正堪孝道(之誉)",黄香扇枕温衾的典故实为孝道之举。第 81 句表示"起舞也是为了慰藉老人的心",结合前一句很明显就是老莱子身穿彩衣如小儿般嬉戏以娱双亲的掌故。顺便再看第 82 句,大致可以译为"白鹤离巢也翩翩",取上一句"た

---

① 日本天理大学附属天理图书馆藏本。排印版参见京都大学和汉联句研究会编《庆长·元和和汉联句作品集成》,第 243 页。

ちまふ(起舞)"并把起舞的主体换成优雅的白鹤。在这一组和汉联句相邻的前后两句中,使用了两个孝子的掌故,实属罕见也十分珍贵。

五

古代日本在学习吸收大陆文化思想的过程中,一个重要步骤就是需要为汉字找到日本固有词汇与之对应,也就是日语汉字读音中的"训读(訓読み、くんよみ)"。但是往往有一些抽象或者复杂的概念往往找不到合适的词汇,就只能用模仿汉字读音的"音读(音読み、おんよみ)",这一方面保留了汉字或词语的概念,避免了在"和化"过程中含义发生变化,但同时也在一定程度上限制了在某些方面传播。"孝"就是一个典型。汉字"孝"只有"こう"这个音读,所以很难直接进入禁止使用音读汉语词汇的和歌与连歌。虽然在连歌论著《随叶集》的孝子故事说明中用到了音读"かうかう(孝行)",但在连歌作品中几乎没有实际使用的例子。与此同时,《蒙求》中个别孝子故事被吸收进连歌,其中的关键词和情节在被以和歌词汇表达出来后,也为连歌的句意展开提供了联想的契机。然而正是在和汉联句这种体裁中,"孝"与和歌及连歌的传统实现了新的高度融合。在和汉联句走逐渐向低潮的江户前期,新兴的"俳谐连歌"正气势如虹如火如荼。俳谐连歌与和歌及连歌不同,通过使用俗语俚语和汉文词汇丰富了表达手段,为短诗带来诙谐之趣,由此与"孝"思想有关的典故也随之频繁登场。

庆长十六年(1611),后阳成天皇让位给后水尾天皇,迁居太上皇仙洞御所开始专注联句创作,到晚年又对和汉联句热情重燃。围绕让位问题,由于幕府的介入导致这父子二人颇有间隙。尽管如此,年青的新天皇在文学创作方面似乎紧紧追随父亲。仙洞举办和汉联句会,皇宫也举办,而且还召集几乎是原班人马;太上皇前一天开联句会,隔日天皇那边也开。天皇偶尔还命人把太上皇的联句成稿拿来做参考①。有此良性竞争,和汉联句与联句迎来了最丰产的时期。子承父业,也算是一种孝心的体现吧。

---

① 《大日本古记录 言绪卿记》上卷,庆长十七年九月十八日条。岩波书店,1995年。

二十四孝在日本的流传

秦　岚

要　旨

对"二十四孝"在日本的接受与变化的研究,属于中日文化交流史的研究内容。透过"二十四孝"带给日本的多姿多彩的文化受容镜像,可以看到孝的观念曾经产生过怎样巨大的影响,也可以从这个接受过程看到中日文化的很多重要差异。

孝是中国文化的核心概念,是儒家伦理的核心,自古以来历朝历代孝亲故事不绝于史,更有各种《孝子传》《二十四孝》等专题性书籍行世,教化世人,启育童蒙。中国儒家经籍传入日本很早,孝的思想也同时被接受下来,特别是"二十四孝"故事传入后流传非常广泛,例如比《源氏物语》还早的日本古代长篇小说《宇津保物语》中仲忠(俊荫之子)孝顺母亲的情节就明显地带有王祥、孟宗、杨香孝行的影子;京都三大祭之一的祇园祭中"郭巨山"与"孟宗山"所展现的正是"郭巨埋儿""孟宗哭笋"的故事。

"二十四孝"故事传入日本后影响及于思想、文学、艺术、教育等众多方面。由于风土与文化的变化,"二十四孝"故事在日本也发生了许多引人注目的变化,比如"丁兰刻木"在中国是以丁兰休掉针刺公婆木像的妻子为结局,在日本则变为:丁妻烧焦公婆木像后面溃发脱,丁兰置木像于大道,丁妻跪拜三载得到宽恕,木像自己回到家中;女儿杨香打虎救父的故事也变成男孩杨香祈祷老虎吃了自己放父亲生路,孝心感天,老虎不食而去;等等。在江户时代,浮世绘作为大众传媒刻画了许多大众喜闻乐见的人与事,"二十四孝"也是浮世绘画师所喜爱的题材,一勇斋国芳就至少有两套"二十四孝"画作。此外,以"二十四孝"为噱头,浮世绘中还有"二十四好今样美人"(江户美人最新喜好)、"二十四孝见立"等系列版画。在文学领域,井原西鹤从相反方向思考"二十四孝",创作了《二十四不孝》,其中故事毫无疑问是以中国的"二十四孝"做背景的。进入脱亚入欧的明治时代,以福泽渝吉为代表,日本出现了依据现代"文明"对中国"二十四孝"进行严厉批判的声音。但与此同时,从明治到大正直至昭和前期,孝依旧是日本社会与家庭都非常推崇的重要伦理观念。

我曾在日本文学杂志《文学界》读到过大谷大学鹫田清一教授的随笔《孝敬双亲这种奇妙的行为》。文章开板就讲:"所有的生物都产子。很多生物只管生子而已,但最少哺乳类是会育子到成年的。至于说赡养,养育是先出生者为后出生者操劳,赡养与此相反,是后出生者为先出生者操劳。这种操劳,只在人的身上才能看到。"[①]赡养即为孝。孝是中国文化的核心观念,自古以来历朝历代的孝亲故事不绝于史。历史典籍中,把孝行故事汇集到一起的做法并不少见。不仅正史中孝悌事迹常被列为专节专项,而且还有汉刘向编辑的《孝子传》这样的专集性书籍。在所有孝行故事集中,"二十四孝"因为汇集了古代影响最大的二十四个孝行故事而最为著名,其中,元人郭居敬编撰的《全相二十四孝诗选》最为流行。郭居敬,元代人,《尤溪县志》记他笃孝好吟诗,"尝摭拾虞舜而下二十四人孝行之概,序而诗之,用训童蒙"。虽然这部《全相二十四孝诗选》是最流行的版本,但把"孝"与"二十四"这个数字连在一起却并非始自郭居敬,在敦煌藏经洞曾发现唐末五代和尚云辩所作变文《故圆鉴大师二十四孝押座文》,可见把两者连到一起显然有

---

① 日本《文学界》2011 年 11 月号。

更古老的源头①。在中国,我们像熟悉十二月、二十四节气一样,很自然就把"二十四孝"接受下来,但对于日本人来说,为什么是"二十四孝"首先就是问题。林罗山《儒门思问录》②就讲到:二十四孝,延平尤溪有郭居敬者举古今孝子二十四人作图并赞,全组题称二十四孝诗选。应当是古曲屏风每一面书写两个图赞,(十二页屏风)加起来正是二十四人吧,其中有郭巨等故事,要不然古今孝子有几千百人,为什么就单单选出了二十四孝呢?

中国古代的孝的思想观念很早就传入日本。根据《古事记》记载,应神天皇之世,有阿知吉师被派遣到日本,又有和弥吉师携《论语》十卷被派遣到日本。《日本书纪》也记载说"百济王遣阿直岐贡良马两匹。……阿直岐亦能读经典,即太子菟道稚郎子师焉"。五经博士到日本,《日本书纪》也有"(继体天皇)七年夏六月,百济……贡五经博士段扬尔"等记载。典籍的传播和人的交流,为中国古代的孝之观念在日本流布提供了重要的支撑,也为二十四孝在日本的流传提供了重要的基础。

《二十四孝》所收集的二十四个孝子故事,其中情节奇拔者有之,故事匪夷所思者有之,但主旨都是宣传一个"孝"字。一个有趣的问题是,二十四个孝子故事,哪一个最有名?这个问题在中国可能很难找到一致的答案,但在日本却是有明确答案的。日本流传最广的孝子故事,一是孟宗哭竹生笋,一是郭巨为母埋儿。日本美丽的古都京都是一座典型的观光城市,这里有著名的"三大祭"——葵祭、祇园祭、时代祭。其中的祇园祭起源于九世纪,当时日本发生大规模的瘟疫,为此在八坂神社举行御灵会祈福消灾。970 年以后这种祈福消灾变成每年固定举行的年中行事,持续到今天已有千余年历史了。祇园祭的看点是三十二台神舆的巡行。巡行期间通路两侧总是被观赏者围得水泄不通。神舆

---

① 有关二十四孝的形成史,有很多非常优秀的先行研究。笔者这里主要参考的是赵超《二十四孝在何时形成?》(上、下),《中国典籍与文化》1998 年第 1、2 期。

② 参见林罗山《儒门思问录》。《续日本儒林丛书》第二辑。

类似于嘉年华会的花车，大多修造历史悠久，形式非常特别并各有主题，称作"某某山"。这三十二台神舆中，有两台与二十四孝故事相关，以孝为主题——一台是"孟宗山"，又称"笋山"。"孟宗山"上面的竹子挂着"白雪"，孟宗头戴斗笠，身着唐装，一手扶着扛在肩上的铁锹，另一只手扶着挖出来的大笋。另一台是"郭巨山"（图一）。此神舆在 1600 年神舆抓阄排队时已经排在第十六位，足见来历的久远。今天使用的"郭巨

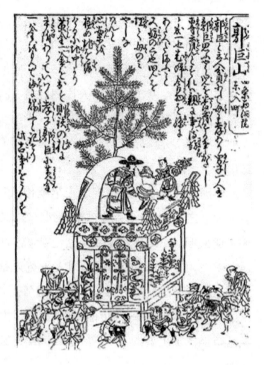

图一　郭巨山（18 世纪画作　御茶之水女子大学图书馆藏）

山"是金胜亭九右卫门利恭 1789 年的作品，神舆上郭巨、童子和金釜样样俱全。这座神舆 1962 年被指定为日本国家重要民俗资料，是祇园祭神舆中老大式的存在。这两座每年被拉出来巡行的神舆正可以告诉我们孟宗哭笋和郭巨埋儿的故事在日本已到了家喻户晓的程度。

　　中国古代孝子故事传到日本的年代非常早。《宇津保物语》是成书比《源氏物语》还要早的日本古代长篇小说，以遣唐使为主人公。第一卷中主人公俊荫死后一段重点写俊荫之子仲忠孝敬母亲之事，从中可以明显地看到中国古代孝子王祥、孟宗、杨香等的影子①。成书于平安时代末期的《今昔物语》收有大量民间故事，其中中国部分"震旦"第九卷是孝子专辑。饶有趣味的是，这部分孝子故事里有两个是被收录进

_____

① 　参见《宇津保物语》。《日本古典文学大系》，1961 年，第 73—80 页。

"二十四孝"故事系列之中的,即祇园祭中出现的"孟宗哭笋"和"郭巨埋儿"(图二)。由此可见,这两个孝子故事传入日本年代之久远。

图二　郭巨埋儿(歌川国芳作《二十四孝童子鉴》大英博物馆藏

https://ja.ukiyo-e.org/image/bm/AN00535910_001_l)

元代郭居敬编撰的《全相二十四孝诗选》图文并茂,所以流传到日本后,后来居上成了孝子书中影响最大的版本。不仅当时和中国文化传播密切相关的五山诗僧,连当时的贵族家也对"二十四孝"非常关心。《凉荫轩日记》是十五世纪贵族家日记的代表。其七月十七日(1458 年 7 月 17 日)条云:"能阿弥,依二十四孝之绘来而有评议也。"另一本由山科言经所写的公家日记《言继卿记》也多次提到"二十四孝"的和注问题。《御伽草子集》收录中古以后日本流行的短篇故事,也收入了和译《全相二十四孝诗选》。从中国进口的二十四孝屏风,当时也大受欢迎。

"二十四孝"故事传到日本后,应和日本风土发生了许多变化。比如《御伽草子集》中收入的"二十四孝"之"丁兰刻木",在中国的情节是丁妻用针刺木像,木像流血,丁兰为此出妻。在日本,这个故事的结尾变得很复杂:丁妻用火烧焦了木像,为此丁妻的脸浮肿出脓,头发尽皆脱落。后来丁兰把木像摆在大道上,丁妻为表歉悔之意跪拜了三年,有一天木像居然自己回到了家里。再比如"杨香驱虎救父",日本版本杨香并没有冲上去和老虎搏斗,而是正心诚意对神祈祷,让自己代替父亲被老虎吃掉,结果精诚感天,老虎自己走掉。(图三)

图三　杨香(歌川国芳《二十四孝童子鉴》日本立命馆 ARC 浮世绘电子资料库)

中国的"二十四孝"版本不同,孝行人物略有出入,这给日本的翻译者添出困惑,认真的日本人不知道该如何取舍,把能列上的都列上,所以出现了题为"二十四孝",而实际却收有二十七位孝子故事的情况。

在江户时代,可以说凡是流行的几乎都会在浮世绘这种大众传媒上有所体现,而浮世绘一旦有画行世,又必定推进流行的扩展。大受百姓喜爱的"二十四孝",成了浮世绘画家们反复描画的人气题目,单就浮世绘界大师级人物一勇斋国芳讲,我就见到过他创作的两套《二十四孝》。江户时代的日本,德川幕府以儒家思想作为统治思想,孝的观念当然被主流社会强调,经过长期流传的二十四孝,在这个时代已经成了日本人自己文化的一部分。江户日本人喜好游戏,并且能玩出花样。有了"二十四孝"这个概念,他们就开始用自己喜欢的方法玩起来。以歌川丰国"二十四好今样美人(江户美人最新喜好)"为主题的浮世绘系列作品为例——见图四。图中这位美人喜欢"祭",即喜欢过节。画面上文字大意是说她为什么喜欢过节。因为过节大家就会走到街上看表演，她这身美丽的和服也就有机会展示给自己喜爱的人看了。

丰国的这套画共二十四枚，全力展示的是当时江户妇女弹琴、饮茶、侍弄盆景等各种喜好。之所以是二十四枚，就是因为这套作品借用了"二十四孝"的概念。题目"二十四好"的"好"，日语中是喜好的意思，并且"好"与"孝"发音相同，都读"kou"。一音之转，这套画的框架就直接从"二十四孝"转用过来。谐音之外，江户还有一种以物喻物的游戏法，叫"见立"，就是展示给你的画，其实暗喻的是另一个为人熟悉的构图和故事。图五中一个美人给两个老人舞蹈，标题写得很明白，

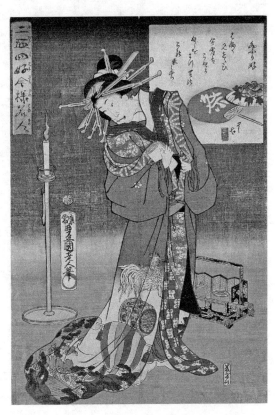

图四　江户美人最新喜好（歌川丰国作　国立国会图书馆电子资料库
https://dl.ndl.go.jp/info:ndljp/pid/1302773?
tocOpened＝1）

是拿"二十四孝"做的"见立"，有趣的是这幅画的背景：一对老人家在看一个长须人游戏。这幅"老莱子图"是一勇斋国芳"二十四孝见立"中的一幅。有了后面的背景，观者就会极自然地看图推想了。

但如果看铃木春信的《见立孟宗哭笋》（图六）时不加说明文字，大概就没有几个人能从上面看出"二十四孝"的影子吧。

图五　老莱子(歌川国芳作　立命馆　　图六　见立孟宗(铃木春信作　日本
ARC 浮世绘电子资料库)　　　　　　立命馆 ARC 浮世绘电子资料库)

　　用"二十四孝"做文章的画家,此后一直不乏其人。直到昭和六年,以描绘艳妆女子闻名的成田守兼,还创作过一套"艳姿二十四孝"。

　　在日本,模仿中国二十四孝有会津藩主容敬所著《皇朝二十四孝》。该书安政三年序云:"二十四孝,元郭氏所选,今已遍传我国。以至饲牛之村夫、拾贝之海士递及幼儿无不知之,其功不可谓小。我皇国习俗,旧来守直道而行,焉用于孝子者。理虽如此,然一旦数计则鲜有人知。兹有我父容敬君,继远祖之志,进万业之道,选厚于孝道者为皇朝二十四孝。所选者上贵自天皇而下贱及山民。又复思安婴儿之心,使小儿阅此亦不倦者,乃造作插图,显其形象,实为教子不二之书。彼书所叙为斯国故事,在万里以外,而此书所选乃我国事实,其于引导我国人,正足当教任。谨刷摺卷,以备敷教于童蒙。"①选入《皇朝二十四孝》的有仁德天皇、显宗天皇、仁明天皇、藤原吉野卿、藤原伊周公、源雅实公、源

―――――――――――――

①　参见《皇朝二十四孝序》。《日本教育文库·孝义篇》,同文馆,1911 年,第 1 页。

光圀公、大江举周、役小角、纪夏井、丸部明麿、山田古嗣、丹生弘吉、随身公助、僧某、镰仓孝子、绘屋勘兵卫、兄媛、衣缝造金继女、橘逸势朝臣女、微妙等。这里面的役小角是日本修验道的鼻祖,他的事迹在《续日本纪》《日本灵异记》等书中均有记载。相传役小角三十岁时出家,会咒术,断五谷,朝夕只食木实。韩国广足跟随他学道,嫉妒他的才能,进谗言于文武天皇。文武天皇派人来抓他,他飞到天上,让来人无可奈何,就抓了他的母亲。看到母亲被抓,他于是自首被捕,被流放到伊豆岛。在《日本灵异记》中,役小角是被一言主神谗害,在他被流放到伊豆岛后也不放手,又托宣让天皇派敕使去杀他,多亏他手段高强才得以幸免。逢大赦后,他把母亲放进一个铁钵中,然后抱着铁钵越海飞到了唐朝,成了唐朝四十位仙人中的第三位。宁可自己被捕流放甚至丢掉性命,也不让母亲受苦受难,这是役小角的孝道。《皇朝二十四孝》后,又有《本朝女二十四孝》。这部《本朝女二十四孝》作者不详,内容包括了吉备兄媛、苏我透媛等上古人物,又有武士活跃时代的常盘御前、源义经妾静等。

我们把话题转回到孟宗哭笋和郭巨埋儿这两个故事上来,说一说这两个故事在日本是如何变形的。日本歌舞伎名剧中有一套《本朝二十四孝》,是一直到明治时代还非常受欢迎的老戏。这部戏搬演的是日本战国时期武田信玄与上杉谦信之间的故事。剧名《本朝二十四孝》的来由,应该说与剧中著名军师山本勘助哭笋的情节相关。山本出山前,母亲为试其孝心,令其出门寻找竹笋。时值冬日挖不到竹笋,山本勘助愁得对天痛哭。此情感天动地,冬土中生出竹笋。山本母得到满意答卷,于是鼓励山本出山。很明显,这段戏实际上是孟宗哭笋的搬用和变形。此剧中谦信之女八重垣姬和信玄之子胜赖幼小时定下婚约,后来八重垣姬为救未婚夫私携宝物,借狐火飞奔追赶胜赖成为重要看点。浮世绘中和"二十四孝"相关的最美的画作,当为活跃在明治前期的浮世绘大师月冈芳年《本朝二十四孝》中的"狐火图"(图七)。这幅"狐火之图"画的即是长大的八重垣姬为救未婚夫,悄悄拿走父亲与信玄为之争斗不已的诹访法性盔兜,借着狐火之力追赶胜赖的情形。画面色调白红相间，八重垣姬为狐火围绕飘然腾空。有趣的是画中主人公虽在赶路，但并不是义无反顾地箭一样"前奔"的形象，而恰恰是"反顾"观火，偏着头，神态专注。看着画，仿佛都可以听到八重垣姬在叮嘱、拜托着狐火："快助本姑娘早早追上他啊！"信玄与谦信在日本战国时期可谓一时瑜亮，他们之间的故事本来就很受观众欢迎，加之扮演八重垣姬的歌舞伎演员在表演上大下功夫，所以这出戏最终被打造成了歌舞伎的经典剧目，直到今天仍旧深受人们喜爱。

图七　狐火图（月冈芳年作　日本立命馆 ARC 浮世绘电子资料库）

　　《皇朝二十四孝》《本朝二十四孝》《本朝女二十四孝》之外，日本还有《今样二十四孝》《大倭二十四孝》等等。在这里最后想介绍的是井原西鹤的《本朝二十不孝》。这部作品讲的是不孝的故事，却毫无疑问是拿中国的《二十四孝》作背景的。西鹤在《本朝二十不孝》序中说："雪中之笋就在于菜店，鲤鱼亦见在鱼铺池里。如今之世无需外求，各营本业以其所得，足购万物以尽孝，常也。然此常翻为希见，而恶人众多。凡生而不尽孝之辈，难逃天咎。今刻梓其例置于诸国见闻，以显不孝之罪于不孝者眼前，斯亦孝道之一助也。"[1]"雪中之笋"用的是孟宗故事之典；"鲤鱼"所指即为王祥卧冰求鲤。在西鹤看来，江户时代物质富足，

---

① 《西鹤全集》上卷第 384 页。博文馆，1894 年。

冬天菜店中也有盐渍竹笋，鱼铺里也有鲤鱼。在这样的时代要尽孝不遑外求，只要用心即可，然而世上偏偏多的是不尽孝的恶人。

　　"二十四孝"作为西鹤写作《本朝二十不孝》的背景，还体现在更深的层面。比如卷二故事开篇就讲了一句"掘坑见釜，不见于今世。"而故事写的是大盗石川五右卫门作恶多端，殃及儿子，最后父子二人同被丰臣秀吉处以釜刑（图八）。石川五右卫门是丰臣秀吉时代有名的盗贼，他被处釜刑一事当时非常有名，连当时在日本的西班牙商人阿比拉·希伦《日本王国记》中都有记载。那口处刑的铁锅，据说直到第二次世界大战以前还保存在日本的刑务协会。关于"掘坑见

图八　石川右卫门(歌川丰国作　日本立命馆 ARC 浮世绘电子资料库)

釜，不见于今世"，研究者们早已明断其所指为郭巨埋儿掘地见金釜的典故。郭巨尽孝挖土挖出的是"釜"，石川五右卫门被处釜刑用的也是"釜"，把这两个"釜"遥相呼应地叠加在一起，正是西鹤这部小说的结构方法。卷四《善恶之双车》之于董永与江革、《木阴之袖口》之于闵子骞，都存在同样的结构。由此亦可见，中国的"二十四孝"一直时隐时现于《本朝二十不孝》整个作品的背后。

　　进入明治时代，中国思想失去了权威，"二十四孝"也一变成了被攻击的靶子。那些奇拔的情节和匪夷所思的故事，被科学化和逻辑化无情地批判，其中尤以福泽谕吉的《劝学篇》火力最猛：

古来和汉劝孝之说甚多。以二十四孝为核心,其外之著述亦难尽数。然就此书观之,所劝十之八九为人所难为之事,亦或所言之事愚痴可笑,甚或褒誉背理之事以为孝行。严寒之中裸身卧冰待其融化,乃人所不能为者。夏夜洒洒濡体饲蚊虫,以防其近父。如此以酒银购纸帐岂不为智者乎? 无赡养父母之收入亦无办法,却欲活埋无罪婴孩之心肠,当曰鬼当曰蛇,可谓伤天害理之极。早前云"不孝有三,无后为大",在此反将既已出生之子活埋以绝后,则何者为孝哉? 岂非前后矛盾之妄说乎? 此种孝行之说,意在正亲子之名,明上下之分,而强逼子女而已。①

没有了"同情之理解","二十四孝"中的故事,瞬间会变得"愚痴可笑"。可惜当时福翁不曾也不敢用这副科学化和逻辑化眼镜看一看《日本书纪》或《古事记》。另一方面,从明治政府编撰《明治节孝录》(明治10 年)、到大正时期编撰《大正德行录》(大正 15 年)、到昭和前期编撰《孝子德行录》(昭和 5 年),我们可以看到明治维新以后日本文化发展的两重性。在家庭孝悌观念上,西方式的家庭观念在日本的普及,还有非常漫长的道路要走。

2009 年,日本画家缕衣香的《绘本二十四孝物语》出版并得到社会的好评,对于日本的"二十四孝"接受史应该算得上是一个标志性的事件——重新审视东亚文化传统的时代也许真的到来了。

整理创作《全相二十四孝诗选》的郭居敬生平爱写诗,但留下的作品非常少。二十世纪末,日本学者金文京在日本京都龙谷大学图书馆发现了不见诸家著录的《新编郭居敬百香诗选》抄本。有赖日本人在十四五世纪抄下这部《百香诗》,我们才能对郭居敬其他的诗歌作品有所了解。这是和"二十四孝"相关的中日文化之间一段特殊缘分,在这里多言一句记之。

---

① 福泽谕吉《劝学篇》第八篇。商务印书馆,1983 年,第 56—57 页。

作者简介

赵超

中国社会科学院考古研究所研究员。研究方向：汉唐考古与古代铭刻学。主要论著有《中国古代石刻概论》（中华书局，2019 年）、《锲而不舍：中国古代石刻研究》（三晋出版社，2015 年）、《我思古人：古代铭刻与历史考古研究》（中国社会科学文献出版社，2018 年）。

黑田彰（KURODA Akira）

日本佛教大学名誉教授。文学博士（日本关西大学）。研究领域：日本文学（中世）、汉文学、比较文学。主要研究童蒙、注释、唱导等方面的课题，近年来，也从事孝子传图的研究。主要著作有《中世故事传说的文学史环境》正、续（和泉书院，1987 年、1995 年），《和汉朗咏集古注释集成》全三卷（与伊藤正义共编，大学堂书店，1989 年至 1997 年），《孝子传研究》（思文阁出版，2001 年），《孝子传图研究》（汲古书院，2007 年），《和林格尔汉墓壁画孝子传图辑录》（与陈永志共编，文物出版社，2009 年），《和林格尔汉墓壁画模写图辑录》（与陈永志、傅宁共编，文物出版社，2015 年）等。

顾永新

北京大学中文系、中国古文献研究中心研究员。治学领域大体涉及中国经学史和经学文献学，专著有《欧阳修学术研究》（人民文学出版社，2003 年）和《经学文献的衍生和通俗化——以近古时代的传刻为中心》（北京大学出版社，2014 年），另主编《经学文献学研究》（北京大学出版社,2019 年)。

刘新萍

清华大学外文系博士研究生。研究领域:中日比较文学。

三角洋一(MISUMI Yoichi)

已故东京大学名誉教授。研究领域:日本中古文学、中世文学。主要著作有《堤中纳言物语全译注》(讲谈社学术文库,1981 年)、《蜻蛉日记·更级日记·和泉式部日记》(新潮古典文学选集,1991 年)、《源氏物语与天台净土教》(若草书房,1996 年)等。

小峯和明(KOMINE Kazuaki)

(日本)立教大学名誉教授、中国人民大学高端外国专家。主要著书:《说话文学之林》(『説話の森』,岩波现代文库,2001 年)、《中世日本的予言书》(岩波新书,2007 年)、《遣唐使与外交神话》(集英社新书,2018 年)。

陆晚霞

上海外国语大学日本文化经济学院教授。研究领域:日本古典文学,中日比较文学比较文化。主要著述:《日本遁世文学的研究》(人民文学出版社,2013 年)。代表性论文:《树上法师像的系谱——从鸟巢禅师传到〈徒然草〉》(《亚洲游学》197 号,勉诚出版,2016 年)、《试论〈世说新语〉对〈徒然草〉的影响》(《中国比较文学》2019 年第 2 期)。

河野贵美子(KONO Kimiko)

早稻田大学文学学术院教授。研究领域:和汉古文献研究。主要著作:《日本灵异记与中国的传承》(勉诚社,1996 年)、《日本"文"学史》全三册(共编著,勉诚出版,2015—2019 年)。

金英顺(KIM Youngsoon)

立教大学兼任讲师。研究领域:日韩比较文学。主要著作:《拓宽对日本文学的展望系列·第一卷:东亚文学圈》(编著,笠间书院,2017年)。主要论文:《东亚孝子故事中的生赘谭——以伽草子〈法妙童子〉为中心》(《说话文学研究》45号,说话文学会,2010年)、《佛传"降魔成道"中的魔王父子关系》(《东亚佛传文学》所收,勉诚出版,2017年)等。

高松寿夫(TAKAMATU Hisao)

早稻田大学文学学术院教授。早稻田大学文学博士。研究领域:日本上代文学。主要著作有《古代和歌·〈万叶集〉入门》(2003年)、《上代和歌史研究》(2007年)、《柿本人麻吕》(2011年)等。

三木雅博(MIKI Masahiro)

梅花女子大学教授。研究领域:日中比较文学、平安朝汉文学。主要著作:《平安诗歌的发展与中国文学》(和泉书院,1999年)、《平安朝汉文学钩沉》(和泉书院,2017年)、《和汉朗咏集及其影响(增订版)》(勉诚出版,2020年)。

赵秀全

四川大学日文系讲师。研究领域:平安文学、中日比较文学。主要论文有:《〈松浦宫物语〉中的"忠"与"孝"》(《日本文学》第62卷第6号,2013年6月)、《日中文化交流中的"蜀锦"与"锦"——以中国史书与〈源氏物语〉为中心》(《学艺国语国文学》第51号,2019年3月,东京学艺大学国语国文学)等。

後藤昭雄(GOTO Akio)

大阪大学名誉教授。研究领域:日本古代汉文学。主要著作:《平安朝汉文文献研究》(吉川弘文馆,1993年)、《平安朝汉诗文的文体与词汇》

（勉诚出版,2017 年)、《〈本朝文粹〉一首诗序与〈明衡往来〉的一封书信》(《国语国文》89 卷 6 号,2020 年)。

项青

熊本县立大学讲师。研究领域:日中古典比较文学(以神话·说话·传说为主)。主要论文:《龟变女子的故事——浦岛传说的源流》(勉诚出版,《亚洲游学》2 号,1999 年)、《平安时代对刘阮天台故事的接受与风土记系〈浦岛子传〉》(熊本大学《国语国文学研究·荒木尚教授退官记念特集》第 32 号,1997 年)、《东亚"卵生神话"受容考·其一》(熊本大学《国语国文学研究·森正人教授退职记念特辑号》第 49 号,2014年)。

Michael Geoffrey Watson

明治学院大学国际学部教授。研究领域:中世日本文学(《平家物语》、谣曲)。主要著作:《谣曲〈望月〉——历史与文脉》(《MIME》,2020 年。"Mochizuki: History and Context," *MIME Journal*, 2020)、《如云似霞——源平骚乱相关谣曲的研究与翻译》(《康奈尔东亚系列》,2014年。"Like Clouds or Mists: Studies and Translations of Nō Plays of the Genpei War," *Cornell East Asia Series*, 2014)等。

金德均(KIM Duk-Kyun)

圣山孝大学院大学校孝文化学系教授。成均馆大学校东洋哲学科哲学博士。韩国孝文化振兴院孝文化研究事业团长。著作有《译注古文孝经》(首尔:《文史哲》,2008 年)等。

隽雪艳

清华大学人文学院外文系教授。东京大学综合文化研究科学术博士(Ph.D.)。主要研究方向:中日比较文学与比较文化研究,翻译与跨学科、跨文化研究。主要论著有《藤原定家〈文集百首〉的比较文学研究》（汲古书院，2002 年）、《文化的重写：日本古典中的白居易形象》（清华大学出版社，2010 年）、《白居易与日本古代文学》（与高松寿夫共编，北京大学出版社，2012 年）等。

杨昆鹏

武藏野大学文学部准教授。研究领域：和汉比较文学，日本中世文学。主要著作：《庆长元和和汉联句作品集成》（共著，临川书店，2018 年）。主要论文：《五山文学与和汉联句》（岩波书店双月刊《文学》第 12 卷第 5 期，2011 年）、《和汉联句中的述怀题材与联想》（《国语国文》第 87 卷第 6 号，2018 年）等。

秦岚

中国社会科学院外国文学研究所《世界文学》副主编，编审。日本立命馆大学文学博士。曾任中日双语文学杂志《BLUE·蓝》主编。研究领域：17 世纪以后东亚地区的文学与艺术。主要论文有《关于曲本〈西游记〉与混元盒五毒物语》（《立命馆文学》1998 年 11 月）、《一座城市的影子——前近代日本有关南京的记忆与想象》（《文史知识》，2014 年 5—6 期）、《从"汉俳"到"小三行"——中国语俳句的新时代》（《立命馆文学》2019 年 12 月）。